Konstruktionsbücher

Herausgeber Professor Dr.-Ing. K. Kollmann, Karlsruhe

11

Gestaltung gezogener Blechteile

Von

Dr.-Ing. habil. Gerhard Oehler

apl. Professor an der Technischen Hochschule Hannover

Zweite Auflage

Mit 204 Abbildungen und 14 Tafeln

Springer-Verlag Berlin Heidelberg GmbH

ISBN 978-3-540-03586-2   ISBN 978-3-642-94968-5 (eBook)
DOI 10.1007/978-3-642-94968-5

Titelnummer 6150

Vorwort zur zweiten Auflage

Der seit der ersten Auflage verstrichene Zeitraum von über 15 Jahren erforderte eine durchgreifende Umarbeitung insbesondere im Hinblick auf die inzwischen neu entwickelten Umformverfahren. Im übrigen blieben Ziel und Aufgabe dieses Buches unverändert.

Düsseldorf, im September 1966. GERHARD OEHLER

Vorwort zur ersten Auflage

Über Blechverarbeitungsverfahren und die Herstellung der dafür erforderlichen Werkzeuge besteht heute ein reichhaltiges Schrifttum. Doch sind diese Bücher einzig und allein auf die Belange des Fertigungsingenieurs ausgerichtet, während ein für den Gesichtskreis des Konstrukteurs bestimmtes Buch über die Gestaltung der nach diesen Verfahren gefertigten Teile bisher fehlte. Ich begrüßte daher die Aufforderung von Herrn Professor Dr.-Ing. CORNELIUS, im Rahmen der von ihm herausgegebenen Buchreihe zu diesem wichtigen Thema einige Ausführungen zu bringen. Gewiß ist es selbstverständlich, daß jeder Konstrukteur seinem Entwurf wirtschaftliche Gesichtspunkte zugrunde legt und zu diesem Zweck die Fertigung kennen muß. Besonders wichtig ist diese Aufgabe bei Ziehteilen in der Mengenfertigung, wo oft nur eine kaum wahrnehmbare und ganz unwesentliche Gestaltsoder Maßänderung erhebliche Beträge einspart, — sei es eine Vergrößerung des Manteldurchmessers, sei es eine Verminderung der Behältertiefe, sei es der Wegfall einer Sicke oder die Wahl einer äußeren Randwulstrolle an Stelle einer inneren.

Das Gebiet der Blechverarbeitung wurde verglichen mit anderen Zweigen der Fertigung bisher etwas stiefmütterlich behandelt, wenn auch an dieser Stelle den in den Arbeitsausschüssen des AWF (Stanzereitechnik) und der ADB (Verfahren der Kaltformung) langjährigen ehrenamtlichen Mitarbeitern dankend gedacht werden soll. Erst in letzter Zeit wurde die wahre wirtschaftliche Bedeutung einer wissenschaftlichen Erschließung dieses Gebietes erkannt, was nicht zuletzt ein Verdienst der Forschungsgesellschaft Blechverarbeitung und ihrer Förderer ist. Es wäre aber verfehlt, die in Hochschulinstituten und in anderen Forschungsstellen gewonnenen Erkenntnisse nur dem Werkzeugbauer oder dem Betriebsingenieur allein mitzuteilen. Denn sie nützen dem Werk wenig, wenn ihre vorteilhafte Anwendungsmöglichkeit nicht vom schöpferischen Konstrukteur erkannt wird und bereits beim Entwurf in der Gestaltung des Einzelteiles ihren Ausdruck findet.

Hannover, im Mai 1951.

GERHARD OEHLER

Inhaltsverzeichnis

1. Die Verarbeitung von Tiefziehblechen

1.1 Konstrukteur und Arbeitsvorbereiter

Die Gestaltung von Ziehteilen gehört unter dem Gesichtswinkel einer wirtschaftlichen Fertigung wohl zu den schwierigsten Konstruktionsaufgaben. Sie setzt eine sehr weitgehende Kenntnis nicht nur der Fertigungsvorgänge, sondern auch der plastischen Umformung voraus. Vom Konstrukteur ist in den meisten Fällen nicht eine derartig vertiefte Kenntnis dieses Gebietes zu erwarten. Im allgemeinen pflegen die Konstrukteure die Fertigungsschwierigkeiten zu unterschätzen und versäumen, vor dem Entwurf eines Ziehteiles sich mit dem Fertigungsfachmann rechtzeitig in Verbindung zu setzen. Andererseits scheuen viele Blechbearbeitungsfachleute den Gang zum Konstruktionsbüro, um den Konstrukteur um Vereinfachung bzw. Änderung des fraglichen Blechteiles zu bitten. Gerade der jüngere und tüchtige Fertigungsingenieur setzt seinen Ehrgeiz darein, auch die schwierigsten, ihm von der Konstruktion gestellten Aufgaben zu meistern und die Weisungen des Konstrukteurs zu befolgen, wobei wirtschaftliche Gesichtspunkte außer acht gelassen werden. Am günstigsten sind die Verhältnisse in den Betrieben, wo der Ziehteil-Konstrukteur selbst ein erfahrener Fachmann der Blechfertigung ist. Dies ist aber im allgemeinen nur in Metallwarenfabriken der Fall, die ausschließlich auf die Herstellung von Blechgeräten, z. B. Haushaltsartikel, eingestellt sind. Diese Konstrukteure stammen zumeist aus dem eigenen Betrieb und haben häufig eine abgeschlossene Lehre als Klempner oder Werkzeugmacher hinter sich. Das sind Ausnahmen. In der weitaus größeren Anzahl der Fälle kommt der Konstrukteur von der Fachschule oder Hochschule, und sein Sondergebiet liegt außerhalb der Fertigung. Als Beispiel sei hier auf die zahlreichen Konstrukteure im Karosseriebau oder Elektro-Apparatebau hingewiesen, die während ihrer Schulausbildung nur wenig von Blechfertigungsproblemen gehört haben. Im allgemeinen glaubt der gerade weniger erfahrene Konstrukteur, daß aus Blech ziemlich alle Formen gezogen werden können. Schließlich sieht ja auch der Laie an den tiefziehtechnisch recht schwierigen Formen der Fernsprechapparate, der Beleuchtungskörper sowie der Kraftfahrzeug-Karosserien und an anderen Geräten, daß fast jede beliebige Form ziehtechnisch aus einem Stück erreichbar ist. In Betrieben, die über keinen auf Blechbearbeitungswerkzeuge eingerichteten Werkzeugbau verfügen, werden dann, soweit die Teile überhaupt in der eigenen Stanzerei gefertigt werden, die Aufträge für die Werkzeuge nach außerhalb vergeben. Dies gilt insbesondere für großflächige Umformwerkzeuge, da nur wenige Betriebe über entsprechend große Kopierfräsmaschinen und Tuschierpressen verfügen. Im allgemeinen sind die Konstrukteure, die wenig mit der Blechverarbeitung zu tun haben, über die Kosten solcher Werkzeuge überhaupt nicht unterrichtet und unterschätzen sie bei weitem. Es sei nur erwähnt, daß das Ziehwerkzeug für ein Karosserieteil, bestehend aus Unterteil (Gesenk), Ziehstempel und Niederhalter, durchschnittlich DM 100 000,— kostet. Da für eine Personenwagen-Karosserie etwa 40 Großwerkzeuge notwendig sind, so ergibt dies ein Objekt von DM 4 000 000,— allein an Großwerkzeugen. Hierin sind allerdings die Kosten für größere Formschnitte für den Zuschnitt und Beschneidewerkzeuge mit enthalten. Werden mit diesen Werkzeugen 100000 Wagen hergestellt, so entfällt auf 1 Fahrzeug DM 40,— anteilige Werkzeugamortisation. Beträgt die Gesamtherstellungszahl nur 10000 Wagen, so entfallen auf ein Fahrzeug DM 400,— und bei kleineren Serien entsprechend mehr. Es sei hier vorweg genommen, daß bei kleineren Serien im allgemeinen auch andere Fertigungsverfahren in Frage kommen, indem an Stelle der Breitziehpresse zur Fertigung der Karosserieteile die Streckziehpresse dient, die mit Werkzeugen aus Hartholz besetzt werden kann. Hierüber wird später auf S. 80 dieses Buches noch näher berichtet. Immerhin gibt es sehr viel Betriebe des Kleinapparatebaues, die nicht über Streckziehpressen verfügen, da sie von vornherein nur mit der Herstellung von Ziehteilen unter zweifach wirkenden Pressen rechnen. Es ist dann die Enttäuschung groß, wenn am Ende eines einmaligen Fertigungsauftrages noch nicht einmal die Kosten der Werkzeuge amortisiert sind. Sehr oft führt dies dazu, daß manche Konstrukteure Blechziehteil-Konstruktionen vermeiden und glauben, in anderer Weise günstiger zu fahren. Es wird dann versucht, die Teile aus mehreren Blechen zusammenzufügen oder man wendet sich überhaupt von der Blechkonstruktion ab und wählt ein Spritzguß- oder Preßgußverfahren. Dies wird häufig getan, bevor sich Konstrukteur und Blechbearbeitungsfachmann gemeinsam an einen Tisch setzen, um eine tiefziehtechnische Verbesserung der Teilkonstruktion durchzuberaten. Es darf nicht übersehen werden, daß im Ausland, besonders in USA, sämtliche Fertigungsverfahren — auch die Druckgußverfahren und vor allen Dingen die Kunststoffteilherstellung —, zu einer beachtlichen Höhe entwickelt sind, daß dort aber trotzdem noch vorwiegend Blechziehteile angewendet werden. Karosseriekonstruktionen aus Kunststoffen tauchen zwar wiederholt auf, haben jedoch keinen Bestand. Diese außerordentliche Beliebtheit der Blechziehteile ist in USA bestimmt nur wirtschaftlich begründet, jedoch muß zugegeben werden, daß gerade in bezug auf die Gestaltung der Ziehteile die Amerikaner äußerst geschickt verfahren und in der Vereinfachung der Formen Meister sind. Eine solche Vereinfachung kommt in erster Linie der Verbilligung der Werkzeuge zu gute und es ist gerade das Ziel des vorliegenden Buches, dem Konstrukteur die Wege zu zeigen, die er beschreiten muß, um zu einer möglichst einfachen, billigen Gestaltung zu gelangen. So muß er sich immer vor Augen halten, daß eine runde Blechkappe hinsichtlich der Löhne für den Werkzeugbau den zwanzigsten Teil einer rechteckigen Kappe kostet. Der Lohnanteil bei der Werkzeugherstellung ist jedoch, selbst bei hochwertigen Edelstählen, sehr viel größer als der Materialanteil. Dies sind Dinge, die nur zu leicht am Reißbrett des Konstrukteurs vergessen werden.

Auch eine andere Frage muß sich der Konstrukteur vorlegen hinsichtlich des Einsatzes der erforderlichen Züge. Im allgemeinen wird ein zylindrisches Ziehteil so hergestellt, daß zunächst eine annähernd weit abgerundete Form vorgezogen und nach dem ersten Zug, der auch als Anschlag bezeichnet wird, in Weiterschlägen die Ziehform vertieft und die Kanten immer schärfer ausgeprägt werden. Die am Reißbrett entwickelte Endform wird also oft erst nach mehreren Schlägen bzw. Zügen erreicht. Es passierte, daß der Konstrukteur einer Heißluftdusche durch den Betrieb ging und stark abgerundete Gehäuse in einer Kiste fand, die ihm besser gefielen als seine Konstruktion. Er konnte durch Rückfrage sofort feststellen, daß es sich nicht um einen fremden Auftrag, sondern um einen Vorzug zu dem von ihm selbst konstruierten Gehäuse handelte. Da ihm diese Form besser gefiel, änderte er seine Konstruktion entsprechend ab. Er hätte seinem Werk sehr viel mehr Werkzeugkosten erspart, wenn er sich von vornherein zu dieser abgerundeten Bauart entschlossen hätte. Es ist daher gerade bei solchen Ziehteilen außerordentlich praktisch, wenn nach jeder Richtung hin der Fertigungsfachmann und der Konstrukteur den Entwurf im voraus beraten und nur zur Probe den Werkzeugsatz soweit ausbilden, daß zunächst die Bewährung und das Aussehen einer abgerundeten Form gemäß einer Zwischenziehstufe geprüft wird, bevor man sich zu einem zusätzlichen scharfkantigen Endzug entschließt.

87/50	*1. 10. 66*	*10. 12. 66*		*1324 — 3 E/9 a*
Nr. des Auftrages	Werkzeug-Konstr.	Werkzeugbau		
vom *17. 8. 66*	Liefertermin		Ablagevermerk	Einzelteil-Zeichnung
1. Teilbezeichnung	*Ventilator-Gehäuse*		Vermerk des Arbeitsvorbereiters für Abt. Werkzeugkonstruktion:	
2. Werkstoff:				
a) Art	*R St 13 04*		*Gegebenenfalls Hauptkonstr. Formänderung vorschlagen, um Werkzeug 1324 b einzusparen.*	
b) Dicke	*1,0* mm		*Fischer 22. 8. 66*	
c) Güte	$D/d = 1,9 \mid t = 10,4\,mm$			
d) Liefermaße	*400 mm breiter Bandst.*			
3. Auftrags-Stückzahl	*800* Stück		Vermerk der Abt. Werkzeug-konstruktion für den Einkauf	
4. Voraussichtliche Gesamterzeugung	*10 000* Stück		*420 mm Bandlänge / Stück für 1000 Stück Bund zu 420 mm Länge entspr. 1320 kg mit 100 mm lichtem Aufsteckdurchmesser.*	
5. Werkzeug	Nr.	Gütekl.	Bestimmt für Maschine	*DIN 1524, 1344!*
a) *Formschnitt*	*1324 a*	*III*	*Exz. Pr. 40—7*	*Andreas 27. 9. 66*
b) *Anschlag*	*1324 b*	*II*	*KZP 80—1*	
c) *Fertigung*	*1324 c*	*II*	*„ „*	
d) *Beschneideschnitt*	*1324 d*	*II*	*Exz. Pr. 25—3*	

Abb. 1. Muster eines vom Arbeitsvorbereiter und Werkzeugkonstrukteur ausgefüllten Formblattes

Das vorstehende Beispiel zeigt, wie wichtig die Zusammenarbeit zwischen Konstruktion und Betrieb gerade bei der Herstellung von Ziehteilen ist. In größeren Betrieben sollten grundsätzlich die Konstruktionszeichnungen vom Teilkonstruktionsbüro einem Arbeitsvorbereiter zugeleitet werden, der gewissermaßen die Vermittlerstelle zwischen Konstruktion und Betrieb einnimmt. Dieser Arbeitsvorbereiter muß erstklassiger Werkzeugfachmann, am besten Werkzeugmacher von Beruf sein und gute Fachschulkenntnisse besitzen. Er sollte nicht nur über die Herstellung der Stanzteile und ihren späteren Zusammenbau Bescheid wissen, er muß auch die Arbeitsweise der herzustellenden Geräte kennen und sich ein Bild über die erforderliche Genauigkeit jedes einzelnen Teiles machen können. Eine etwa zweijährige Tätigkeit im Werkzeugkonstruktionsbüro erweitert seine Kenntnisse, ist aber nicht unbedingt erforderlich.

Die Aufträge werden dann derart bearbeitet, daß das Sach- oder Hauptkonstruktionsbüro den Fertigungsauftrag von der Werksleitung empfängt. Nicht immer wird eine Neukonstruktion erforderlich sein. Ist sie aber nötig, so wird der Auftrag mit den Pausen der Neukonstruktion dem Arbeitsvorbereiter zugeleitet, der das Formblatt nach Abb. 1 in 3 Stücken mit Ausnahme des rechten unteren Feldes ausfüllt. Die Eintragungen sind in diesem Formblatt durch schräge Kursivschrift hervorgehoben. Eine Ausfertigung erhält die Terminüberwachungsstelle, zwei weitere nebst Konstruktionszeichnungen das Werkzeugkonstruktionsbüro. Nach Entwurf der Werkzeuge wird dort die Eintragung im rechten unteren Feld

des Formblattes ergänzt und eine Ausfertigung der Einkaufsabteilung, die andere
der Vorkalkulation unter Beifügung der Konstruktionszeichnungen mitgeteilt. Es
mag Organisationsformen geben, bei denen sich eine Abweichung von dem hier
vorgeschlagenen Lauf der Formblätter empfiehlt. Das soll hier nicht im einzelnen
erörtert werden. Wichtig ist aber, daß der Arbeitsvorbereiter bei der Bearbeitung
eines Auftrages folgende Aufgaben zu erfüllen hat:

a) Festsetzung der Termine für Werkzeugkonstruktionsbüro und Werkzeugbau,

b) Ergänzung der Werkstoffangaben hinsichtlich Güte und Abmessung,

c) Schätzung der voraussichtlichen Gesamterzeugung, gegebenenfalls nach
Rücksprache mit dem Verkauf,

d) Angabe der notwendigen Werkzeuge unter Bezeichnung der Güteklasse,

e) Vorschlag der dafür in Frage kommenden Maschinen.

Der Arbeitsvorbereiter muß also auch über die Maschinenbesetzung und Ver-
fügbarkeit der in Frage kommenden Pressen unterrichtet sein, wobei seine Vorschläge in erster Linie von fertigungstechnischen Überlegungen bestimmt sind.
Handelt es sich um Stanzteile, die nach der Verformung genau plan- und maßhaltig
sein müssen, so sollte das Werkzeug nicht unter einer Kurbel-, Exzenter- oder
Reibradpresse eingespannt werden. Die Anfertigung solcher Teile unter einer Knie-
hebelpresse ist infolge deren statischer Druckwirkung günstiger. Zuweilen kann
eine saubere Bodenfläche gezogener oder mehrfach gebogener Teile ohne eine nachträgliche Bearbeitung nur durch hartes gegenseitiges Aufsitzen der Gesenkteile
erreicht werden. Hier wäre eine hydraulische Presse gegenüber einer mechanisch
wirkenden vorzuziehen. Die Angaben über den vorgesehenen Maschinentyp gemäß
Ziff. 6 Abb. 1, veranlassen den Werkzeugkonstrukteur, beim Bau seines Werkzeuges auf die entsprechende Ausbildung der Aufspannflächen der Grundplatte
und die Bemessung des Einspannzapfens für das Werkzeugoberteil zu achten. Bei
Ankauf von Pressen sowie bei sonstigen Veränderungen des Werkzeugmaschinen-
parkes sollte dem Arbeitsvorbereiter Gelegenheit zu Wünschen und Vorschlägen
gegeben werden.

Es kommt allerdings zuweilen vor, daß beim Entwickeln der Werkzeuge auf
dem Reißbrett eine andere Arbeitsfolge dem Werkzeugkonstrukteur günstiger erscheint, so daß er hieran nicht fest gebunden ist. Aus diesem Grunde ist auch die
Einteilung und Bemessung des Streifenmaterials Aufgabe des Werkzeugkonstruk-
teurs, so daß von ihm aus die Bestellung an den Einkauf oder das Haupteingangs-
lager oder an die sonst dafür zuständige Stelle weitergeleitet wird. Er wird auch
nach Entwurf der Werkzeuge nachmals prüfen, ob die vorgeschlagenen Gütewerte
nach 2 c im Formblatt ausreichen, oder ob vom fertigungstechnischen Gesichtspunkte aus höhere Ansprüche notwendig bzw. geringere noch zulässig sind, so
daß der Arbeitsvorbereiter seine diesbezüglichen Angaben berichtigen kann.
Ob, wie in diesem Beispiel, für die Blechgüte das höchstmögliche Ziehstufungs-
verhältnis (= Zuschnittsdurchmesser : Ziehdurchmesser) D/d oder die Erichsen-
tiefung t oder ein anderer Gütemaßstab genannt werden, ist dem jeweiligen Betrieb
überlassen.

Die Unterscheidung der Werkzeuge in Gütegruppen ist nur wenigen Firmen bekannt, hat sich aber dort sehr bewährt. Bei Vorschlag der Gütegruppe ist nicht
nur der Preis des Werkzeuges oder die unter ihm anzufertigende Herstellungsmenge
entscheidend, sondern vor allen Dingen sind Güte und Genauigkeit der herzustellenden Teile maßgebend. Werden beispielsweise für ein Gerät ruhende Teile in
geringer Stückzahl benötigt, so genügt meistens ein Werkzeug der Gütegruppe III.
Hingegen bedingt dasselbe Teil für eine größere Herstellungsmenge ein Werkzeug
der Gütegruppe II, weil anderenfalls die Verluste durch mangelnde Einsatzbereit-

schaft und die Instandhaltungskosten die Mehrkosten aufwiegen oder gar übersteigen. Anders verhält es sich, wenn in einem solchen Gerät bewegliche Teile
mit vorgeschriebenen engen Toleranzen vorgesehen sind, so daß mit Rücksicht
auf deren Einhaltung die Gütegruppe I zu wählen ist. Die Einteilung der Gütegruppen kann wie folgt geschehen:

Gruppe I — Werkzeuge höchster Genauigkeit
Verwendung hochwertiger Werkzeugstähle, evtl. Hartmetall oder Ferrotic, bei
Ziehwerkzeugen hartverchromte Ziehkanten. Geeignet für Teile höchster Präzision
und sehr große Herstellungsmengen.

Gruppe II — Werkzeuge mittlerer Güte
Bei Ziehwerkzeugen auch Gußeisen GG 25, möglichst aber Werkzeugstähle.
Geeignet für mittelgroße Herstellungsmengen von Teilen mäßiger Ansprüche an
Präzision (etwa von IT 8 aufwärts für Teile von 50 mm Durchmesser oder Breite
und darüber, bei kleineren Teilen etwa IT 9).

Gruppe III — Werkzeuge einfachster Ausführung
Verwendung einfacher und billiger Werkzeugstähle, kleine Ziehgesenke teilweise aus Zinklegierungsguß, größere aus Hartholz evtl. mit Blechbelag. Geeignet
nur für Teile geringer Genauigkeit (etwa IT 11 und darüber) und geringe Herstellungsmengen. Behelfsmäßige Werkzeuge.

Es ist nicht unbedingt erforderlich, daß sich der Betrieb auf 3 Güteklassen
beschränkt. Es gibt auch Betriebe, in denen die Werkzeuggüte in 4 oder 5 Gruppen
gestuft ist. Für Großwerkzeuge wird in allen Gruppen Gußeisen verwendet, dabei
in Gruppe I GGG 45—70.

Ein rühriger Arbeitsvorbereiter wird sich nicht auf die Erledigung der Betriebs-
aufträge beschränken, sondern darüber hinaus ständig Verbesserungsvorschläge
ausdenken und daher die ihm vom Hauptkonstruktionsbüro mitgeteilten Zeich-
nungen vom Standpunkt der Fertigung aus ganz besonders eingehend prüfen. Es
ist unmöglich, dieses weite Gebiet seiner Aufgaben im einzelnen zu umreißen.
Doch mögen einige Beispiele aus der Ziehtechnik zeigen, wie wichtig und wertvoll eine solche Stelle im Betrieb ist, wenn sie von einem umsichtigen Fachmann
bekleidet wird.

Sollen z. B. zwei Stanzteile nachträglich durch Punktschweißen miteinander
verbunden werden, so ist zu prüfen, ob durch Eindrücken einer kleinen Kegel-
spitze in jedes dieser Teile gelegentlich des Ausstanzens sich übereinstimmende
Haltemarken schaffen lassen. Es ist dann möglich, beide Teile ohne irgendwelche
Vorrichtungen schnell und bequem in richtiger Lage zueinander zwischen die
Schweißelektroden zu bringen.

Häufig werden Stanzteile nachträglich durch Fräsen oder in anderer Weise
weiter bearbeitet, wobei die Einspannung der Werkzeugauflage nicht immer eine
genügende Maßhaltigkeit infolge der äußeren verwickelten Form des Stanzteiles
gewährleistet. Hier empfiehlt es sich, zwecks einer leichteren und genauen Aufnahme in den Stiften einer Vorrichtung in dem Stanzteil zwei Löcher vorzusehen,
was ohne Schwierigkeiten im vorausgehenden Schnitt erfolgt.

Fehlstücke, Werkzeugbrüche, Unfälle können entstehen, wenn eingefettete, ausgeschnittene Platinen übereinander gestapelt werden und zusammenkleben. Der
Mann an der Ziehpresse kann kein flottes Arbeitstempo einhalten und begehrt
einen höheren Stücklohn, wenn er die zusammenklebenden Teile vor jedem Arbeitsgang trennen muß. Dort, wo die Teile es vertragen, ist beim Ausschneiden mittels
eines kleinen Buckels am Schnittstempel eine leichte einseitige Wölbung zu erzeugen, die ein Zusammenkleben bei der Stapelung verhindert.

Viele Stanzteile werden zum Härten in Salzbäder oder zum Vernickeln, Verkupfern usw. in Galvanisierbottiche eingehängt. Hier ist zu beachten, daß an der richtigen Stelle zum bequemen Durchführen des Aufhängedrahtes ein Loch in dem Stanzteil vorgesehen wird.

Verschiedene Stanzteile sind ihrer äußeren Form und Größe nach ohne eine besondere Nachmessung nicht zu unterscheiden. Dies gilt beispielsweise von Rechts- und Linksteilen von Gehäusen, so daß infolge von Verwechslungen oft die falsche Seite eingefalzt oder eingebördelt wird. Auch hier können Lochungen oder Einprägungen vor Verwechslung schützen.

Um für eine Reihe von Teilen die Anfertigung von Sonderwerkzeugen zu ersparen, sind für die verschiedenen Arbeitsgänge Normal- und Universalwerkzeuge bereitzustellen wie z.B. Ziehringe, Ziehstempel, Schnittwerkzeuge für runde Zuschnittscheiben, wobei die Maßabstufung tunlichst unter Beachtung der Normzahlen geschieht. Der Arbeitsvorbereiter ist bestrebt, nach Möglichkeit ohne Anfertigung von Sonderwerkzeugen auszukommen und eintretendenfalls dem Hauptkonstruktionsbüro hierdurch bedingte Maßänderungen vorzuschlagen. Ausgemusterte Werkzeuge, die einen Umbau oder ein Ausschlachten noch lohnen, sind in einem besonderen Lager gut eingefettet abzustellen. Im Bedarfsfall wird der Arbeitsvorbereiter, dem dieses Lager untersteht und der es aus Gründen der Übersicht nur ungern zu stark anwachsen läßt, den Werkzeugkonstrukteur beim Ausschreiben eines Formblattes nach Art des hier wiedergegebenen auf ein solches vorhandenes Werkzeug, das sich ohne nennenswerte Kosten leicht umbauen läßt, hinweisen.

Der vorsichtige Konstrukteur ist stets ein Freund enger Toleranzen und reichlicher Blechdicken. Unter Hinweis auf den Aufbau des von ihm entwickelten Gerätes und der dafür notwendigen Genauigkeit der zusammenarbeitenden Teile lehnt er Zugeständnisse an eine Entfeinerung ab. Sehr oft bedarf es einer völligen Änderung der bisherigen Konstruktion, um das Gerät zu entfeinern und in der Fertigung zu verbilligen. Auch über Versteifungsmöglichkeiten und die hierdurch bedingte Wahl einer geringeren Blechdicke ist in den Kreisen der Konstrukteure viel zu wenig bekannt. Ohne an Festigkeit einzubüßen, lassen sich durch Verrippen, Umklappen oder Bördeln des Randes sehr viel dünnere Werkstoffe verwenden und Gewichtsersparnisse bis zu 30% für das ganze Gerät erzielen.

Hinsichtlich der Verbindung von Blechen aus Aluminium und Leichtmetalllegierungen durch Schweißen und Löten herrschen in Kreisen der Konstrukteure irrige Meinungen insofern, als sich solche Bleche weder löten noch schweißen lassen, so daß von diesen Werkstoffen auch bei solchen Geräten abgesehen wird, wo es auf Gewichtsersparnis entscheidend ankommt. Auch hier kann der Arbeitsvorbereiter belehrend eingreifen.

Bei der Auswahl der hier gezeigten Ziehteile wurden in erster Linie solche dargestellt, deren Herstellung im allgemeinen als schwierig bezeichnet wird. Das Hauptgewicht wird in diesem Buch aber darauf gelegt, dem Konstrukteur die Anregung zu geben, seine Biege- und Ziehteile so zu bemessen, daß sie möglichst keine Schwierigkeiten für die werkstattgemäße Herstellung bieten.

1.2 Der Nachweis des wirtschaftlichen Verfahrens

Im vorausgehenden Abschnitt wurde die Bedeutung der Wirtschaftlichkeit des jeweils vorgeschlagenen Verfahrens unter Hinweis auf die Höhe der anfallenden Werkzeugkosten bereits erwähnt, zumal diese gerade bei gezogenen Teilen häufig unterschätzt werden. Daher sind vor jeder Entscheidung hierüber Vergleiche mit anderen Verfahren anzustellen. Werden zwei Verfahren wirtschaftlich miteinander verglichen, so seien die Einrichtekosten des einen Verfahrens mit A, die des anderen mit B und die Stückkosten des ersten Verfahrens mit a, diejenigen des zweiten mit b bezeichnet. Zumeist ist es so, daß sich die Einrichtekosten umgekehrt zu den Stückkosten verhalten, d. h. daß A kleiner als B ist, wenn a größer als b ist. Sind hingegen A kleiner als B und a geringer als b, dann ist der Vorteil des A-Verfahrens derart offensichtlich, daß es keiner weiteren vergleichenden Überlegungen bedarf. Von diesem letzten und selten vorkommenden Fall abgesehen gilt für die wirtschaftliche Stückzahl x folgende Beziehung:

$$A + a \cdot x = B + b \cdot x \tag{1}$$

$$x = \frac{B - A}{a - b} \text{ für den Fall} \quad \begin{matrix} A < B \\ a > b \end{matrix} \tag{2}$$

Werden nun nicht nur 2 Verfahren A und B, sondern mehrere Verfahren, z.B. A, B, C und D miteinander verglichen, wobei die Einrichtekosten bei A am kleinsten, bei D am größten und umgekehrt die Stückkosten bei a am größten und bei d am kleinsten sind, so werden die wirtschaftlichen Stückzahlen jeweils ausgerechnet und in einem Schema wie folgt gegenübergestellt:

Um vorstehende Ausführungen an Hand von einem Beispiel aus der Praxis zu erläutern, werden die Möglichkeiten der Herstellung eines haubenförmigen Teiles in folgendem behandelt.

Einmal ist die Herstellung einer solchen Haube durch gelernte Klempner in einfacher Handarbeit möglich. In Abb. 2 ist dieses Verfahren durch H bezeichnet. Kosten für die Sonderwerkzeuge entstehen nicht. Die Arbeitszeit soll hier mit 40 Stunden pro Dach angenommen werden. Im Streckziehverfahren unter Verwendung eines einfachen

Tabelle 1.
Berechnung der wirtschaftlichen Stückzahl x für 4 Verfahren A, B, C und D

	A	B	C	D
A		$\dfrac{B - A}{a - b}$	$\dfrac{C - A}{a - c}$	$\dfrac{D - A}{a - d}$
B	$\dfrac{B - A}{a - b}$		$\dfrac{C - B}{b - c}$	$\dfrac{D - B}{b - d}$
C	$\dfrac{C - a}{a - c}$	$\dfrac{C - B}{b - c}$		$\dfrac{D - C}{c - d}$
D	$\dfrac{D - A}{a - d}$	$\dfrac{D - B}{b - d}$	$\dfrac{D - C}{c - d}$	

Hartholzmodelles, dessen Kosten mit DM 250,— veranschlagt werden, ist die Herstellung eines solchen Daches schon in wesentlich kürzerer Zeit, beispielsweise in 2 Stunden, möglich. Das Streckziehen selbst und das Ein- und Abspannen erfordern an sich nur Minuten. Aber das Umschlagen der Randbördel erfordern ein langsames und stetiges Einschlagen der Sicken von Hand. Die in diesem mit S_1 bezeichneten Streckziehverfahren aufgewandte Arbeitszeit kann dadurch verkürzt werden, daß das Holzmodell mit Stahlkantenbeschlag ausgerüstet ist. Dadurch wird es zwar erheblich teurer und kostet etwa DM 850,—, jedoch kann beim Schlagen der Randkanten der Arbeiter herzhafter an die Arbeit herangehen, und das Werkzeug bedarf weniger der Schonung, so daß für S_2 1,5 Stunden eingestellt werden. Eine ganz erhebliche Ersparnis an Arbeitszeit gewährleistet das 4. mit T bezeichnete Tiefziehverfahren unter Ziehpressen, das pro Stück eine Arbeitszeit einschließlich anteiliger Rüstzeit von nur 3 Minuten erfordert. Ein entsprechender Werkzeugsatz kostet allerdings sehr viel mehr Geld als die Streckziehmodelle und mag hier mit DM 15000,— veranschlagt werden. Diese Angaben sind in der folgenden Tabelle 2 nochmals zusammengefaßt, die im rechten Teil die wirtschaftliche Stückzahl x angibt. Diese Tabelle zeigt nun diejenige Stück-

Tabelle 2. *Anwendungsbeispiel für Tabelle 1*

Arbeitsverfahren		Werkzeug-kosten	Arbeitszeit Std./Stück	Wirtschaftliche Stückzahl x			
				H	S_1	S_2	T
H	Handarbeit	—	40	—	6	22	376
S_1	Streckziehen auf einfachem Holz-modell......................	250.—	2	6	—	1200	7560
S_2	Streckziehen auf Holzmodell mit beschlagenen Kanten	850.—	1,5	22	1200	—	9750
T	Tiefziehen unter Ziehpresse......	15000.—	0,05	376	7560	9750	

zahl, um welche etwa das eine Verfahren gegenüber dem anderen wirtschaftlicher wird.

Derartige wirtschaftliche Vergleiche lassen sich auch graphisch darstellen. Abb. 2 zeigt eine solche Auswertung der wirtschaftlichen Stückzahl x zu den in Tab. 2 angegebenen Verfahren. Die jeweiligen Werkzeugkosten sind durch gestrichelte Horizontale gekennzeichnet. Im Abszissenmaßstab sind die Fertigungsmenge in Stück, im Ordinatenmaßstab die Fertigungskosten in Mark aufgetragen. Die mit der Fertigungsmenge proportional ansteigenden Kosten, also in unserem Beispiel der Arbeitszeitlohn, der der einfachen Rechnung halber mit DM 1,— pro Stunde angenommen wird, sind durch schräge Grade dargestellt. Die in Tab. 2 rechts ausgerechneten sechs wirtschaftlichen Stückzahlen von 6, 22, 376, 1200, 7560 und 9750 Stück ergeben in Abb. 2 entsprechende Schnittpunkte, die darstellen, bei welcher Fertigungsmenge das eine Verfahren billiger als das andere ist. Hieraus ergibt sich also, daß man bis zu 6 Stück diese Hauben in Handarbeit anfertigt. Von 6 Stück bis 1200 Stück ist das Streckziehen auf einfachem Holzmodell lohnend, während von 1200 Stück bis 9750 Stück Hart-

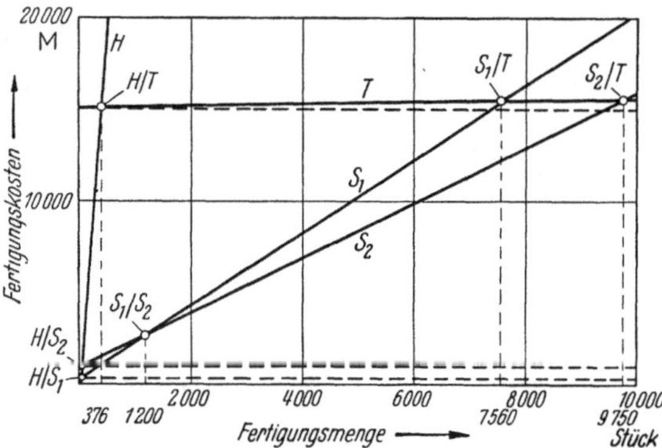

Abb. 2. Graphische Bestimmung der wirtschaftlichen Stückzahl zu den in Tab. 2 angegebenen Verfahren

holzmodelle mit beschlagenen Stahlkanten am wirtschaftlichsten erscheinen. Von 9750 Stück an aufwärts lohnt erst die Anschaffung von großen Ziehwerkzeugen zur Herstellung solcher Hauben unter Ziehpressen.

Aber nicht allein die Kosten, sondern auch festigkeitsmäßige Überlegungen sind bei solchen wirtschaftlichen Vergleichen mitunter anzustellen. Dies wird durch das folgende Beispiel erläutert.

Der Ersatz von Bolzen, Zapfen, kurzen Wellen und ähnlicher Maschinenelemente durch Rohre oder hohlgezogene Tiefziehteile ist dem Konstrukteur selbst im Leichtbau viel zu wenig bekannt. Im allgemeinen wird angenommen, daß Hohlteile sehr viel größere Durchmesser bedingen als Vollteile des gleichen Werkstoffes unter Wahrung der gleichen Festigkeit. Dies ist aber ein Irrtum, da das Widerstandsmoment mit der dritten Potenz des Außendurchmessers zunimmt, so daß die festigkeitsmäßig bedingte Durchmesservergrößerung des Rohrquerschnittes unerheblich ist. In Abb. 3 ist oben der Ausschnitt einer Fahrzeugbockwinde dargestellt. Zwischen zwei dicken Blechen laufen zwei auf einem

Wellenzapfen aufgepreßte Stirnräder der Bohrungsdurchmesser $d_1 = 20$ mm und $d_2 = 25$ mm. Das Gewicht dieses Bolzens beträgt $G = 0,32$ kg. Dieser Bolzen kann durch einen tiefgezogenen Hohlkörper ersetzt werden, wie er in Abb. 3 unten dargestellt ist. Je dünner dessen Wanddicke s gewählt wird, um so größer fallen die Durchmesser d_1' und d_2' aus, wenn dieses Hohlteil das gleiche Widerstandsmoment wie das Vollteil besitzen soll. In Abb. 4 sind diese Verhältnisse graphisch dargestellt, und zwar oben die Veränderung dieser Durchmesser d_1' und d_2' in Abhängigkeit von der Blechdicke. Unter diesem Diagramm zeigt ein weiteres Schaubild die Veränderung des Gewichtsverhältnisses G'/G. Will man beispielsweise aus 2 mm dickem Stahlblech ein solches Hohlteil für den vorliegenden Zweck herstellen, so ergibt das obere Schaubild dafür ein d_1' von 25 und ein d_2' von 33 mm und darunter im unteren Diagramm eine Gewichtsersparnis von knapp 60%. Diese neuen Durchmesser d_1' und d_2' sind durch die strichpunktierten Linien in Abb. 3 oben angedeutet, woraus sich ergibt, daß durch eine derartige Konstruktionsänderung die bisherigen Durchmesser nur unerheblich vergrößert werden, so daß an der bestehenden Konstruktion mit Ausnahme der Erweiterung der Bohrungen praktisch nichts geändert werden

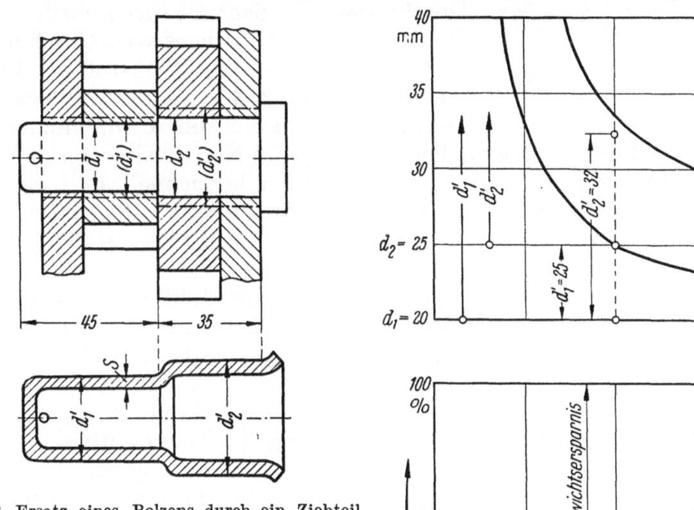

Abb. 3. Ersatz eines Bolzens durch ein Ziehteil

Abb. 4. Veränderung der Durchmesser und des Gewichtsverhältnisses bei Anwendung des Ziehteiles nach Abb. 3 und Abhängigkeit von der Blechdicke s

braucht. Selbstverständlich gelten diese Betrachtungen nur für Gegenüberstellungen von gewalzten Blechen einerseits und ungehärteten Werkstoffen gleicher Art und gleicher Festigkeit andererseits. Doch trifft dies für die Praxis auch zu, da nur selten derartige Teile zur Erhöhung ihrer Festigkeit gehärtet oder vergütet werden. Für längere Wellen kommen diese Verfahren sowieso nicht in Frage.

Im vorliegenden Fall zu Abb. 3 und 4 wurden an Gewicht 57% gespart, an Werkstoffkosten etwa 40%, an Lohn unter Berücksichtigung der Werkzeugkostentilgung gegenüber Automatendreharbeit etwa 50% bei einer Herstellungsmenge von 10000 Stück und etwa 70% bei einer Herstellungsmenge von 50000 Stück.

1.3 Die Formänderung beim Tiefziehen

Das Tiefziehen ist ein Umformungsvorgang, bei dem der Werkstoff durch Dehnen und Stauchen aus einer Fläche in einen Hohlkörper verwandelt wird. Die Blechscheibe liegt dabei zwischen dem Ziehring und dem Niederhalter. Dieser ist in der Mitte zwecks Durchgang des Ziehstempels ausgespart, der beim Eindrücken in die Blechscheibe dieselbe zu einem Hohlkörper umformt. Dieser Vorgang wird in Abb. 5 für ein rundes zylindrisches Ziehteil erläutert:

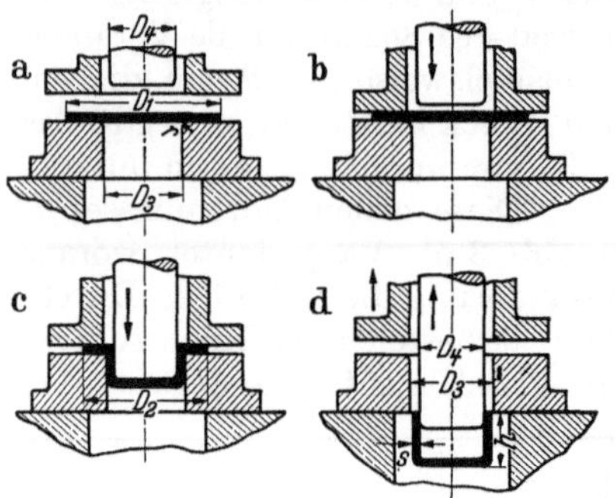
Abb. 5a—d. Ziehvorgang bei zylindrischen Hohlteilen

I. Der Zuschnitt vom Blechscheibendurchmesser D_1 wird auf den Ziehring gelegt.

II. Der Niederhalter und der Ziehstempel gehen nach unten. Der Niederhalter trifft dabei eher auf die Blechscheibe auf und hält sie an ihren äußeren Teilen fest.

III. Der später auftreffende Stempel des Durchmessers D_4 zieht die Blechscheibe durch die Öffnung des Ziehringes vom Durchmesser D_3 hindurch, wobei der Werkstoff der Blechscheibe über die Ziehkante des Halbmessers r „nachfließt" und der äußere Durchmesser D_1 auf D_2 verkürzt wird. Dieser noch zwischen Ziehring und Niederhalter verbleibende äußerste Ring der Blechscheibe wird als Blechflansch bezeichnet. Er wird beim Vordringen des Stempels immer kleiner und verschwindet beim völligen Durchzug des Teiles vollständig. Soll jedoch ein Blechflansch stehenbleiben, so ist die Ziehtiefe zu begrenzen.

IV. Nachdem beim völligen Durchzug die endgültige Hohlform sich gebildet und der Stempel seine tiefste Lage erreicht hat, gehen dieser und der Niederhalter wieder nach oben. Dabei stößt der obere Rand des gezogenen Teiles entweder — wie hier gezeigt — gegen die untere Innenkante des Ziehringes oder gegen eine besondere Abstreifvorrichtung.

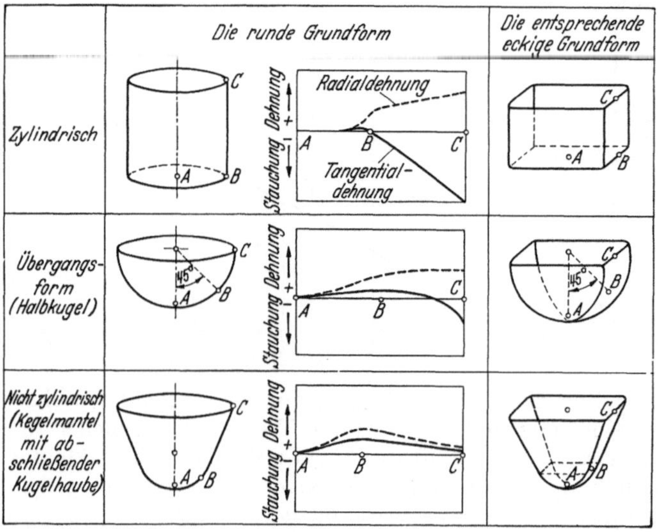

Dieser Hohlkörper der Höhe h besteht aus dem Boden und dem als Zarge bezeichneten Zylindermantel. Die ursprüngliche Blechdicke s ist nur in der Bodenmitte erhalten. Infolge der Dehnung nimmt sie am Bodenrand erheblich ab. An dieser Stelle reißen die

Abb. 6. Dehnungsverhältnisse an zylindrischen und nichtzylindrischen Ziehteilen

Ziehteile deshalb auch am häufigsten. Sobald der Werkstoff über die Ziehkante gezogen und zur Zarge verformt wird, wächst die Blechdicke bis zum oberen

Rand des Hohlkörpers. Nach Messungen von BRASCH, DRAEGER und ACKERMANN wurden dort Dickenzunahmen bis zu 0,3 s nachgewiesen. Dies erklärt sich aus der Tangentialstauchung infolge der Durchmesserverkürzung von D_1 über D_2 nach D_3. Die Tangentialstauchung überwiegt dort im Vergleich zur Radialdehnung. Abb. 6 zeigt die Dehnungsverhältnisse an den einzelnen Stellen verschiedener Hohlkörperformen. Drei typische runde Grundformen sind in der Abbildung links und rechts dazu die entsprechenden eckigen Grundformen dargestellt. Die zwischenliegenden Schaubilder zeigen das Verhalten der Tangential- und der Radialdehnung von der Bodenmitte A bis zum Zargenrande C.

1.31 Zylindrische Form. Infolge Aufsitzens der unteren ebenen Stempelfläche und der dadurch bedingten Reibung zwischen Blech und Stempel vor Beginn des Ziehvorganges werden dort am Boden Gefügeveränderungen verhindert. Daher sind keine Radialdehnungs- und Tangentialstauchungserscheinungen in der Bodenmitte festzustellen. Hingegen steigt die Radialdehnung am Bodenrand bei B plötzlich erheblich und nimmt von hier ab im verminderten Maße nach dem Zargenrande weiter stetig zu. Anders verhält sich die Tangentialdehnung. Auch sie nimmt anfangs vor dem Bodenrande ein wenig zu, wird jedoch gleich hinter B negativ, stellt also von hier ab keine Dehnung sondern eine Stauchung dar, die bis zum Zargenrande C ständig zunimmt. Die entsprechenden Schaubilder für die Halbkugel als Übergangsform und eine konische Form weichen erheblich hiervon ab.

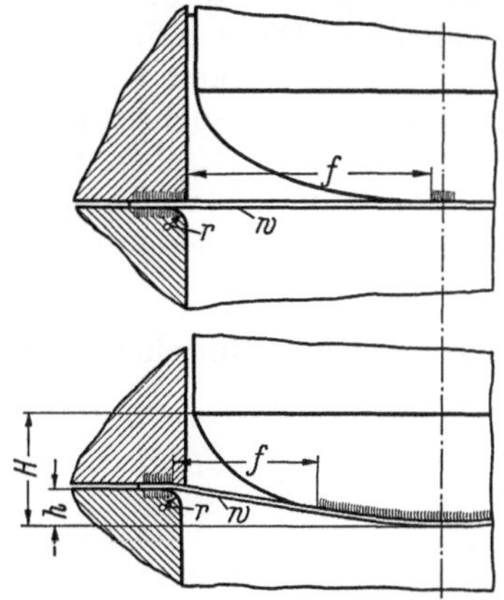

Abb. 7. Ziehvorgang bei nichtzylindrischen muldenförmigen Hohlteilen

1.32 Übergangsform. Bei der Halbkugel oder einer anderen gewölbten Hohlform trifft der Stempel nicht als große, die Verformung behindernde Fläche auf. Er berührt das Blech zunächst in der Mitte, wo nur innerhalb einer sehr kleinen Fläche gemäß der senkrecht angedeuteten Schraffur in Abb. 7 eine gewisse Reibung zwischen Blech und Stempelfläche und somit eine Verformungsbehinderung stattfindet. Im Bereich des auf der Breite in Abb. 7 ungeführten freien Teiles kann sich das Blech unbehindert dehnen. Gewiß nimmt bei fortschreitendem Senken des Stempels diese Breite f nach der Mitte zu immer mehr ab. Immerhin beginnt bereits kurz außerhalb der Bodenmitte bzw. des untersten Punktes der Halbkugelform eine Dehnung des Werkstoffes in allen Richtungen. Neben einer bemerkenswerten Radialdehnung ist auch eine allerdings erheblich schwächere Tangentialdehnung zu beachten, die etwa bei B in Abb. 6 ihren höchsten Wert erreicht. Von hier aus nimmt sie erheblich ab und wird nach dem Zargenrande zu negativ, was also einer Stauchbeanspruchung im Gegensatz zur Dehnung entspricht. Bei dieser Übergangsform ist zwar die Stauchung gering, aber im Gegensatz zum reinen unzylindrischen Zug noch vorhanden.

1.33 Unzylindrische Form. Kennzeichnend für diese Form ist das Fehlen jeglicher Stauchung. Die Tangentialdehnung bleibt stets positiv, wenn sie auch immer geringer als die Radialdehnung ist. Beim Kegelmantel mit unten abschließender Kugelkappe — eine Form, die dem später auf S. 19 und 33 erwähnten Erichsen-Prüfkörper entspricht — ist die Schwächung bzw. Flächendehnung innerhalb der Ringzone B am größten, wo der Kegelmantel den Rand der Kugelkappe begrenzt. Ein ähnliches Verhalten zeigen alle unzylindrischen Ziehteile, wie z. B. flache Hauben, Karosserieblechteile (s. S. 31).

Die Gefügeänderung bei reiner Zugbeanspruchung entsprechend der unzylindrischen Ziehform ist eine wesentlich andere als bei einer Zug-Stauchbeanspruchung wie sie in der Zarge während des Tiefziehens tatsächlich eintritt.

Die in der Blechbearbeitung hervorgerufene Umformung beruht auf dem plastischen (= bildsamen) Zustand des Werkstoffes, der dadurch herbeigeführt wird, indem feste Körper unter Belastung ihre Gestalt bleibend ändern, ohne dabei äußere Merkmale einer Auflockerung ihres Zusammenhanges zu zeigen. Dies ist allen Verfahren der bildsamen Formung gemeinsam, auch dem Schmieden, dem Kaltstauchen und Fließpressen. Die Werkstoffe sind aus Kristallkörnern, dem sog. Gefüge, aufgebaut, die die bleibende plastische Formänderung durch Translation oder Zwillingsbildung unter der Einwirkung von Kräften herbeiführen. Beide Vorgänge können gleichzeitig stattfinden. Das plastische Verhalten der metallischen Werkstoffe wird durch Wärmezufuhr gefördert, wenn auch Bereiche der Warmsprödigkeit eine allgemein gültige Anwendung dieser Erkenntnisse in der Praxis bei manchen Werkstoffen einschränken. Nach dem bisherigen Stand der Mechanik plastischer Körper wird ohne Bedenken das Volumen eines Körpers als unveränderlich angenommen, und es gilt für die Formänderungen φ_1, φ_2, φ_3 in den 3 Hauptebenen die bekannte Beziehung:

$$\varphi_1 + \varphi_2 + \varphi_3 = 0. \tag{3}$$

Hierin bedeuten auf einen Rechtkant bezogen

$$\varphi_1 = \int\limits_{l_0}^{l_1} \frac{d l}{l} = ln \, \frac{l_1}{l_0} \tag{4}$$

$$\varphi_2 = \int\limits_{b_0}^{b_1} \frac{d b}{b} = ln \, \frac{b_1}{b_0} \tag{5}$$

$$\varphi_3 = \int\limits_{h_0}^{h_1} \frac{d h}{h} = ln \, \frac{h_1}{h_0} \tag{6}$$

wobei die ursprüngliche Länge mit l_0, die ursprüngliche Breite mit b_0, die ursprüngliche Höhe mit h_0 vor der Umformung und diese Maße nach der Umformung mit l_1, b_1 und h_1 bezeichnet werden.

Dabei fallen die Hauptformänderungsrichtungen mit den Hauptspannungsrichtungen zusammen.

Da die genannte Gesetzmäßigkeit, daß φ_1, φ_2 und φ_3 addiert Null ergeben, nur dann erfüllt wird, wenn von diesen drei Formänderungswerten mindestens einer und höchstens zwei positiv (= Verlängerung bzw. Dehnung) oder negativ (= Verkürzung bzw. Stauchung) werden, so bestehen folgende sechs Möglichkeiten:

$$1. \; +\varphi_1 +\varphi_2 -\varphi_3 = 0$$
$$2. \; +\varphi_1 -\varphi_2 -\varphi_3 = 0 \; \text{(s. Abb. 8 links unten!)}$$
$$3. \; +\varphi_1 -\varphi_2 +\varphi_3 = 0$$
$$4. \; -\varphi_1 +\varphi_2 +\varphi_3 = 0$$
$$5. \; -\varphi_1 -\varphi_2 +\varphi_3 = 0$$
$$6. \; -\varphi_1 +\varphi_2 -\varphi_3 = 0$$

Versteht man, allein bezogen auf das Gebiet der Blechbearbeitung, unter φ_1 die Formänderung des Bleches in Richtung der Bearbeitung, so haben wir mit seltenen Ausnahmen — wie beispielsweise beim Stauchen zylindrischer Ziehteilzargen zu ausgebauchten Fässern — es mit Dehnungsbeanspruchungen, also mit positiven φ_1-Werten zu tun, so daß die drei zuletzt genannten Alternativen praktisch entfallen. Mit φ_2 sei die zweite innerhalb der Blechfläche senkrecht zu φ_1 wirksame Formänderung bezeichnet, während φ_3 senkrecht zur Blechfläche und der von φ_1 und φ_2 gebildeten Ebene steht, also die Dickenänderung kennzeichnet.

Wird ein Blechstreifen nur in einer Richtung stetig gedehnt, so werden an der Stelle seiner größten Dehnung ($+\varphi_1$) seine Breite ($-\varphi_2$) und seine Dicke ($-\varphi_3$) bis zum Bruch verkürzt. Diese Vorgänge sind durch den Zugversuch hinreichend bekannt und schematisch in Abb. 8 links unten dargestellt. Weniger bekannt ist aber die Tatsache, daß bei einem solchen Zugversuch eine sehr viel höhere Zerreißlast gemessen wird, wenn während des Zuges gegen die Kontraktionsstelle des Zerreißstabes ein Stauchstempelpaar beiderseits drückt, so daß der Probestab dort weniger geschwächt oder gar dicker wird. In beiden Fällen wurde bei gleichen Werkstoffen ganz verschiedenartiges Verhalten der Kristalle im Gefügeverband unter dem Plastizometer[1] beobachtet. Das Plastizometer ist eine Mikrozerreißmaschine mit seitlich wirkenden Stauchstempeln, die während der Umformung die Aufnahme von Gefügebildern und Debye-Scherrer-Spannungsbildern gestattet. Ferner ergeben sich beim Ziehstauchen sehr viel größere Reißkräfte als beim reinen Zug. Sicher ist jedenfalls, daß der reine Zug ($+\varphi_1$) in einer Richtung verfahrensmäßig etwas ganz anderes ist als das Ziehen bei gleichzeitigem Stauchen ($+\varphi_1 -\varphi_2$). Im Hinblick hierauf erscheint es reizvoll, die verschiedenen Verfahren der Blechumformung in bezug auf ihre Formänderungen hin zu untersuchen.

Schon der einfache Biegevorgang zeigt Formänderungen, die zu seiner Erforschung Wesentliches beitragen. Die spannungsfreie Faser liegt durchaus nicht in der Mitte. Ein einfaches scharf gebogenes Stück dicken Bandstahles zeigt eine Verbreiterung an der Biegungsinnenseite und eine Verkürzung der Bandbreite an der Außenseite unter Hochziehen der Randkanten, die dort bei Überschreiten der kritischen Verformungsfähigkeit reißen und Stellen des Beginns von Brüchen sind. Die Querschnittsfläche entspricht eher einem Trapez oder gar einem Ringausschnitt als einem Rechteck[2]. Beim Biegen treten also an den einzelnen Stellen des biegebeanspruchten Querschnittes ganz unterschiedliche Spannungen und denselben entsprechende Formänderungen auf.

Nicht minder interessant und für die technologische Beurteilung der Verfahren und Ausbildung der Werkzeuge wichtig ist die Ermittlung der Formänderung beim Tiefziehen, wobei unter Abb. 8 zunächst diese Verhältnisse am einfachsten zylindrischen runden Zug dargestellt sind[3]. Vom Mittelpunkt des Bodens A ab ist nach rechts horizontal auf der Abszisse in mm die Abwicklung der Blechform unter Umklappung der Zarge aufgetragen und darüber die positiven, darunter die negativen φ-Werte, die die Formänderungen in den drei Hauptrichtungen kennzeichnen. Die Radialdehnung φ_1 bleibt immer im positiven und die Tangentialstauchung φ_2 (Stauchung = negative Dehnung!) im negativen Bereich. Die dritte Formände-

---

[1] Über das Plastizometer und Versuche mit diesem wird ausführlich berichtet in Werkst.-Techn. 36 (1942), H. 15/16, S. 300 und in Metallwirtsch. 22 (1943), H. 7/8, S. 97/100. Siehe auch DRP 756 941: Verfahren und Vorrichtung zum Untersuchen der bildsamen Verformung und zum Feststellen des Spannungszustandes an festen Körpern, insbesondere Metallen auf röntgenspektrographischem Wege.

[2] OEHLER-KAISER: Schnitt-, Stanz- und Ziehwerkzeuge. 5. Aufl. Berlin/Heidelberg/New York: Springer 1966, S. 198, Abb. 202.

[3] Die hier gezeigten Formänderungs-Schaubilder Abb. 8—12 beruhen auf früheren Arbeiten des Verfassers, die teils unveröffentlicht, teils in Heft 5 der Beiträge zur Wirtschaft, Wissenschaft und Technik der Metalle, Berlin 1938: Beseitigung des Ausschusses beim Ziehen von Hohlkörpern aus dünnen Blechen unter Berücksichtigung der bisher bekannten Tiefziehprüfverfahren auf S. 48 u. 63/64 angegeben sind.

rung φ_3, senkrecht zu der von den beiden anderen φ_1 und φ_2 gebildeten Flächen stehend, entspricht der Blechdicke. Dieselbe wird zunächst negativ, sie unterschreitet nämlich die ursprüngliche Blechdicke an der Bodenkantenrundung zwischen den Punkten B und C erheblich. An diesen Stellen pflegen 90% aller

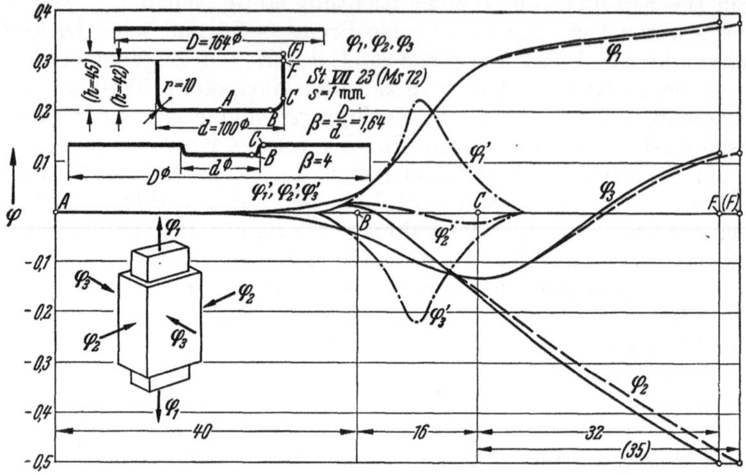

Abb. 8. Formänderung am einfachen zylindrischen Rundzug

gerissenen Tiefziehteile kurz nach Beginn der Umformung aufzubrechen. Die Radialdehnung φ_1 hat kurz nach B einen erheblichen Wert erklommen, da hier der Werkstoff über den Stempelboden gezogen wird. Bei geringer Reibung zwischen Stempelboden und Blech nehmen φ_1 und φ_3 schon kurz hinter A und nicht erst von B an meßbare Werte an. Gewiß ist in erster Linie für die Blechdickenschwächung φ_3 an jener Stelle die Größe des Ziehverhältnisses ($\beta = D/d$) maßgebend. Es sind aber auch noch andere Einflüsse festzustellen, so insbesondere die Abrundung an der Stempelbodenkante und die Ziehgeschwindigkeit. Je scharfkantiger die Stempel bodenrundung ist, um so weitgehender ist die Blechschwächung und um so größer die Gefahr, daß dort der scharfkantige Ziehstempel als Schnitt wirkend den Boden am äußeren Umfang aufreißt. Abb. 9 zeigt gleichfalls über der Abwicklung Bodenmitte-Zarge aufgetragen die Blechdickenänderung in Prozent bezogen auf die ursprüngliche Blechdicke für den Rundkopf- und für den Flachkopfstempel nach Versuchen von SWIFT[1]. Bei letzterem fällt der starke Dickenabfall kurz vor dem Übergang des Bodens zur Zarge auf. In Abb. 10 ist diese Charakteristik nochmals für Ziehteile verschiedenen Ziehverhältnisses $\beta = D/d$ mit D als Zuschnitts- und d als Ziehdurchmesser dargestellt. Wir finden außer der Blechdickenminderung unmittelbar vor dem Kantenübergang noch eine zweite kleinere kurz dahinter, die sich an Ziehteilen zuweilen als Eindruckkante dicht über dem Boden zeigt und mitunter als Schönheitsfehler beanstandet wird. Eine Festigkeitsminderung ist damit nicht verbunden. Ursächlich dafür ist der sog. Benoiteffekt, eine Erscheinung, die zuerst bei von einer Rolle ablaufenden Drahtseilen, aber sinngemäß beim Rohrbiegen, wie überhaupt bei so ziemlich allen Biegevorgängen um gerade und gekrümmte Kanten zu beobachten ist. Bevorzugt tritt dieser Kanteneindruck an dickwandigen, scharfkantig gezogenen Teilen hohen Ziehverhältnisses auf[2]. Über

[1] SWIFT, H. W.: Sheet Metal Ind. 31 (1954), Nr. 330, S. 817/828.
[2] OEHLER-KAISER: Schnitt-, Stanz- und Ziehwerkzeuge. 5. Aufl. Berlin/Heidelberg/New York: Springer 1966, S. 387, Abb. 384 u. 385.

den Einfluß der Ziehgeschwindigkeit auf die Blechdicke an jener Stelle sind die Ansichten verschieden. Rein gefühlsmäßig wird bei zunehmender Ziehgeschwindigkeit die stoßartige Wirkung des Ziehstempels gegen den Blechausschnitt erhöht und die Gefahr des Reißens des Werkstückes dadurch gefördert. Hingegen hat FISCHER festgestellt[1], daß bei zunehmender Ziehgeschwindigkeit die Blechdicke an der Bodenkantenrundung zwischen B und C in Abb. 8 weniger geschwächt wird. Er führt dies darauf zu-

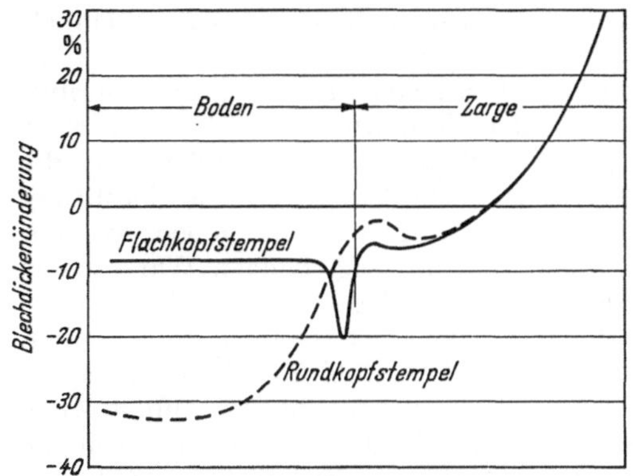

Abb. 9. Dickenunterschied zwischen Ziehteilen mit flachem und mit halbkugelförmigem Boden

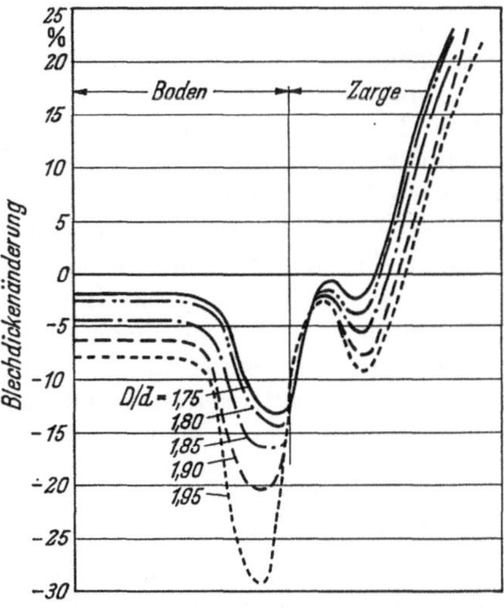

Abb. 10. Dickenunterschiede an Ziehteilen mit flachem Boden, jedoch verschiedenen Ziehverhältnisses $\beta = D/d$

rück, daß innerhalb des kurzen Zeitraumes der Werkstoff gar keine Zeit hat, sich entsprechend umzuformen und den auftretenden Kräften entsprechend zu dehnen. Die bisherigen Forschungsergebnisse haben über den Einfluß der Geschwindigkeit noch keine Klarheit geschaffen, zumindest das Ergebnis FISCHERS eher bestätigt als widerlegt. An der Bodenrundung zwischen den Punkten B und C ist ein starker Anstieg der Radialdehnung φ_1 und eine erhebliche Schwächung der Blechdicke gemäß der Schaulinie φ_3 wahrzunehmen. Kurz hinter B läßt sich eine Tangentialstauchung durch Messen des Durchmessers der vor dem Zug in den Zuschnitt konzentrisch eingeritzten Kreise feststellen. Diese Ringstauchung nimmt allmählich zu und beginnt vom Punkt C an proportional zur Ziehtiefe anzusteigen. Ihr Endwert am Zargenrand bei F beträgt $\dfrac{D-d}{D}$, soweit das fragliche zylindrische Ziehteil gemäß Abb. 8 links oben ohne stehengebliebenen Flansch voll durchgezogen wird. Die Radialdehnung φ_1 verläuft nach ihrem steilen Anstieg im Bereich zwischen B und C zunächst nur ganz allmählich und später mehr ansteigend, so daß sie ihren größten Wert am oberen Zargenrand über F annimmt. Die Blechdicke entsprechend der Kurve für φ_3 wird von der Bodenkante ab bald dicker. Sie erreicht meistens schon im unteren Drittel der Zarge ihre Ursprungsdicke und nimmt von hier ab allmählich weiter zu, d. h. sie erreicht ihre größte Dicke über F, da dort die Tangentialstauchung die Radialdehnung überwiegt.

Die erreichbare Ziehtiefe bei gegebenem Zuschnitt ist von der Dehnung des Werkstoffes abhängig. Ohne eine wesentliche Veränderung der Endwerte über F kann sich die Ziehtiefe etwas verschieben. Die Verhältnisse in Abb. 8 sind für R St 3 04 dargestellt. Jedoch wird eine etwas höhere Ziehtiefe von 45 mm an

---

[1] FISCHER: Über Versuche zum Tiefziehen von Messingblech. Würzburg 1937, S. 52.

Stelle von 42 mm bei Verwendung von Ms 72 erreicht. Dies ist durch die gestrichelten Linien für φ_1, φ_2 und φ_3 und durch die eingeklammerten Werte bei (F) in Abb. 8 links oben angedeutet.

Es ist bekannt, daß die Güte eines Tiefziehbleches nicht nur durch die Tiefung des weit verbreiteten Erichsen-Gerätes festgestellt wird, sondern auch durch den sog. Napfziehversuch ermittelt werden kann, d. h. durch das äußerst mögliche Ziehverhältnis D/d, welches meistens in der Literatur mit β bezeichnet wird. Wird ein größeres Ziehverhältnis als β gewählt, dann reißt der Werkstoff beim Tiefziehen. In diesen Fällen zeigt der Riß eine ziemlich charakteristische Form. Der Zuschnitt wird etwas getieft und reißt nach einem kurzen Eindringen des Stempels ab. Auch hierbei fließt etwas, wenn auch nur sehr wenig, Werkstoff noch über die Ziehkante, so daß selbst bei diesen gerissenen Stücken eine wenn auch geringe Tangentialstauchung eingetreten ist. Ist aber das Verhältnis D/d sehr groß, etwa 6,0 oder gar noch größer, so findet gar kein Nachfließen des Werkstoffes über die Tiefziehkante statt. Der Ziehstempel reißt schon sehr bald nach der Berührung mit dem Blech dasselbe am Umfang von d auf. Es mag nun Fälle geben, wo man absichtlich die Rückseiten von Gehäusen oder dgl. mit sog. flachen Warzen versieht, die später in der Mitte gelocht werden und zur Auflage von Unterlegscheiben oder zur Anlage an Schalttafelrahmen und dgl. dienen. Solche Warzen können nur eine ganz geringe Ziehtiefe haben, denn der Werkstoff für die kurze Zarge wird allein aus deren unmittelbaren Umgebung herausgezogen. In Abb. 8 Mitte ist dieser Vorgang dargestellt. Hier wird φ_2' praktisch gleich Null und auch die Kurven für φ_1' und φ_2' fallen nach einem kurzen Anstieg zwischen B und C hinter C auf der Null-Linie zusammen, wie dies die strichpunktierten Schaulinien für diesen Fall in Abb. 8 zeigen. Gewiß sind Blechkonstruktionen dieser Art selten. Doch zeigt dieses Beispiel, daß auch beim zylindrischen Zug eine Tangentialstauchung praktisch entfallen kann. Der Unterschied, der zwischen den Charakteristiken besteht, die einerseits den vollen Durchzug in Abb. 8 links oben und die darunter angegebene warzenförmige Vertiefung veranschaulichen, ist so offensichtlich, daß wir hier grundsätzlich von zwei verschiedenen Verfahren sprechen müssen, nämlich im ersten Falle von einem Ziehstauchen und im zweiten Falle von einem reinen Streckziehen, obwohl man unter Streckziehen im allgemeinen etwas anderes versteht, nämlich das Herstellen unzylindrischer Blechformteile auf Streckziehpressen, wie dies auf S. 80—86 noch erläutert wird.

Wie liegen nun die Verhältnisse beim mehrstufigen Ziehen? Unter Berücksichtigung der für R St 3 04 üblichen Zugabstufung, auf deren Ermittlung später auf S. 46—54 noch ausführlich eingegangen wird, ergeben sich gemäß Abb. 11 links unten für das bereits in Abb. 8 behandelte Ziehteil I die folgenden Züge II und III. Zur Unterscheidung der jeweiligen Charakteristiken sind diese Zahlen I, II und III vor den Formänderungsbezeichnungen φ_1, φ_2 und φ_3 gesetzt. Es besteht an sich die Vermutung, daß sich die Formänderungen des ersten Zuges wie überhaupt der vorausgehenden Züge bei den Weiterschlägen in bezug auf Blechdicke und Radialdehnung irgendwie bemerkbar machen. Dies ist aber bisher nirgends festgestellt worden. Die Tangentialstauchung φ_2 beruht schon auf rein geometrischer Grundlage und läßt keine Veränderung zu. Im übrigen gerät der Werkstoff beim Tiefziehen derartig ins Fließen, daß später nur sehr schwer und meist erst im Wege der Ätzung nachträglich festgestellt werden kann, in wieviel Zügen das Teil gezogen wurde. Dickenmessungen ergeben jedenfalls insoweit keinen Anhalt und die Kurve zu III φ_3 ist nicht durch die Kurvenberge der Vorzüge irgendwie belastet. Ebensowenig zeigt die Schaulinie für III φ_1 irgendeinen Bezug auf die entsprechenden Erhebungen der vorhergehenden Züge, wie sie für I φ_1 zwischen B_1 und C_1

und für II φ_1 zwischen B_2 und C_2 auftreten. Es ist durchaus richtig, wenn von Fachleuten behauptet wird, daß die Vorgänge zwischen dem zylindrischen Tiefziehen einerseits und dem Fließpressen andererseits sich außerordentlich ähneln.

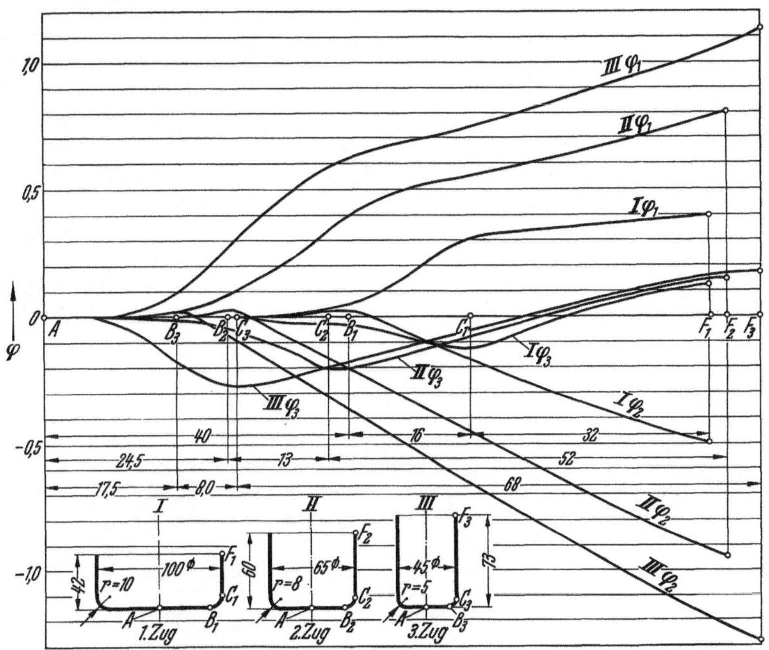

Abb. 11. Formänderung beim Tiefziehen in 3 Stufen

Die Verhältnisse, wie sie in Abb. 8 für den runden Zug dargestellt sind, werden in Abb. 12 für ein rechteckiges Ziehteil veranschaulicht. Es handelt sich dabei um eine im ersten Zug mit großer Abrundung hergestellte Kappe aus 0,63 mm dickem Tiefziehstahlblech. Die Maße der Kappe sind in Abb. 12 links oben, die drei Meßlinien an Breitseite, Schmalseite und Ecke in gleicher Abbildung in der perspektivischen Skizze rechts oben erläutert. Die drei unteren Schaubilder zeigen die Formänderungen an Mitte Breitseite, an Mitte Schmalseite und an der Ecke. Der Unterschied zwischen Mitte Breitseite und Mitte Schmalseite ist unerheblich, während an der Ecke die Formänderungen ganz außerordentlich überraschen. Hier werden solche in radialer Richtung von 140% und in tangentialer von 156% festgestellt. Trotz dieser ungeheuerlichen Dehnung erfolgt bei einer sorgfältigen Zuschnittsermittlung kein Reißen. Wichtig ist für das Gelingen solcher Stücke die richtige Bemessung des Ziehspaltes, der in den Ecken etwas weiter gewählt werden muß als in der Mitte der Seiten.

Abb. 13 zeigt die Formänderungen am unzylindrischen Zug. Als Beispiel ist einmal links oben dem Linienzug $A\,B\,E\,F$ entsprechend ein kegelstumpfförmiges Teil mit stehenbleibendem Flansch und flachem Boden angenommen. Im Gegensatz zu Abb. 8 zeigt sich kurz hinter B die größte Blechschwächung und dementsprechend auch dort die größte Radialdehnung, während die Tangentialstauchung von hier erst ganz allmählich zunimmt. Dies ist auch verständlich, da der Werkstoff für diese Dehnung aus der Ringfläche f zunächst herausgeholt wird. Eine Verkürzung des Zuschnittsdurchmessers ist gering, zumindest sehr viel geringer als

2*

beim zylindrischen Tiefzug, so daß sich dies auch aus den Endwerten für Radialdehnung und Tangentialstauchung über F auswirkt. Gewiß ist am äußeren Flansch die Radialdehnung meist geringer als die Tangentialstauchung und dementsprechend

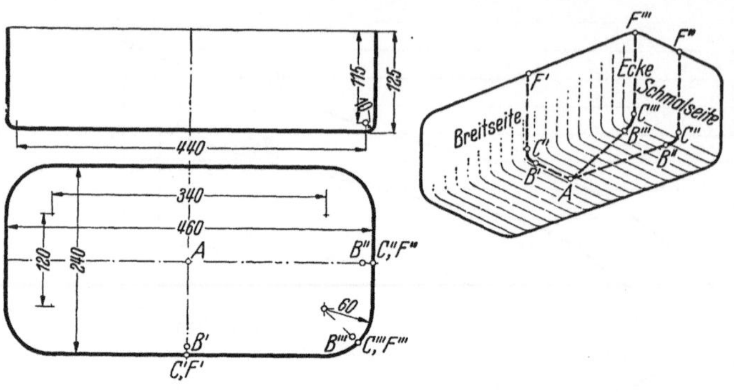

das Blech stärker als seine Ursprungsdicke. Wird an Stelle des flachen Bodens $A—B$ ein halbkugelförmiger Boden $A'—B$ entsprechend der gestrichelten Form in Abb. 13 links oben angenommen, so gelten für φ_1 und φ_3 die gestrichelten Linien, während sich an dem bisherigen Ver

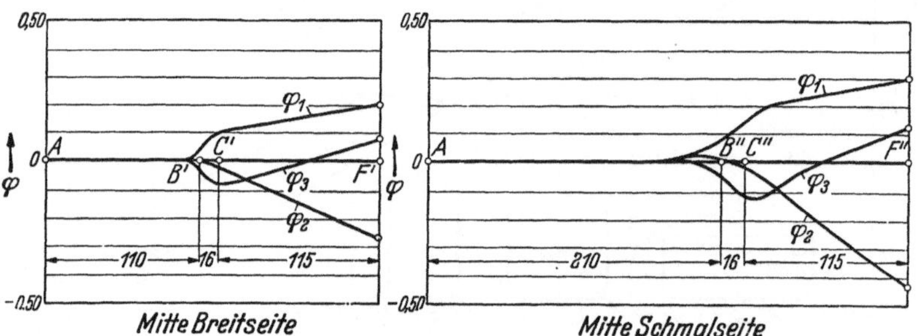

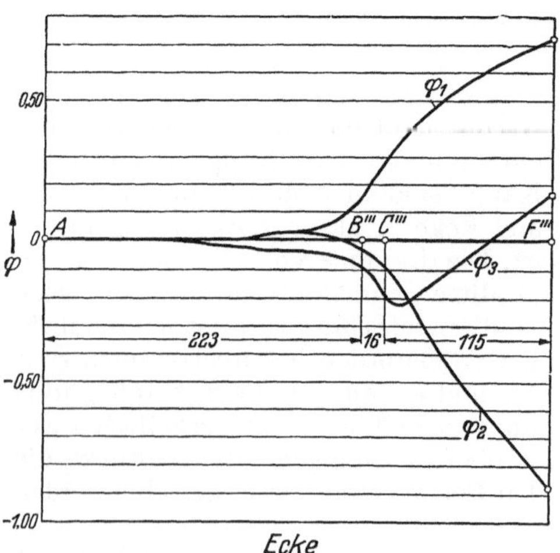

Abb. 12. Formänderung an 3 verschiedenen Stellen eines Rechteckziehteiles

lauf von φ_2 kaum etwas ändert. An Stelle von Punkt A ist der Punkt A' im Diagramm um 4 mm nach links zu verlegen. Aus dieser Abbildung ergibt sich, daß abgesehen von einer größeren Anfälligkeit zur Faltenbildung unten abgerundete Formen leichter ziehbar sind als flache Böden, insofern als letztere leichter reißen und hinter der Bodenkante B größere Materialeinschnürungen und Radialdehnungen aufweisen. Dies wurde bei der Gegenüberstellung vom Rundkopfstempel zum Flachkopfstempel zu Abb. 9 bereits erläutert.

Bei dem vorliegenden Beispiel beträgt der Zuschnitt das 1,8fache des Ziehkantendurchmessers. Hier findet ein Nachfließen des Werkstoffes über die Ziehkante statt, wenn auch in beschränktem Maße. Gegenüber dem zylindrischen Durchzug entsprechend Abb. 8 rechts oben sei hier in Abb. 13 rechts oben eine Ziehform mit einem großen Blechflansch dargestellt. Derselbe sei quadratischen Zuschnittes von 100 mm, während der Ziehkantendurchmesser 27 mm beträgt. Dieser Fall liegt z. B. beim Einbeulversuch vor, wo praktisch über die Ziehkante kein

Werkstoff herüberfließt und die Einbeultiefung nichts anderes ist als ein verwickelter Zerreißversuch[1], bei dem die größte Blechschwächung am Übergang zwischen Kugelcalotte und Kegelmantel eintritt. Man kann nur bei Werkstoff mit gutem Dehnungsvermögen, z. B. Ms 72, nach der Erichsen-Prüfung an den quadratisch zugeschnittenen Probetafeln außen eine ganz leichte Einwölbung in der Mitte der Seiten durch Anlegen eines Lineals feststellen. Doch ist diese Verkürzung der Außenabmessungen praktisch zu vernachlässigen und somit kann die Tangentialstauchung für den äußeren Bereich des Blechflansches gleich Null gesetzt werden. Ebensowenig ist dort eine Veränderung der Blechdicke festzustellen und eine Radialdehnung nachzuweisen, so

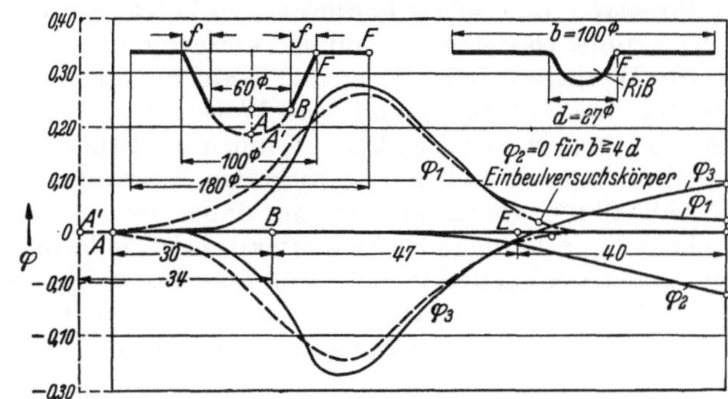

Abb. 13. Formänderung beim unzylindrischen Tiefziehen

daß die Schaulinien für φ_1 und φ_3 entsprechend den strichpunktierten Linien kurz hinter E in die Null-Linie einlaufen.

Im allgemeinen gilt, daß beim zylindrischen Zug die Umformung ein Ziehstauchvorgang ist, während nichtzylindrische Ziehteile nur gezogen bzw. gestreckt werden, so daß dafür die Bezeichnung Streckziehen richtiger ist. Dies ist jedoch, wie die vorliegenden Ausführungen zeigen, nur bedingt zutreffend. Es kann sehr wohl Fälle geben, wo gemäß Abb. 8 rechts oben auch beim zylindrischen Zug bei allerdings nur sehr geringen Ziehtiefen ein reines Streckziehen erfolgt, während umgekehrt beim unzylindrischen Zug bei geringen Ziehverhältnissen D/d soviel Werkstoff über die Ziehkante läuft, daß eine immerhin bemerkenswerte Tangentialstauchung festgestellt werden muß. Es ist also nur entscheidend, ob wir es mit Ziehteilen zu tun haben, wo Werkstoff über die Ziehkante fließt oder mit solchen, wo dies nicht der Fall ist.

Eine Übergangsform zwischen zylindrischem und unzylindrischem Ziehteil stellt die Halbkugel dar. Halbkugeln werden fast ausnahmslos mit Flansch

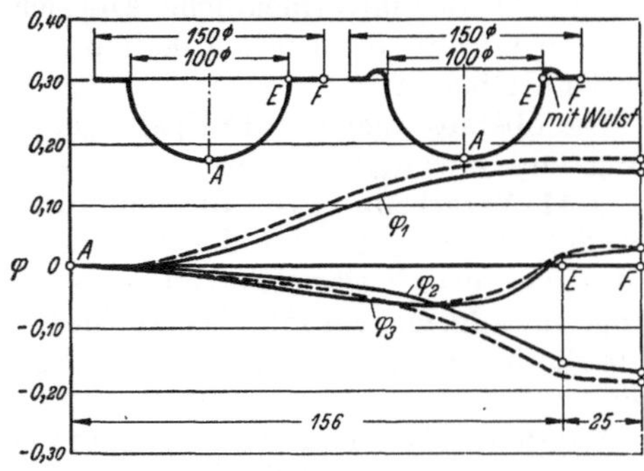

Abb. 14. Formänderung beim Tiefziehen von Halbkugelformen

gezogen. Bei einer am Rand befindlichen Einfließwulst[2] gemäß Abb. 14 rechts oben ist ein Tiefziehen der Halbkugel in einem einzigen Zuge möglich. Für die Ausführung mit Wulst sind die entsprechenden Formänderungen $\varphi_1, \varphi_2, \varphi_3$ im Schaubild gestrichelt angedeutet.

---

[1] Trotz der gerade hier in bezug auf die Formänderung gezeigten grundsätzlichen Verschiedenheit der beiden Blechprüfverfahren Napfzug und Einbeulung kann letzterem ein gewisser Maßstab für die Tiefzieheignung nicht abgesprochen werden. Siehe hierzu des Verfassers Aufsatz: Bestimmung des Ziehverhältnisses durch den Einbeulversuch. Werkst.-Techn. u. Masch. 3 (1949), H. 3, S. 72—74 und Text S. 32—33 dieses Buches.

[2] OEHLER-KAISER: Schnitt-, Stanz- und Ziehwerkzeuge. 5. Aufl. Berlin/Heidelberg/New York: Springer 1966, S. 353, Abb. 337.

Vorstehende Ausführungen beweisen, daß von der Gestaltung die Formänderung φ und somit die Spannungs- und Dehnungsverhältnisse abhängig sind. Die tatsächliche Blechdicke s ist zur Formänderung φ_3 verhältnisgleich. Hiernach ist es ausgeschlossen, eine gleichbleibende Blechdicke an allen Stellen des Ziehteiles zu gewährleisten. Eine solche Forderung wird nicht einmal bei flachen stark gerundeten Teilen erfüllt. Dasselbe gilt von der Verfestigung an Stellen großer Formänderung, die zur Werkstoffversprödung und Kaltbrüchigkeit führen kann. Bei streckziehbetonten und alterungsanfälligen Werkstoffen, wie beispielsweise Stahlblechen hohen P- und N-Gehaltes können mitunter Brüche erst nach Monaten eintreten, weshalb in solchen Fällen eine vorherige, 2 Stunden dauernde künstliche Alterung bei 250—280 °C vorzusehen ist, um dabei brechende Stücke von vornherein auszuscheiden. Je geringer das Ziehverhältnis ist, je besser die Kanten eckiger Ziehteile abgerundet werden und je mehr Ein- und Ausbuchtungen der Form vermieden bzw. nur flach gehalten werden, um so geringer sind die Formänderungen und um so leichter gelingt die Umformung durch Tiefziehen.

1.4 Das Blech als Werkstoff für Ziehteile

In der Tab. 3 (S. 24) sind die wichtigsten Blecharten zusammengestellt, mit denen der Konstrukteur von Ziehteilen zu tun hat. Über die Bearbeitung von Metallblechen finden sich im Schrifttum so zahlreiche Hinweise, daß ein zusammenfassender Überblick über die bekanntgegebenen und wichtigsten Werte für das Arbeiten unter Schnitt-, Biege- und Ziehwerkzeugen zweckvoll erscheint. Es ist gewiß schwierig, im Rahmen einer solchen Aufstellung allgemein gültige Richtlinien zu empfehlen. Möglicherweise werden trotz einheitlicher Gattungs- und Gütebezeichnung hier und dort durch die Verschiedenartigkeit des Werkstoffes bedingte, leider unvermeidliche Abweichungen beobachtet. Die in der Tab. 3 genannten Werte[1] sollen nur Anhaltspunkte für die Verarbeitung der Bleche in der Werkstatt bieten.

Die oberste waagerechte Spalte jener Tabelle enthält eine durchlaufende Ordnungszahl, darunter die Werkstoffbezeichnung.

1.41 Verarbeitung von Blechen unter Schnittwerkzeugen. Nach dem Aufsetzen des Schnittstempels oder des Schnittmessers erfolgt an den Schnittkanten eine mit einer fortschreitenden Gefügezertrümmerung verbundene Werkstoffverdichtung. Im allgemeinen fällt bei weichen Werkstoffen von gleichmäßiger Werkstoffgüte die innere Lochwand glatter und sauberer aus als bei solchen höherer Festigkeit.

Werden hohe Ansprüche an Durchmessergenauigkeit und Oberflächenbeschaffenheit gestellt, so sind Nacharbeiten, die bei runden Ausschnitten zumeist mittels Reibahle erfolgen, unvermeidlich. Es leuchtet ein, daß Sauberkeit des Schnittes und Kraftbedarf in hohem Maße von der Schärfe der Schnittkante abhängig sind. Stumpfe Werkzeuge erfordern das 1,5—2fache des Kraftbedarfes wie die mit scharfen Schnittkanten.

Der Scherfestigkeitsfaktor τ_B wird am einfachsten unter einer Materialprüfmaschine ermittelt, in die ein Lochschnitt gespannt wird. Der Schnittdurchmesser wird dabei zweckmäßig zu 31,8 mm bemessen, da dann die Schnittlänge 100 mm

---

[1] Verfasser (Anschrift: 4 Düsseldorf 10, Rosenstraße 21) wäre den Lesern für Berichtigungshinweise dankbar, zumal sich die Werkstoffgüte ändert. Die vorliegende Tab. 3 ist nur ein Auszug aus des Verfassers Tab. 33 in Oehler-Kaiser: Schnitt-, Stanz- und Ziehwerkzeuge, 5. Aufl. Berlin/Heidelberg/New York: Springer 1966, die darüber hinaus 66 weitere Blecharten umfaßt.

beträgt. Die an der Prüfmaschine in kp abzulesende Kraft P geteilt durch die 100fache Blechdicke in mm ergibt die Scherbeanspruchung τ_B in kp/mm².

In Tab. 3 oben sind Durchschnittswerte für die Scherfestigkeit τ_B für verschiedene Bleche angegeben. Die Scherfestigkeit τ_B ist für die Berechnung der Scherkraft P wichtig, welche außerdem aus der gesamten Schnittlinienlänge L und der Blechdicke s sich wie folgt berechnet:

$$P = L \cdot s \cdot \tau_B. \tag{7}$$

Die Werte τ_B beziehen sich auf normal scharfe Schnittwerkzeuge bei richtiger Wahl des Schnittspaltes. Dieser ist für die Erhaltung der Schneidfähigkeit eines Schnittwerkzeuges — also zur Erzielung einer hohen Standzeit — von Bedeutung. Die Spaltbreite u muß an allen Stellen des Schnittes völlig gleichmäßig sein. Ihre Größe hängt in erster Linie von der Art des Werkstoffes und dessen Dicke ab. Eine genaue Einhaltung der Spaltweite ist bereits bei der Neuanfertigung des Werkzeuges schwierig. Während des Betriebes können weitere Unstimmigkeiten eintreten. Ungleiche Härte der Schnittkanten, seitliches Versetzen oder schiefes Einspannen des Stempels, Durchfederung eines zu schwachen Pressentisches, nicht im Schwerpunkt der Schnittlinien liegender Einspannzapfen und Verschleiß oder ungenaue Herstellung der Führungsplatte bedingen ungleiche Spaltbreiten und somit einen frühzeitigen Verschleiß des Schnittes.

GÖHRE[1] hat die Spaltweite für Schnitte in einem Schaubild zusammengestellt. Hiernach macht sich ein Einfluß der Härte bzw. Festigkeit eines Werkstoffes insofern geltend, als die Spaltweite mit zunehmender Blechdicke und Bruchfestigkeit größer zu wählen ist. Die in vielen Taschenbüchern enthaltenen Hinweise, wonach sich die Spaltweite in einfachster Form durch einen für sämtliche Werkstoffe gleichgroßen Bruchteil der Blechdicke ausdrücken läßt, ist also nicht haltbar. In Tab. 3 ist der sog. Schneidspaltfaktor für die verschiedenen Werkstoffe angegeben. Hiernach berechnet sich die doppelte Spaltweite entsprechend der Differenz zwischen Stempeldurchmesser und Schnittkantenumfang zu

$$u = y \cdot s. \tag{8}$$

Diese einfache Beziehung gilt allerdings nur für Blechdicken bis zu 3,0 mm. Für Blechdicken über 3,0 mm gilt die folgende Beziehung:

$$u' = 2y \cdot s - 3y. \tag{9}$$

Dem kritischen Beobachter wird auffallen, daß der Faktor y in der ersten Gleichung und im ersten Glied der zweiten eine dimensionslose Größe darstellt, während er im zweiten Glied dort als Längenmaß in mm auftritt. Es handelt sich hierbei jedoch um eine rein empirische Gleichung, die sich auf Grund von Versuchen ergab und insoweit tatsächlich den Versuchsergebnissen entspricht.

Für Bleche, die nicht in Tab. 3 enthalten sind, läßt sich der Schneidspalt u aus der Blechdicke s in mm und τ_B in kp/mm² wie folgt berechnen:

$$u = 0{,}007 \cdot s \cdot \sqrt{\tau_B}. \tag{10}$$

1.42 Verarbeitung von Blechen unter Biegewerkzeugen. Biegearbeitsgänge bieten dort Schwierigkeiten, wo im Verhältnis zur Blechdicke sehr geringe innere

---

[1] GÖHRE: Der Schneidspalt von Schnitten und sein Einfluß auf ihre Standzeit. Werkstattstechn. u. Werksleiter 23 (1935), S. 313, Abb. 2. Siehe auch den Aufsatz von GÖHRE über frühzeitige Stumpfung der Schnittwerkzeuge. Maschinenbau-Betrieb 14 (1935), S. 190. Über Toleranzen für Schnittwerkzeuge wird außerdem in den AWF-Mitt. 21 (1939), S. 28/29 berichtet. Siehe hierzu AWF 5976. — OEHLER-KAISER: Schnitt-, Stanz- und Ziehwerkzeuge, 5. Aufl., Berlin/Heidelberg/New York: Springer 1966, S. 42, Abb. 40.

Biegehalbmesser — also scharfkantige Abrundungen — verlangt werden. Die
Schaulinien des Diagramms zu AWF 5975 entsprechen im nichtlogarithmischen
Schaubild näherungsweise Geraden, so daß dafür auch die Beziehung

$$r_{\min} = c \cdot s \tag{11}$$

gilt. Hierbei bedeuten r_{min} den geringstzulässigen inneren Biegeradius in mm, s die
Blechdicke in mm und c einen Faktor, der der Tab. 3 zu entnehmen ist.

Nach MÄKELT[1] kann aus σ_B und δ_{10} (s. Tab. 3 unten!) r_{min} wie folgt ausgerechnet
werden, wobei diese Werte allerdings bisher nur für Leichtmetallbleche als zutreffend erkannt wurden.

$$r_{\min} = \left(0{,}0085\, \frac{\sigma_B}{\delta_{10}} + 0.5\right) s\,. \tag{12}$$

Je größer r gewählt wird, um so größer ist die Sicherheit gegen Bruch.

Der zu biegende Werkstoff wird bei der Verformung verschoben, und zwar
derart, daß die inneren Fasern gestaucht werden und sich dort nach außen zu ver-
breitern, während die auf Dehnung beanspruchten äußeren Fasern nach einwärts
gezogen werden. Auffällig ist hierbei, daß der Betrag dieser beiden Breitenabwei-
chungen nahezu gleich ist. Bezeichnet b_0 die ursprüngliche Breite des zu biegenden
Streifens, b_1 die innere, größere Breite an der Biegestelle und b_2 die an der äußeren
Faser infolge der Zusammenziehung verkürzte Breite, so ergaben vom Verfasser
durchgeführte Versuche angenähert die Beziehung

$$b_1 - b_0 = b_0 - b_2\,.$$

Für scharfe Abrundungsradien bis zu 5 mm und Blechdicken über 2 mm beträgt
dieser Unterschied zwischen b_1 und b_2 etwa eine halbe Blechdicke. Dies ist bei
dicken Blechen dann von besonderer Bedeutung, wenn das gebogene Stück auf
genau gleiche Breite gehalten werden muß, eine Aufgabe, die bei scharfem Ab-
winkeln nie ohne Nacharbeit erfüllt werden kann.

Die Verdichtung und Stauchung des Werkstoffes an den inneren Biegefasern
und die Dehnung an den äußeren führt zu einer meist unerwünschten Rückfederung
des Werkstückes nach dem Biegen. Deshalb werden die Werkstücke um ein bestimmtes Maß über das gewollte herübergezogen, so daß sich nach der Rückfederung
der endgültige und richtige Biegungswinkel von selbst einstellt. Dieses Maß der
Rückfederung hängt von der Blechdicke s, vom Biegewinkel, Biegehalbmesser r und
nicht zuletzt von den Festigkeitseigenschaften des betreffenden Werkstoffes ab[2].
Weiche Werkstoffe federn weniger zurück als härtere. Infolge des breiten Streu-
bereiches lassen sich für die Abstände langer Biegeschenkel beim U-Biegen sowie für
$r/s > 4$ nicht einmal die Freimaßtoleranzen nach Tab. 7 und 8 einhalten.

1.43 Verarbeitung der Bleche beim Tiefziehen. Beim Tiefziehen ist für das
Gelingen der Züge die Schmierung der Bleche von nicht zu unterschätzender Bedeutung. Eine Leistungssteigerung bzw. eine Herabsetzung des Anteils an Fehlstücken wird durch die Wahl eines geeigneteren Schmiermittels nur dort erreicht,
wo gleichzeitig die Ausführung des Werkzeuges, die Ziehgeschwindigkeit, die Anforderungen an das Blech und seine Zusammensetzung und Oberflächenbehandlung sowie die physikalischen und chemischen Eigenschaften des Schmierstoffes
beachtet werden. Den geringsten Schmiermittelverbrauch gewährleisten Ziehwerkzeuge mit hartverchromten oder mit Hartmetall versehenen Niederhalte-

---

[1] MÄKELT, H.: Untersuchung der Abkantfähigkeit von Aluminiumblechen. Werkst.-
Techn. u. Masch. 39 (1949), H. 1, S. 17.

[2] Über die Rückfederungsberechnung finden sich in OEHLER-KAISER: Schnitt-, Stanz- und
Ziehwerkzeuge. 5. Aufl. Berlin/Heidelberg/New York: Springer 1966, S. 208 bis 213 nähere
Angaben.

flächen und Ziehkanten. Werden diese Flächen außerdem geschliffen und geläppt, so wird bei Werkzeugen für feinmechanische Zwecke der Verbrauch an Schmierstoff noch weiter herabgesetzt und die Leistung erhöht. Weiterhin ist die Ziehform für die Wahl des Schmiermittels wichtig. Einfache, runde, zylindrische Hohlkörper erfordern keine so intensive Schmierung wie z. B. rechteckige oder unregelmäßige Ziehformen. Diese Gesichtspunkte sind auch für den Verdünnungsgrad des Schmierstoffextraktes maßgebend. Eine gute Schmierfilmfestigkeit ist unerläßlich, die nur mit fettigen Grundstoffen, wie z. B. Rüböl, Talg oder Rizinusöl erreicht wird. Die Schmiermittel sollen der Schonung der Werkzeuge dienen und selbst bei hohen Niederhaltedrücken eine gute Filmfestigkeit und beständige Viskosität besitzen. In Tab. 3 werden unter C1 einige geeignete Schmierstoffe empfohlen. Ferner sind dort unter C2 die Werte für den Niederhaltedruck angegeben, die sich stets auf den Anfangsdruck für zylindrische Tiefzüge beziehen. Für die Herstellung unzylindrischer, flacher und muldenförmiger Teile können um 50% höhere Drücke als dort angeführt gewählt werden. Die dafür notwendige Niederhaltekraft berechnet sich in einfachster Weise als Produkt aus dem Niederhalterdruck p_n in kp/cm² und der zu haltenden Fläche des Blechflansches in cm².

Das Stufungsverhältnis $D/d = \beta$ (D = Zuschnittsdurchmesser, d = Ziehdurchmesser) ist für Konstrukteur und Werkstatt besonders wichtig. Das mit β_{100} bezeichnete höchst erreichbare Stufungsverhältnis bezieht sich auf ein Verhältnis von Ziehdurchmesser : Blechdicke = 100 : 1. Ist das Verhältnis kleiner als 100, so sind höhere, ist es größer, so sind geringere β-Werte erreichbar. In den Abschnitten 3.1 und 3.2 dieses Buches wird dieses für den Konstrukteur von Ziehteilen so wichtige Gebiet noch ausführlich behandelt.

Die Ziehteile werden zwischen den einzelnen Ziehstufen zur Entspannung des durch den Ziehvorgang gereckten und daher in seiner Dehnung geminderten Werkstoffes und zur Wiederherstellung des Formänderungsvermögens zwischen den einzelnen Zügen oft geglüht. In Tab. 3 sind unter C 5 die hierfür üblichen Glühtemperaturen angegeben. Bei dünnwandigen Ziehteilen ist zur Vermeidung von Abschreckspannungen auf eine langsame und zugfreie Abkühlung Wert zu legen. Bei Tiefziehstahlblech ist das Glühen meistens erst nach dem dritten Zug erforderlich, soweit der Werkstoff in den vorausgehenden Zügen nicht allzu sehr überbeansprucht wurde. Als Glühdauer genügen in den meisten Fällen 5 Minuten. Sonst beträgt dieselbe für Bleche aus Kupfer und Walzbronze $1-1^1/_2$, für solche aus Messing $1^1/_2-2$ und für Nickelbleche $1^1/_2-3$ Stunden. Dünnwandige Ziehteile werden bei niedrigen Temperaturen entsprechend länger geglüht.

Beim Glühen oxydiert die Oberfläche, die Glühhaut bzw. der Zunder werden durch Beizen entfernt. Nach dem Beizen gemäß C 6 in Tab. 3 werden die Teile in kaltem, anschließend in heißem Wasser gespült und in Sägespänen getrocknet. Da das Beizen die Fertigung verzögert, wird oft versucht, ohne dieses auszukommen. Das Glühen der Ziehteile in Kästen mit Holzkohle bzw. Metallspänen verhindert im allgemeinen nicht die Bildung einer Glühhaut. Nur ein Glühen in neutraler oder reduzierender Atmosphäre in neuzeitlichen Blankglühöfen gestattet einen Ausschluß des Beizens.

1.44 Für die Verarbeitung maßgebende Festigkeitswerte. Die in Tab. 3 unter D angegebenen Festigkeitswerte beziehen sich auf den Anlieferungszustand der Bleche. Härtemessungen sind nur dort von Wert, wo die tatsächliche Blechhärte wichtig ist. Die einschlägigen technischen Lieferbedingungen für die verschiedenen Werkstoffe (z. B. DIN 1774 für Messingblech, Messingband und Messingstreifen) enthalten darüber hinaus noch Einzelheiten für die Härtemessung an dünnen Blechen.

Tabelle 3. *Verarbeitungshinweise für*

Werkstoff	1	2	3	4	5
	St 37. 21 *P*	St 42. 21 *P*	St 34. 22 *P*	U St 13 03/05 R St 13 03/05 St 3/24	U St 14 04/05 RR St 14 04/05 St 4/24
A. Schneiden					
1. Scherfestigkeit τ_B (kp/mm²)	30—35	35—40	30—35	24—30	25—32
2. Schneidspaltfaktor y	0,050	0,050	0,050	0,050	0,050
B. Biegen					
1. Inn. Mindestbiegeradius (mm) $r_{min} = c \cdot s$ Werte für c	1,8	2,0	1,5	0,5	0,5
C. Tiefziehen					
1. Schmierstoff	Altöle, evtl. mit Schlämmkreide- oder Karbidschlamm vermischt			In Wasser emulgierbare Öle. Für gebonderte Bleche genügen Kalkmilch oder Seifenwasser m. Flockengraphit	
2. Niederhalterdruck p_n (kp/cm²)	30	35	28	25	24
3. Stufungsverhältnis D/d (= β_{100}) für den 1. Zug	1,70	1,6	1,90	1,90	2,00
2. Zug ohne Zwischenglühung	—	—	1,30	1,25	1,30
2. Zug mit Zwischenglühung	—	—	1,70	1,65	1,70
4. Faktor q für Rechteckzug	0,35	0,37	0,29	0,29	0,28
5. Glühtemperatur (°C)	650—750°				
6. Hinweise für Glühen und Beizen	20—50%ige Salz- oder Schwefelsäure				
D. Festigkeitswerte im geglühten bzw. Anlieferungszustand					
1. Zugfestigkeit σ_B (kp/mm²)	37—45	42—50	34—42	28—40	32—42
2. Dehnung δ_{10} (%)	20—18	20—16	29—26	27	30
3. Erichsen-Tiefung t (mm) für $s = 0,5$ mm	—	—	—	8,7	9,2
= 1,0 mm	—	—	—	10,2	10,6
= 2,0 mm	—	—	—	12,1	12,3
(Beachte auch DIN 1602—5, DIN A 114!)					
E. DIN-Vorschriften					
1. Werkstoffart und Güte	DIN 1621/1605		DIN 1622	DIN 1623/1624	
2. Dicken-Toleranzen und Abmessungen	$s \geq 5,0$ mm		$s = 3,0$ bis 4,75 mm	$s \leq 3,0$ mm	
(Beachte auch DIN 1620!)	DIN 1543		DIN 1542	DIN 1541	
F. Verarbeitungseigenschaften					
1. Kaltverarbeitbarkeit unter Pressen und Maschinen	B		A	A	
2. Eignung für Gasschweißung	A		B	C	
3. Lichtbogenschweißung	B		B	C—D	
4. Widerstandsschweißung	A		A	B	
5. Hartlöten	B		A	A	
6. Weichlöten	D		D	C	
7. Korrosionsbeständigkeit	C		D	D	

einige zum Tiefziehen geeignete Bleche

6	7	8	9	10	11	12	13	14
Kupfer	(Tiefziehgüte) Ms.72 weich	Messingdruckblech (Handelsgüte Ms 60, Ms 63) weich	hart	Zink (Feinzinkg.) weich	Aluminium weich	Nickel weich	¼ hart	Münzmetall 15×20% Ni Rest Cu
20—30 0,050	22—30 0,045	25—32 0,050	35—40 0,070	10—12 0,045	5—7 0,030	35 0,070	40 0,080	22—24 0,040
0,25	0,3	0,35	1,2	0,4	0,8	1,0	1,6	1,2
wie Spalte 5—7	Petroleum mit Zusatz von kornfreiem Graphit oder Gemisch zu gleichen Teilen Rübölersatz und in warmen Wasser aufgelöste Seife			Talg oder Rüböl mit kornfreiem Graphit	Rübölersatz mineralische Fette(Altöl.) oder wie Spalte 7—9	Starke Seifenlauge mit Öl		
20	20	22	24	12	10	30	35	18
2,1 1,3 1,9	2,20 1,40 2,00	2,10 1,40 2,00	1,80 1,20 1,65	1,55 1,30 —	2,10 1,60 2,00	2,30 1,70 —	1,90 1,50 —	1,90 1,40 1,70
0,27	0,26	0,27	0,36	0,41	0,30	0,25	0,29	0,28
600—650° 10%ige Schwefelsäure	540—580 reine Salpetersäure			kein Glühen	360—450° 10—20% Natronlauge 50—80 °C	550—650° 20%ige Schwefelsäure bei 60—80 °C		
21—24 40—35	25—30 50—46	29—41 45—25	45—55 35—15	12—14 60—52	8—10 30—20	40—45 45—30	50 30	30—31 40—38
10,8 11,8 13,0	13,7 14,4 14,7	12,6 13,4 14,3	11,0 12,2 13,5	7,0 8,1 8,6	9,0 10,4 12,5	12,0 12,7 13,3	10,2 11,5 12,4	1,25 13,6 14,3
DIN 1708 DIN 1752 DIN 1792	DIN 1709 DIN 1777 (= Sonder-Ms) DIN 1751, DIN 1774, DIN 1791		DIN 1778	DIN 1706 DIN 9721 DIN 9722	DIN 1712 DIN 1788 DIN 1753 DIN 1793	DIN 1725 DIN 1752 DIN 1702		DIN 1727
A	A			B	A	B		A
B	B			C	B	B		C
B—C	D			D	C	B		C
B—C	C			C	B	C		C
A	A			D	B	B		B
A	A			A	C	C		D
B	B			A	C	A		A

Die in Tab. 3 für Zugfestigkeit und Dehnung angegebenen Werte gelten für Normalstäbe. Das Seitenverhältnis des Querschnittes soll möglichst nicht größer als 1 : 4 sein. Kurzstäbe ergeben bekanntlich im Vergleich zu dem Normalstab bei sehr dehnbaren Werkstoffen höhere, bei weniger dehnbaren geringere Werte. Die Laststeigerung soll möglichst langsam erfolgen und im allgemeinen 1 kp/mm²/sec nicht übersteigen. Bei dünnen Blechen ist eine noch langsamere Belastungssteigerung zu empfehlen. Im allgemeinen kommt diesen Festigkeitswerten nur eine geringe Bedeutung zu.

Wenn auch der Wert des Erichsen-Tiefungsverfahrens für das zylindrische Tiefziehen nur problematisch ist und Werturteile der Praxis und Forschung voneinander abweichen, so hat sich dieses Verfahren jedoch infolge seiner Einfachheit in der Werkstatt so gut eingeführt, daß auch in Tab. 3 die Tiefungswerte für 3 Blechdicken angegeben sind. Im allgemeinen stellt der Erichsen-Tiefungswert ein besseres Kriterium für die Umformfähigkeit dar als die in der Tab. 3 unter D 1 und 2 angegebenen Werte.

1.45 Güteziffern der DIN-Vorschriften. Bei der Fülle der bereits vorliegenden DIN-Blätter erscheint es nicht angezeigt, diese für die einzelnen Werkstoffe in Wortlaut wiederzugeben. Es sind daher in Tab. 3 nur die einschlägigen Normenblätter aufgeführt, und zwar unter Ziff. 1 diejenigen, welche über Werkstoffart und Güte und unter Ziff. 2 diejenigen, welche über Dickentoleranzen und Abmessungen bei der Anlieferung Aufschluß geben.

1.46 Sonstige Verarbeitungseigenschaften. Am Fuße der Tab. 3 sind Gütegrade durch große Buchstaben aufgeführt. Es bedeuten A gut, B mäßig, C schlecht, D kaum durchführbar bzw. sehr schlecht, X unmöglich. Diese Gütegrade beziehen sich auf die Kaltverarbeitbarkeit des Bleches, auf seine Eignung für Gasschweißung, Lichtbogenschweißung, Widerstandsschweißung, Hartlöten, Weichlöten, Korrosionsbeständigkeit.

Der Konstrukteur muß bei der Auswahl der Blechsorte zunächst wirtschaftliche Gesichtspunkte berücksichtigen. Einfaches Stahlblech ohne Tiefzieheigenschaften ist billiger als Tiefziehstahlblech und nichtrostende Stahlbleche sind noch teurer. Es wäre aber Unsinn, nur den billigsten Werkstoff zu verwenden, wenn sich die verlangten Ziehteile nicht daraus herstellen lassen. Kupferblech ist teurer als Messingblech und weist im allgemeinen schlechtere Tiefzieheigenschaften auf. Es kann aber Fälle geben, wo mit Rücksicht auf den Verwendungszweck des Ziehteils, z. B. in der Nahrungsmittelindustrie, die Verwendung von Messingblech ausscheidet und man auf Kupfer zukommen muß. Das gleiche gilt für elektrisch gut leitende Teile. Die durch das Stufungsverhältnis β_{100} gekennzeichnete Tiefziehfähigkeit ist hier in erster Linie Kriterium für die Auswahl des Werkstoffes und daher sind in Tab. 3 die erforderlichen technischen Daten, insbesondere das Ziehverhältnis β angegeben. Es wird in den späteren Ausführungen auf S. 47 dieses Buches noch ausführlich auf die Bedeutung dieser Tiefziehfähigkeit hingewiesen.

Auch die Festigkeit des Werkstoffes ist für die Auswahl maßgebend. Der Konstrukteur darf allerdings berücksichtigen, daß eine gewisse Kaltverfestigung während des Tiefziehvorgangs eintritt. Er soll daher nicht ohne Not einen festeren Werkstoff wählen, zumal dieser meistens eine geringe Dehnung und eine schlechte Tiefzieheignung aufweist. Im Leichtbau werden heute häufig Leichtmetallegierungen angewendet, die nach dem Lösungsglühen sofort verarbeitet werden und anschließend aushärten, wobei sie an Festigkeit zunehmen. Die Anwendung dieser Leichtmetallegierungen sollte jedoch nur derjenige Konstrukteur vorschlagen, der mit diesen Werkstoffen schon länger vertraut ist und wo vor allen Dingen der betreffende Betrieb auf die Verarbeitung aushärtbarer Leichtmetallbleche eingerichtet ist. Gewicht, Korrosion und Alterung bestimmen weiterhin die Auswahl des Bleches. Im Fahrzeugbau und für zu bewegende Geräte werden leichte Gewichte bevorzugt. Es ist aber deshalb nicht immer nötig, teure Aluminium- und Leichtmetallbleche dort anzuwenden, wo man mit dünnen an den kritischen Stellen versteiften Stahlblechen auch auskommt. Die Konstrukteure kennen noch viel zu wenig die Bedeutung der Versteifung von Tiefziehteilen und anderen Blechformteilen durch das Einprägen von Sicken. Insoweit wird auf die späteren Ausführungen über die Versteifung von Blechteilen zu S. 105 dieses Buches hingewiesen. Die Korrosion spielt bei vielen Teilen eine wichtige Rolle. Ein steigender Kupfergehalt im Stahlblech verhütet zwar eine derartige Korrosion, setzt aber die Kaltverarbeitungsmöglichkeit so wesentlich herab, daß man kupferhaltiges Stahlblech nicht für das Tiefziehen empfehlen kann. Weiche Tiefziehbleche rosten leider sehr bald und der Konstrukteur sollte Lackierung oder Emaillierung oder Zaponierung oder andere geeignete Rostschutzüberzüge vorschreiben. Über die Alterung der Bleche, worunter eine mit der Zeit zunehmende Betonung der Streckgrenze und Versprödung des Werkstoffes zu verstehen ist, sind die Forschungsergebnisse noch nicht so weit abgeschlossen, als daß man in kurzen Worten Ratschläge erteilen kann. Nur soviel sei gesagt, daß bis zur äußersten Grenze beanspruchte Ziehteile aus Stahlblech bei längerer Lagerung und Gebrauch Risse in der Arbeitsrichtung bekommen und anfällig gegen Fließfigurenbildung werden. Daher keine allzu große Vorrathaltung, baldige Verarbeitung der Bleche nach Anlieferung, kühle Lagerung, Schutz vor Sonnenbestrahlung beim Versand im Sommer! Bei alterungsgefährdeten Teilen kann man sich damit helfen, daß man diese Teile künstlich altert, indem man sie zwei Stunden lang auf einer Temperatur von etwa 250 °C hält. Dadurch wird eine frühere Alterung herbeigeführt, so daß zumindest nicht die Gefahr besteht, daß die Teile erst dann, wenn sie montiert sind und bereits ihre Funktion erfüllen sollen, rissig werden, sondern schon vorzeitig ausscheiden. Die Alterungsempfindlichkeit ist fast bei allen Werkstoffen in mehr oder minder großem Maße gegeben. Stark kaltverformtes Stahlblech ist besonders alterungsanfällig. Auch ein nachfolgender Glüharbeitsgang kann der Alterung vorbeugen.

Bei Teilen, die geschweißt werden sollen, ist ihre Schweißfähigkeit zu beachten. Aus diesem Grunde ist in Tab. 3 bei den jeweiligen Werkstoffen die Schweißfähigkeit für die einzelnen Verfahren in Gütegraden angegeben. Der Konstrukteur muß sich auch darüber klar sein, welche Fertigungsmöglichkeiten seinem Betrieb zur Verfügung stehen. So ist es bedenklich, wenn er beispielsweise als Werkstoff nichtrostendes Stahlblech vorschreibt, während sein Betrieb gar nicht über die Möglichkeiten und Erfahrungen verfügt, derartigen Werkstoff zu glühen und abzuschrecken. Gerade auf diesem Gebiet der Auswahl des geeigneten Bleches ist eine Zusammenarbeit mit dem Konstrukteur der Ziehwerkzeuge dringend anzuraten. In dieser Hinsicht verdienen die Ausführungen in den späteren Abschnitten über die Zugabstufung auf S. 46—54 dieses Buches besondere Beachtung[1].

1.5 Der Einfluß der Blechdickenabweichung auf den Tiefziehvorgang

Die Blechdickenabweichungen, deren zulässiges Höchstmaß in den unter E 2 in Tab. 3 genannten DIN-Blättern festgelegt ist, sind dort von großer Bedeutung, wo beim Tiefziehen das Blech außen zwischen Niederhalter-Unterfläche und Ziehring-Oberfläche gedrückt und während des Tiefziehens über die Ziehkante

---

[1] OEHLER-KAISER: Schnitt-, Stanz- und Ziehwerkzeuge. 5. Aufl. Berlin/Heidelberg/New York: Springer 1966. Auf S. 342—347 ist die Herstellung von Ziehteilen aus nichtrostenden Stahlblechen ausführlich beschrieben.

hinweggezogen wird. Man kann wohl sagen, daß diese Voraussetzung bei mehr als $^3/_4$ aller Ziehteile erfüllt wird. Nur bei einigen Verfahren, wie z.B. beim Streckziehen, beim Gummiziehen, beim Ziehen unter Fallhammer- oder Nachschlagpressen und bei einem Teil der Ausbauchverfahren ist der Einfluß der Blechdickentoleranz auf die Umformung unerheblich.

In bezug auf die Blechdickentoleranz[1] ist folgendes wohl zu unterscheiden: Die nach DIN festgelegten Toleranzen gelten für die Dicke und sind nach den allgemeinen Toleranzregeln so zu verstehen, daß die Dicke eines Bleches im ganzen zwischen dem oberen und unteren Abmaß schwanken kann (Abb. 15a und 15b), daß aber auch die Dicke innerhalb eines Bleches hier das obere, dort das untere

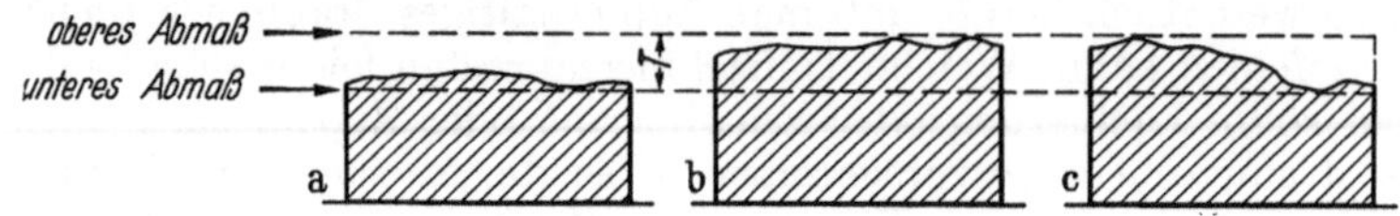

Abb. 15a—c. Mögliche Grenzfälle innerhalb der Blechdickentoleranz T

Abmaß erreichen darf (Abb. 15c). Unter Umständen muß eine noch größere Stärkenschwankung in Kauf genommen werden. Denn da im Gegensatz zu den sonstigen Toleranzbedingungen nur verlangt wird, daß der Durchschnitt aus mehreren Messungen innerhalb der Toleranz T liege, können einzelne Werte sogar erheblich darunter oder darüber liegen, dessen sind sich die meisten nicht bewußt. Es ist dabei zu beachten, daß bei den verschiedenen Normblättern nach DIN sowohl die Anzahl der Messungen, aus denen der Durchschnitt der Blechdicke berechnet wird, als auch die Abstände vom Rand und den Ecken der Blechtafeln,

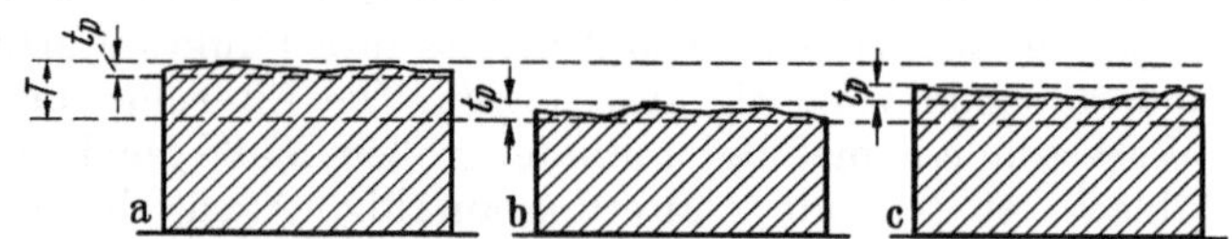

Abb. 16a—c. Mögliche Fälle innerhalb einer Parallelitätstoleranz t_p

innerhalb derer nur Messungen gültig sind, ganz verschieden angegeben sind. Die Dickenschwankung *innerhalb* eines Bleches ist also eine solche der Form, nämlich der Parallelität der beiden Blechflächen und diese Schwankung spielt beim Tiefziehen die Hauptrolle. Hingegen ist die Dicke von Stück zu Stück von geringerer Bedeutung. Man wird also dazu kommen, innerhalb der genormten Dickentoleranz T eine *geringere* Parallelitätstoleranz t_p für einzelne Bleche vorzuschreiben, wie dies auch sonst beim Verhältnis von Formtoleranzen zu Maßtoleranzen der Fall zu sein pflegt. Abb. 16a—c zeigen, wie sich eine „Parallelitätstoleranz" t_p, die beliebig innerhalb der Gesamtstärkentoleranz T liegt, auswirkt.

Beim zylindrischen Zug, also beim Tiefziehen eines Topfes mit senkrechter Zarge und ebener Bodenfläche trifft der Stempel bei der erstmaligen Berührung mit seiner vollen Unterfläche auf das Blech. Die außerhalb dieser Fläche liegenden Teile werden abgesehen von einer schmalen, durch den Ziehspalt und der Abrundung des Ziehringes bedingten Zwischenringfläche zwischen Ziehring-Oberfläche und Niederhalter-Unterfläche festgehalten. Der Niederhalterdruck p_n (im Durchschnitt etwa 20 kp/cm²) liegt jedoch nun durchaus nicht gleichmäßig auf allen Teilen des sog. äußeren Blechflansches. Es findet nur ein Druck gegen die dicken

---

[1] KIENZLE, O.: Rationelle Fertigung und zulässige Ungenauigkeit. Ind.-Anz. 72 (1950), Nr. 33/34, S. 50.

Stellen des äußeren Blechflansches statt. Wird also die Niederhalterkraft aus dem Produkt von spezifischen Niederhalterdruck p_n mal Ringfläche $\frac{\pi}{4}(D^2 - (d + 2\,r)^2)$ berechnet, wobei D als Zuschnittsdurchmesser, d als Ziehdurchmesser und r als Ziehkantenhalbmesser bezeichnet werden, so darf man sich keiner Täuschung hingeben, daß nun dieser spezifische Niederhalterdruck überall gleich wirkt. Er wird an den dicken Stellen des Bleches sehr viel höher und an den dünnen etwa = 0 sein. Der druckelastische Bereich ist bei Blechen sehr gering und ebensowenig reicht der Niederhalterdruck aus, um durch eine Umformung einen Dickenausgleich zu erreichen.

Sind Niederhalter und Ziehring starr eingespannt und ihre Arbeitsflächen genau parallel, so könnte es vorkommen, daß bei Einlegen eines einseitig dicken Bleches beim Niederdrücken des Niederhalters nur diese dicke Stelle allein festgehalten wird. Der Blechflansch würde dann einseitig eingezogen. Solche Ausschußteile kommen bei zylindrischen Zügen kaum vor, während sie bei unzylindrischen häufiger zu beobachten sind. Darüber wird weiter unten berichtet. Im allgemeinen haben heute die Konstrukteure von Ziehpressen den Aufspanntisch für den Niederhalter an den Maschinen so ausgebildet, daß er sich solchen Dickenunterschieden des zu ziehenden Bleches anpaßt, die gleichmäßig von einer Seite des Bleches zur anderen im Sinne eines schlanken Keiles verlaufen. Dies geschieht dadurch, daß der Niederhalter meist an 4 Stellen federnd aufgehängt ist, wobei sich Federn mit gutem Dämpfungsvermögen[1] besonders bewähren. Auch eine allseitige Neigbarkeit durch Ausbildung der Anlageflächen von Niederhaltetisch oder Pressentisch gegen das Gestell in Form einer Halbkugel bzw. eines Kugelabschnittes sind bekannt. Ferner werden häufig unter den Niederhalteringen auf den Umfang verteilt Stößelbolzen angeordnet, die durch ein Druckluftkissen betätigt werden, wobei in diese Druckbolzen zusätzlich elastische Glieder eingebaut werden können. Es ist also eine Angleichung der Spannflächen, d. h. von Niederhalter-Unterfläche und Ziehring-Oberfläche, gegen ungleiche Blechdicken insofern gewährleistet, als eine einseitige Festspannung des Bleches entfällt. Im allgemeinen wird der Blechflansch bei ungleicher Blechdicke mindestens an 2 oder 3 Stellen gehalten. Diese Stellen liegen im Anfang beliebig, später ziemlich weit außen, da der Blechflansch während des Ziehens dort dicker wird. Dieses ist durch die Verkürzung des Außendurchmessers und der sich hieraus ergebenden Tangentialstauchung bedingt, wie dies auf S. 14—19 unter Hinweis auf die Formänderung φ_2 bereits ausführlich erläutert wurde. Dadurch legen sich bei runden Zügen mehr und mehr Teile an die Niederhalteflächen an, während bei viereckigen Zügen an den Partien außerhalb der Ecken die Stauchung entfällt. Daher ist besonders bei diesen diese Festhaltung im allgemeinen ungenügend. Das Halbzeug ist bemüht, an den Stellen des Ziehringes leichter über die Ziehkante zu gleiten, wo es nicht festgehalten wird als dort, wo der Niederhalter es festhält. Diesem Umstand begegnet man durch den Einbau bremsender Ziehsicken.

Abb. 17 zeigt den Anteil der ungeführten, nicht unter Reibungsdruck stehenden Fläche bei vier verschiedenen Tiefziehformen I—IV. Unter I wird der zylindrische Zug verstanden. Dabei ist die Ringfläche der Breite f, welche im Augenblick des Auftreffens des Stempels auf das Blech nicht von Werkzeugteilen berührt wird, verhältnismäßig klein. Sie ist in dem Schaubild zu Abb. 17 mit 70% der Kreisfläche des Ziehdurchmessers d angenommen. Begrenzt wird diese ungeführte freie

---

[1] Anwendung von Ringfedern zur Abfederung des Niederhalters in Breitziehpressen der Fa. Maschinenfabrik Weingarten. Siehe auch Werkstattstechn. u. Masch. 40 (1950), H. 9, S. 331—333.

Ringfläche auf der einen Seite durch den Beginn der Abrundung auf der Zieh-
ringfläche und den Beginn der Abrundung auf der Stempelunterfläche. Kurz nach
erstmaliger Berührung des Stempels mit dem Blech wird bei fortschreitender Ziehtiefe die Ringbreite des von keiner Werkzeugfläche berührten Blechringes sehr

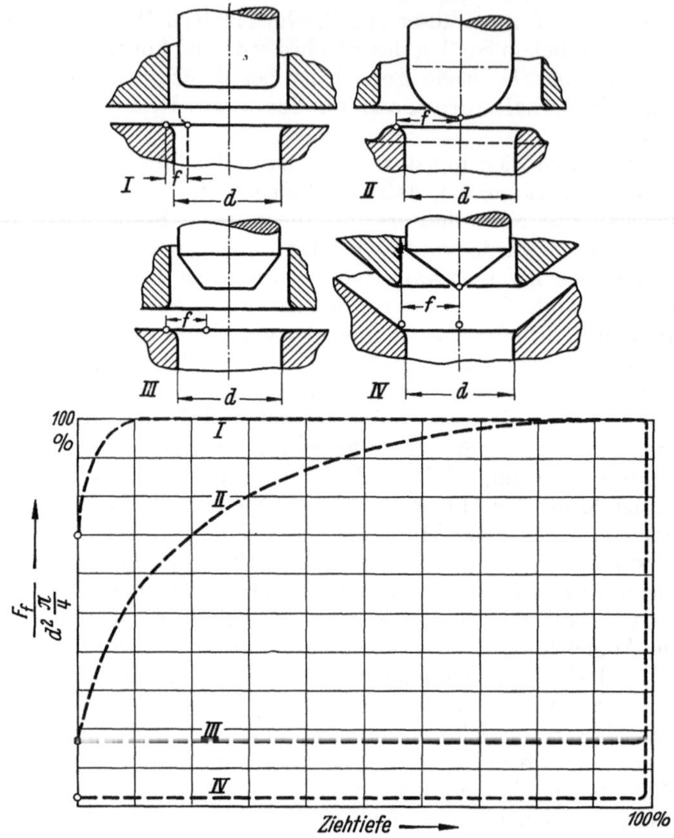

Abb. 17. Anteil der ungeführten, nicht unter Reibungsdruck stehenden Fläche bei verschiedenen
Tiefziehformen I—IV

schnell kleiner. Der Ziehstempel beginnt sehr rasch den Rand des flachen Bodens
des Ziehteiles zu formen, und sobald das Blech sich an den Stempelboden ange-
schmiegt hat, bildet sich auch schon die Zarge.

Bei der Halbkugelform nach II ist die ungeführte Ringfläche f im Anfang sehr
viel breiter und nimmt nur allmählich mit fortschreitender Ziehtiefe zu. Eine sehr
viel größere Ringfläche bleibt jedoch bei den Ausführungen nach Form III (Kegel-
stumpf) und nach IV (Kegel), wo erst kurz vor Vollendung der·Form sich das Blech
an den Ziehstempel anschmiegt. Deshalb ist bei diesen Formen III und IV die Bildung von Falten viel eher möglich als bei Form I und II. Die Form I ist daher am
leichtesten, die Form IV am schwersten zu ziehen. Wenn bei Form I Blechdickenabweichungen vorliegen, so machen sich diese nicht so verhängnisvoll geltend wie
bei den anderen Formen II bis IV, da kurz nach Auftreffen des Ziehstempels das
Blech zur Zarge umgeformt wird. Denn dort wird nicht gleich beim Auftreffen des
Stempels das Blech zur Zarge umgeformt und allseitig während der weiteren Um-

formung zwischen Ziehstempel und Ziehring geführt. So zeigt Abb. 18 eine Ziehteilform II—III nach Abb. 17 oben. Infolge der nicht unter Reibungsdruck stehenden breiten äußeren Ringfläche können sich auf dieser leicht Beulen oder nach Abb. 76 Falten bilden. Unter Hinweis auf Abb. 7 ergibt sich, daß bei den Formen III und IV eine sehr viel breitere ungeführte Ringfläche verbleibt, und daß bei einem ungleichmäßigen Festhalten des Blechflansches an zwei gegenüberliegenden Stellen der Werkstoff über die Ziehkante an den anderen Stellen sehr viel leichter ungleichmäßig einfließen kann als beim zylindrischen Tiefzug. Daher müßten für derartige Formen besonders enge Blechdickentoleranzen vorgeschrieben werden. Diese Verhältnisse sind natürlich von der Praxis längst erkannt worden, und es wurde der Versuch unternommen, den Werkstofffluß über die Ziehkante durch die Anordnung von Randwülsten

Abb. 18. Beulen im nicht unter Reibungsdruck stehenden Flächenbereich einer Ziehteilform II—III nach Abb. 17 oben

zu steuern. Dies gilt insbesondere von unrunden Teilen wie z. B. Kraftwagentüren und Brennstoffkanistern. Es müssen daher eigentlich für solche Teile besonders enge Dickentoleranzen vorgeschrieben werden.

Die Bemessung der Dickentoleranz ist selbstverständlich von wirtschaftlicher Bedeutung. Es ist durchaus technisch möglich, Bleche mit erheblich geringeren Dickenabweichungen herzustellen. So wird beispielsweise kürzlich berichtet, daß ein Wiener Blechwalzwerk Aluminiumbleche von 0,8 mm Dicke bei einer Dickentoleranz von ± 0,003 mm herstellt, was etwa dem Gütegrad IT 4 entspricht, während für das gleiche Blech nach DIN 1753 eine Dickentoleranz von ± 0,04 mm gemäß IT 9 vorgeschrieben wird. Es besteht also kein Zweifel darüber, daß eine Unterschreitung der Dickenabweichungen nach den DIN-Normen ohne weiteres möglich ist. Auf der anderen Seite darf nicht übersehen werden, daß die Herstellung derartig fein tolerierter Bleche erheblich kostspieliger wird als solcher mit größeren Dickenabweichungen. Es besteht daher Veranlassung zu prüfen, inwieweit eine Herabsetzung der Blechdickentoleranz ohne bemerkenswerte Verteuerung der Bleche möglich ist, und wo mit Rücksicht auf die Einsparung von Fehlstücken eine Preiserhöhung vertragen werden kann. Denn die Anzahl derjenigen Ziehteile, die in der Werkstatt infolge zu großer Blechdickenabweichungen reißen oder sonstige Schäden aufweisen, ist nicht zu unterschätzen. Sicher aber dürfte sein, daß man nicht durchweg feinere Toleranzen braucht, sondern wahrscheinlich 2—3 Genauigkeitsgrade für die verschiedenen Zwecke, wie dies bei den meisten Halbzeugen der Fall ist.

1.6 Werkstoff-Prüfverfahren unter Beachtung der Teilform

Die Bezeichnungen Ziehen und Tiefziehen sind leider keine scharf umrissenen Begriffe. Im allgemeinen wird darunter in beiden Fällen dasselbe verstanden. Nur deutet die Bezeichnung Tiefziehen oder Tiefziehblech auf eine bessere Umformfähigkeit bzw. einen besonders dafür geeigneten Werkstoff hin. Viel wichtiger wäre es, eine Unterscheidung zwischen zylindrischem Ziehen zu Teilen mit senkrechter Zarge oder Rumpf und vorwiegend flachförmigen unzylindrischem Ziehen zu treffen. Gewiß gibt es auch hier zahlreiche Übergangsformen. Doch lassen sich zum überwiegenden Teile die Ziehkörper in solche scheiden, welche eine zylindrische Ziehform aufweisen und ein Fließen des zur Zarge umzuformenden Werkstoffes über die Ziehkante voraussetzen, und in solche, die vorwiegend unzylindrischer Gestalt sind und bei denen der Werkstoff kaum über die Ziehkante gezogen wird, so daß er einer Stauchbeanspruchung dort nicht unterliegt.

Zunächst soll nur von zylindrischen Teilen die Rede sein. Der zylindrische Mantel oder die Zarge verläuft nahezu senkrecht zum Boden, der die Grundfläche des Ziehteiles bildet. Diese Ziehkörper werden an ihren einzelnen Stellen ganz verschieden beansprucht, worüber bereits auf S. 12 zu Abb. 8 unter Hinweis auf die Formänderungen φ_1, φ_2 und φ_3 in den 3 Hauptebenen berichtet wurde. Der meist ebene oder nur flach gewölbte Boden unterliegt praktisch keiner besonderen Beanspruchung. Erst nach dem Bodenrand zu tritt eine Radialdehnung (φ_1) auf, die im Bodenrand selbst einen plötzlich sehr hohen Wert annimmt. Hier im Bodenrand wird das Blech auch am meisten geschwächt (φ_3), und dort tritt die Gefahr des Reißens der Ziehteile zunächst ein. Ist diese kritische Stelle überwunden, so fließt der Werkstoff über die Ziehkante und wird zur Zarge bzw. dem Mantel des Ziehkörpers umgeformt. Das am Bodenrand stark geschwächte Blech nimmt an Dicke infolge der Tangentialstauchung (φ_2) wiederum allmählich zu. In der halben Höhe des Ziehkörpers bzw. der Zarge ist die Nennstärke erreicht und am oberen Rand des Ziehteiles werden gegenüber der Ursprungsdicke Dickenzunahmen von 20—30% gemessen. Äußerlich ist dies oft durch einen blanken Rand infolge Quetschung im Ziehspalt erkennbar.

Es können hier nur solche Prüfverfahren Anwendung finden, bei denen zumindest der Stauchvorgang in erheblichem Maße berücksichtigt wird. Das betriebsnächste Verfahren ist der Stufen- oder Napfziehversuch, der auch als das AEG-Prüfverfahren sich eingeführt hat. Er ist nichts anderes als eine Herstellung von Ziehkörpern zylindrischer Form unter ein und demselben Werkzeug bei verschiedenem Zuschnittsdurchmesser. Das größtmöglichste Verhältnis von Zuschnittsdurchmesser zum Ziehdurchmesser wird allgemein mit β bezeichnet und kennzeichnet die Werkstoffgüte. Neben dem Napfziehversuch sind für die Beurteilung von Blechen, die zylindrisch gezogen werden sollen, die Swift-Napfziehprobe mit Rund- und Flachkopfstempel, das Engelhardt-Verfahren zur Bestimmung des Verhältnisses Höchstziehkraft : Abreißkraft und der Keilzugversuch von SACHS zu erwähnen. Bei diesem wird das Blech ebenso wie bei der Umformung der Zarge sowohl gedehnt als auch gestaucht. Der untere Teil des Zerreißstabes wird in der üblichen Weise am Maschinenunterteil der Zerreißmaschine in Klemmbacken festgehalten. Der obere Teil des Probestabes erweitert sich keilförmig und wird in einer entsprechend ausgesparten Düse eingespannt. Dieselbe ist im Oberteil der Maschine befestigt. Der Probestab wird allmählich durch die Düse hindurchgezogen, wodurch die breite keilartige Erweiterung am oberen Ende allmählich zusammengestaucht wird und zu einem schmalen Bande gleicher Breite zusammenschrumpft. Dies ist allerdings nur bei einer gewissen Höchstbreite möglich, die für den jeweiligen Werkstoff gleichzeitig den Gütemaßstab darstellt. Wird diese überschritten, so reißt der Probestab bereits während seiner Anfangsbeanspruchung.

Sehr häufig wird in wissenschaftlichen Abhandlungen die Frage untersucht, inwieweit der klassische Zerreißversuch Anhaltspunkte für die Tiefzieheigenschaften eines Werkstoffes gewährleistet. Dabei wird insbesondere auf das Einschnürungsverhältnis an der Bruchstelle, den Potenzwert n des Flächenformänderungsverhältnisses, die Ermittelung der Fließgrenze und der Gleichmaßdehnung vor Eintritt der Einschnürung hingewiesen. Die Schwierigkeiten liegen bei dünnen Blechen darin, daß sich die dünnen Flachstäbe bei hoher Zugbeanspruchung seitlich rollen und daß die Rißbildung sehr ungleichmäßig wird, was auch naturgemäß die Gestalt der Einschnürung beeinflußt. Es ist schließlich auch ein erheblicher Unterschied, ob beim Zug eines frei eingespannten Stabes der Werkstoff Gelegenheit zur Einschnürung hat, oder ob er in der formschlüssigen Führung eines Werkzeuges nur in ganz bestimmten Richtungen sich dehnen kann und in seiner Einschnürung behindert ist, wie dies beim Anliegen des Bleches gegen den zylindrischen Ziehstempel zutrifft. Ferner ist die Einschnürung des Zerreißstabes in der Zerreißmaschine nicht den Stauchbeanspruchungen eines Werkstoffes wie beim Verkürzen des Außendurchmessers einer Blechscheibe im Ziehwerkzeug auf den Ziehdurchmesser gleichzusetzen.

Das in der Praxis weitaus gebräuchlichste Prüfverfahren für die Tiefzieheignung von Blechen ist der Einbeulversuch, der in Deutschland und darüber hinaus in Euronorm auch als Erichsen-Probe nach dem Namen des Erfinders bekannt ist. Außerdem bestehen in anderen Ländern ähnliche Einbeulapparate. Hierzu gehören die Apparate von GUILLERY, OLSEN, AMSLER, AVERY, PERSOZ u. a. Die meisten Geräte, gestatten neben dem Einbeulversuch nach Austausch der Werkzeuge die Durchführung des Napfziehversuches.

Diese Verfahren beruhen darauf, daß in ein Stück Blech mittels eines halbkugelförmigen Stempels über einer nur wenig größeren Ziehöffnung eine Vertiefung eingedrückt wird. So können in einem Streifen hintereinander mehrere Einbeultiefungen gedrückt werden. Dabei wird im Blech ein mit einer Kugelabschnittfläche abschließender Kegel erzeugt. Bei einer gewissen Tiefung, die das Maß für die Tiefziehgüte ist, reißt das Blech am Übergang zwischen Kegel und Kugelfläche bzw. Calotte. Der Werkstoff wird dabei fast ausschließlich aus dem Blechbereich herausgezogen, der innerhalb der Ziehöffnung liegt. Es fließt also nur sehr wenig Werkstoff über die Ziehkante nach und eine Stauchung des Werkstoffes findet kaum statt. Aus diesem Grunde wird der Einbeulversuch teilweise abgelehnt, da er nicht die Ziehstauchbeanspruchung des Werkstoffes, wie sie beim zylindrischen Tiefziehvorgang vorliegt, berücksichtigt. Das ist gewiß richtig. Es darf aber nicht vergessen werden, daß es sehr viele praktische Aufgaben gibt, bei denen die Umformung des Werkstoffes nur mit Zugbeanspruchungen und nicht mit Stauchbeanspruchungen verbunden ist. Es sei nur allein auf die zahlreichen unzylindrischen Formteile hingewiesen, wie sie in der Karosseriefertigung, im Haushaltgerätebau und auch anderen Zweigen der Blechverarbeitungsindustrie anfallen. Für diese Verfahren dürfte die Erichsen-Probe als die betriebsnähere Tiefziehprüfung gegenüber dem Napfziehversuch erscheinen, die ihrerseits wiederum bei der Prüfung von Blechen, die für zylindrische Ziehteile bestimmt sind, den Vorzug verdienen. Der große Vorteil der Erichsen-Tiefziehprobe gegenüber allen anderen Verfahren beruht auf der Einfachheit der Handhabung und der Probenbereitstellung. Ein Blechstreifen von 80—100 mm Breite, der keineswegs sauber oder kantenparallel zugeschnitten sein braucht, genügt für die Prüfung. Die Vorbereitung verschieden großer Probescheiben, wie dies beim Napfziehversuch erforderlich ist, oder sorgfältig gearbeiteter Probestäbe nach dem Keilzug- oder dem üblichen Zerreißverfahren fallen weg. Eine ungelernte Hilfskraft läßt sich in kurzer Zeit für die Bedienung der Einbeulprüfgeräte anlernen.

Außer den genannten Verfahren bestehen noch weitere zur Ermittlung der Tiefzieheignung, die zur Ergänzung hier kurz genannt werden. Da ist zunächst die von SIEBEL und POMP entwickelte, auch als KWI-Versuch bezeichnete Aufweitprobe zu nennen. Die Prüfung geschieht dabei derart, daß ähnlich dem Erichsen-Verfahren die quadratisch oder rund zugeschnittenen Blechtafeln in eine Vorrichtung eingespannt und mittels eines Stempels getieft werden. Nur ist bei der Aufweitungsprobe dieser Stempel zylindrisch und nicht kegelförmig wie beim Erichsen-Verfahren. Ferner sind die Probekörper in der Mitte durchbohrt. Die sehr sauber herzustellende Bohrung beträgt etwa 40% des Stempeldurchmessers. Der vordringende

Stempel erzeugt im Probeblech eine zylindrische Tiefung unter gleichzeitiger Erweiterung der Bohrung. Dies geschieht solange, bis von der Bohrung aus radial verlaufende Risse sichtbar werden. In diesem Augenblick gilt die Prüfung als beendet. Der sich beim Eintritt des Risses ergebende Durchmesser der Aufweitung ist als Maßstab für die Tiefziehgüte zu werten. Infolge des anisotropen[1] Verhaltens des Bleches vollzieht sich auch bei kreisrunden Zuschnitten diese Lochaufweitung nicht immer gleichmäßig. Sie bildet keinen mathematisch runden Kreis und zeigt vielmehr einen unregelmäßig geschlossenen Linienzug mit 4 Ausbuchtungen. Hier sind also ein kleinster und ein größter Durchmesser der Bohrung zu messen. Wenn man das Produkt aus Tiefung mal Durchmesserzuwachs der Aufweitung mit dem durch Anisotropie bedingtem Unterschiedsmaß dividiert, so bestimmt dieser Quotient die Tiefziehfähigkeit des Werkstoffes dreifach. Je größer dieser Wert ist, um so geeigneter ist der vorliegende Werkstoff zum Tiefziehen. Nach ausgedehnten Versuchen des Verfassers ist dieses Verfahren unter der Voraussetzung kreisrunder Zuschnitte das zuverlässigste der bestehenden Blechprüfverfahren. Unlängst wurde der sogenannte Fukui-Test entwickelt; es handelt sich hier gleichfalls um eine Aufweitprobe, jedoch unter konischem Einzug des gesamten Blechzuschnittes.

2. Zur Formenordnung der Ziehteile

2.1 Bisheriger Stand der Formenordnung

Formenordnungen sind nicht neu. Häufig zitiert wird beispielsweise eine von K. SPIES vorgeschlagene Formenordnung für Gesenkschmiedestücke[2]. Veranlassung zu jener Arbeit gab die Schwierigkeit, für ein bestimmtes Schmiedestück das bestgeeignete Herstellverfahren oder andere fertigungstechnische Größen, wie Werkstoffverbrauch und die Umformbarkeit mit hinreichender Genauigkeit anzugeben. Da nur für wenige Teile überhaupt Versuchsergebnisse vorhanden waren und die Berechnungshilfen nur für bestimmte Teile gelten, erschien es natürlich reizvoll, im Rahmen einer Formenordnung von den wenigen Stücken aus, von denen derartige Ergebnisse vorliegen, auf ähnliche Formen Rückschlüsse zu ziehen oder zwischen einzelnen vorhandenen Werten zu interpolieren. Nun liegen allerdings für die Schmiedeteile selbst klar umrissene Bedingungen vor, die zur Erleichterung der Arbeitsvorbereitung dienen und daher für eine solche Formenordnung maßgebend sind gemäß den von SPIES angegebenen folgenden Gesichtspunkten:

1. Bestimmung des Herstellverfahrens für die Endform, 2. Festlegung der Zwischenformen und der Ausgangsform, 3. Ermittlung der erforderlichen Werkstoffmenge unter Berücksichtigung der Gratverluste, 4. Auswahl der geeigneten Maschinen, 5. Bestimmung der erforderlichen Umformarbeit, 6. Ermittlung der Stückzeiten.

Eine ähnliche Teilung ist auch bei den Blechziehteilen möglich, wobei an Stelle des Gratverlustes beim Schmiedeteil der Zuschneide- und Randbeschnittabfall beim Tiefziehteil treten würde. Die Bestimmung des Herstellverfahrens für die Endform ist wohl mit der wichtigste Gesichtspunkt, woraus sich auch der zweite ergibt. Als dritter Punkt dürfte jedoch die Bestimmung der erforderlichen Umformarbeit anzuführen sein, so daß danach erst die obigen Gesichtspunkte 3, 4 und 6 folgen

---

[1] Verschiedene Ziehteile mit anisotropen Zipfelungsmerkmalen sind dargestellt in OEHLER: Das Blech und seine Prüfung (Berlin/Göttingen/Heidelberg: Springer 1953) auf S. 19/20, Abb. 17—19.

[2] SPIES, K.: Eine Formenordnung für Gesenkschmiedestücke. Werkstattstechn. 47 (1957), H. 4, S. 201—205.

sollten. Die vor Spies durchgeführten Formenordnungen von Haller[1], Kruse[2] und Morgenroth[3] gehen auf eine im letzten Krieg durchgeführte Erhebung über den Werkstoffbedarf für Gesenkschmiedestücke zurück und sind daher einander ziemlich ähnlich. Als Ordnungsgesichtspunkte galten dabei außer der Werkstückform vor allem die Herstellverfahren und Maschinen benutzt.

Da bei Wirtschaftlichkeitsvergleichen, Verwertung ausgedienter Werkzeuge, Entwicklung neuer Geräte in Verbindung mit vorhandenen Werkstücken sowie zahlreichen weiteren Gelegenheiten beim heutigen hohen Stand steuerbarer Lochkarten- und anderer Sortiersysteme solche Formenordnungen große Ersparnisse bringen, dürfte auch eine allgemeine Formenordnung für Werkstücke nach dem Vorschlag von Zimmermann[4] Beachtung verdienen, die weder maschinen- noch fertigungs- noch verfahrensgebunden ist. Ob allerdings mit einer solchen Formenordnung die Praxis in unserem Falle viel anzufangen vermag, erscheint zweifelhaft und steht auch in direktem Widerspruch zur Auffassung der IDDRG (s. S. 36!).

Eine Klassifikation nach geometrischen Gesichtspunkten von B. Kwásniewski wurde in Band III des unter der Leitung von Prof. Dr.-Ing. F. Tychowski stehenden Zentral-Laboratoriums für plastisches Umformen an der Technischen Hochschule Posen 1962 auf S. 289—298 veröffentlicht[5]. Der Verfasser stützt sich dabei auf eine Klassifikation von Karosserietiefziehteilen von W. M. Sieriepiew[6]. Außerdem nennt er — allerdings ohne Quellenbezeichnung — weitere unveröffentlichte Arbeiten von Prof. M. Skarbifiskiego sowie den Ingenieuren J. Paszkowskiego und R. Wolke, die wahrscheinlich am gleichen Institut beschäftigt sind. Schließlich wird noch von einer weiteren Gemeinschaftsarbeit[7] in dieser Richtung gesprochen. Auch sie enthält sechs ähnliche Gesichtspunkte für die Einteilung der Teile, wobei allerdings weniger wirtschaftliche Gesichtspunkte wie Abfallanteil und Stückzeit, sondern Gewicht und Größe mit maßgebend sind. Die Gruppierung nach Kwásniewski stützt sich auf 27 Formen, die sich nicht nur auf dreidimensionale Ziehteilformen beschränken: Form 1 ist ein geradlinig verlaufendes Hutprofil, Form 2 ein gebogenes Winkelprofil, Form 3 ein gebogenes Rohr, Form 4 ein Ring mit beiderseitigen Scheibenrändern usw. Eigentliche Flachziehteile beginnen erst bei Form 14. Hohe verwickelte Formen beschließen die Reihe, wobei Karosserieziehteile dazwischen liegen. Es ist unklar, weshalb man einen niedrigen, runden Napf $d > h$ als Form 22, einen hohen, runden Napf $h > d$ nicht anschließend, behandelt, sondern erst später als Form 25 in die Ordnung einfügt. Auch einfache, gelochte Winkelstücke sind in dieser Formenordnung als Form 9 mit enthalten. Offenbar wurde hier der Versuch gemacht, alle vorkommenden Blechteilformen in einer Formenreihe irgendwie unterzubringen und dafür je ein typisches Stück zu zeigen; jedoch hat man sich weder um eine Ordnung nach geometrischen Gesichtspunkten,

---

[1] Haller, H.: Die Bedeutung der Kennzahlen und Kenngrade für die Kostenkontrolle in der Gesenkschmiede. Schmiedetechn. Mitt. 1950, Nr. 2 u. 4.

[2] Kruse, O.: Über den Einfluß des Gratgewichtes auf die technisch-wirtschaftlichen Kennziffern und Materialverbrauchsnormen von Gesenkschmiedeteilen aus Stahl. Fertigungstechn. 4 (1954), S. 156—159.

[3] Morgenroth, E.: Ermittlung des Einsatz- und Kontingentgewichtes von Gesenkschmiedestücken aus Stahl. Werkstattbl. 180—182. München 1950.

[4] Zimmermann, D.: Vorschlag einer allgemeinen Formenordnung für Werkstücke. Ind. Anz. 87 (1965), Nr. 40, S. 756—761 u. Nr. 49, S. 971—975.

[5] Kwásniewski, B.: Klasyfikacja wyrobów tloczonych wedlug cech geometrycznych, Obróbka Plastyczna. Zeszyty Centralnego Laboratorium Obróbki Plastycznej. Tom III, Zeszyt 2, Posen 1962.

[6] Sieriepiew, W. M.: Obrabotka mietallow dawlenjem. Doklady Instituta Maszinowiedienja. Moskau 1958, Izd. A. N. SSSR, S. 126—137.

[7] Praca zbiorowa: Konstrukcja tloczników. PWT, Warschau 1960.

3*

noch um eine nach Herstellverfahren oder um eine nach dem Schwierigkeitsgrad der Umformung bemüht. Es kann daher auf diesen Arbeiten nicht aufgebaut werden. Eine systematische Ordnung von Blechformteilen im Rahmen eines Lochkartensystems wurde am Institut für Werkzeugmaschinen und Umformtechnik an der TH Hannover geschaffen[1]. Auch die Gliederung nach Abb. 19—21 läßt eine Erfassung durch Lochkarten offen. Ob eine Klassifikation auf rein umformtheoretischer Grundlage[2] für die Praxis nützlich ist, dürfte bei der Vielzahl der Formen zweifelhaft sein, so sehr dieser Gedanke seitens der IDDRG begrüßt wird. Im folgenden wird versucht, zunächst einmal die Formen rein geometrisch zu ordnen, damit auf diese Weise weitere Ausgangspunkte für andere Formenordnungen gewonnen werden oder auf die im folgenden dargestellte geometrische Formenordnung zurückverwiesen werden kann.

2.2 Ordnung nach geometrischen Gesichtspunkten

Abb. 19 zeigt die geometrische Ordnung der Querschnittsformen bzw. der Randfiguren von Senkrechtziehteilen, wobei in den Ecken dieser Übersicht links oben der Kreis, rechts oben die Ellipse, links unten das Quadrat, rechts unten ein langgezogenes Rechteck diese Formenübersicht begrenzen. Alles andere sind Zwischen-

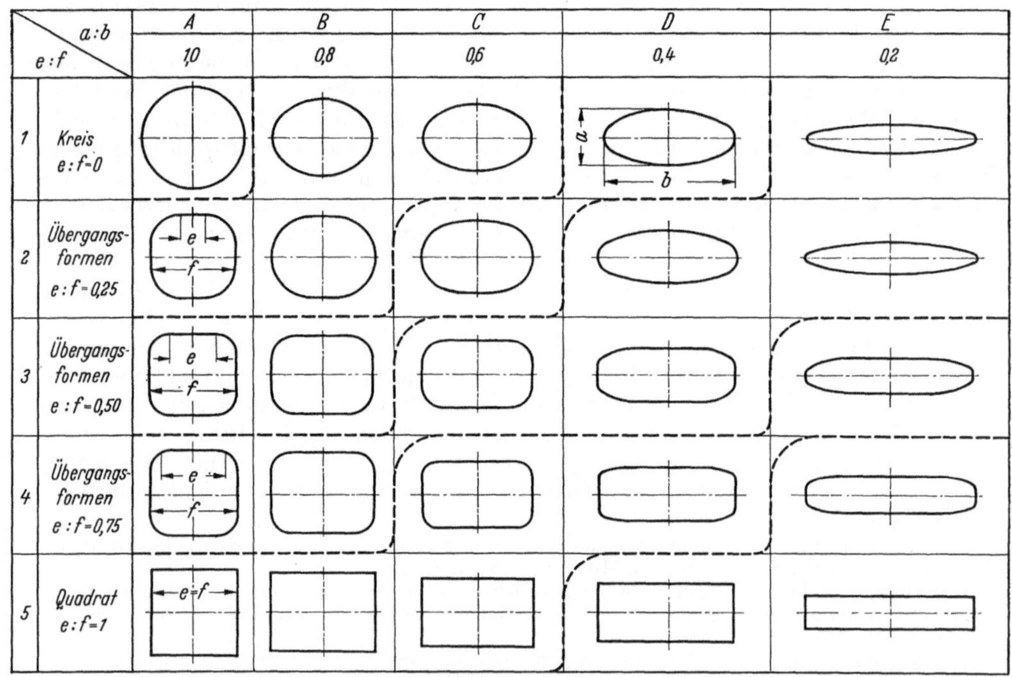

Abb. 19. Geometrische Ordnung der Querschnittsformen zylindrischer Senkrechtziehteile

---

[1] Hingewiesen sei noch auf den Aufsatz von H. BÜHLER und K. LORENZ: Systematisches Ordnen von Blechformteilen. Bänder, Bleche, Rohre 6 (1965), H. 5, S. 249—255. Hier wird eine Formenordnung in Verbindung mit einem Lochkartensystem vorgeschlagen.

[2] YOSHIDA, K.: Classification and Systematization of Sheet Metal Press-Forming Process. Scient. Papers of Inst. of Phys. and Chem. Research, Tokio, Nr. 1514, 53 (1959), S. 126—187.

formen entsprechend dem Verhältnis $a : b$ der kurzen zur langen Achse und dem Verhältnis $e : f$ der geraden Seite ohne Abrundung zu ihrer gesamten Länge einschließlich ihrer Abrundung. Man könnte hierbei schon an eine gegenseitige Abgrenzung in bezug auf die Schwierigkeit der Umformung denken, da bei kleinem Seitenverhältnis $a : b$ einerseits und bei scharfkantigeren Formen andererseits die Herstellung schwieriger ist. Durch stark gestrichelte Linien im Abb. 19 ist dies zum Ausdruck gebracht, wonach die abgegrenzten Felder Formen etwa gleichen Schwierigkeitsgrades umfassen. Die Spalten in Abb. 19 sind durch große Buchstaben A bis E, die Zeilen mit 1—5 bezeichnet. Zusätzlich könnte in Ziehteilformen mit senkrechter Zargenwand und in solche mit flach geneigten Zargenwänden weiter unterteilt werden, wie dies in Abb. 20 räumlich dargestellt ist. Dabei wird die bisherige Teilung $A—E$ in

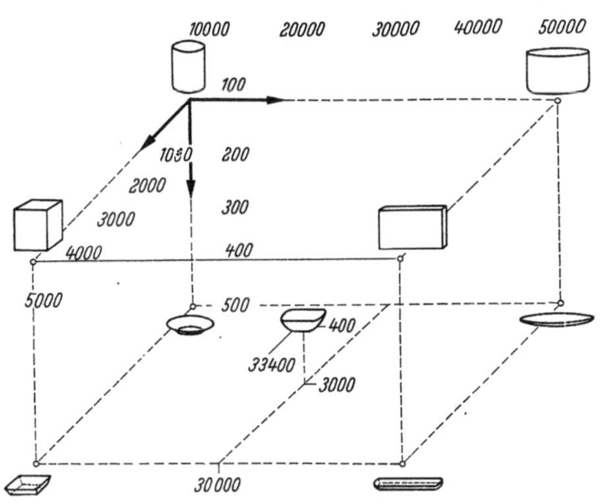

Abb. 20. Räumlich erweiterte Formenordnung zu Abb. 19 im Hinblick auf unzylindrische Teile flach schräg geneigter Zargen

10000—50000, die bisherige Teilung 1—5 in 1000—5000 und die neue Teilung unter dem Gesichtspunkt der senkrechten und der flach ausgebildeten Zarge in 100—500 gewählt. Eine senkrechte Schale mit starker Kantenabrundung und schräg verlaufender Zarge könnte hiernach unter der Nummer 33400, Abb. 20 charakterisiert werden. Die zwei letzten Dezimalen lassen Raum für weitere Unterteilungen, ebenso wie die Bezifferung von 1—5 noch eine weitere Bezifferung von 6, 7, 8 und 9 für andere Formenkennzeichnungen frei läßt, da ja natürlich die runden, rechteckigen und elliptischen nicht die einzigen Ziehteilformen sind.

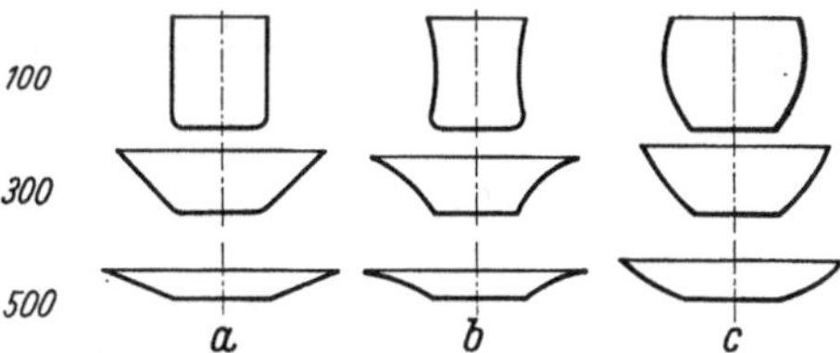

Abb. 21. Ein- und ausgewölbte Zarge zur Formenordnung nach Abb. 20

Bei den bisherigen geometrischen Betrachtungen ging man zunächst davon aus, daß die Böden eben sind und die Zargen geradlinigen Querschnitt aufweisen (Abb. 21a). Es gibt aber zahlreiche Formen, bei denen die Zarge nach einwärts (Abb. 21b) oder nach auswärts (Abb. 21c) gewölbt ist; ferner sind unebene Böden möglich. Mit Rücksicht hierauf erscheint eine weitere geometrische Ordnung der Senkrechtziehteile zweckvoll. Hierbei werden das Senkrechtziehteil mit V, und die Formabweichungen durch einen Index zu V zum Ausdruck gebracht. Nach Abb. 22 werden im Index vor dem schrägen Strich die Formabweichungen des Bodens, hinter dem schrägen Strich diejenigen der Zarge vermerkt. Dort, wo keine Formabweichungen vorhanden sind, zeigt dies der Index $_0$ an, so daß die einfache Grundform, wie sie nach Abb. 20 links oben als 11100 zu bezeichnen wäre, hier mit $V_{0/0}$ charakterisiert wird. Die linke Spalte von Abb. 22 zeigt Boden-, die rechte Zargenabweichungen, wobei a eine nach auswärts, i eine nach einwärts gerichtete Formabweichung darstellt. Weiterhin bezeichnet der Buchstabe g eine Abweichung über die gesamte Fläche des Bodens oder der Zarge, während t eine teilweise Gestaltänderung bedeutet. Liegt diese Gestaltänderung zentrisch zur Zargen- oder zur Bodenmitte, so wird dies durch c, liegt sie exzentrisch zu ihr durch e ausgedrückt. Die unterste Zeile zeigt drei kombinierte V-Formen, wovon die mittlere bereits Zweifel hinsichtlich ihrer Bezeichnung aufkommen läßt. So wurde bei der linken Bezeichnung $V_{ag/o}$ angenommen, daß nur das obere zylindrische Stück zur Zarge, der Kegel und die daran hängende übrige Form zum Boden zählen. Betrachtet man nur die Halbkugel als Bodenabschluß und den darüber befindlichen Teil als zur Zarge gehörend, so ergibt sich für das gleiche Teil die Bezeichnung $V_{ag/itc}$.

Wenn sich auch hiernach schon eine große Anzahl von Ziehteilformen geometrisch ordnen läßt, so ist das bei einer weit größeren Zahl insbesondere mit unsymmetrischer Gestalt nicht möglich. Bei vielen Teilen läßt sich beispielsweise schon der Begriff einer Flachform schwer umreißen; so zeigt Abb. 23 sechs verschiedene Ziehteilformen, die man teils als Flachformen, teils als Biegeformen ansprechen kann. Die Form 1 ist unbestritten eine einfache, ebene, rechteckige Flachform mit leicht abgerundeten Ecken und Rand, wie sie in der Kühlschrankfabrikation als Türverkleidungen sowie in der Herdfabrikation für Deckbleche oder Seitenteile

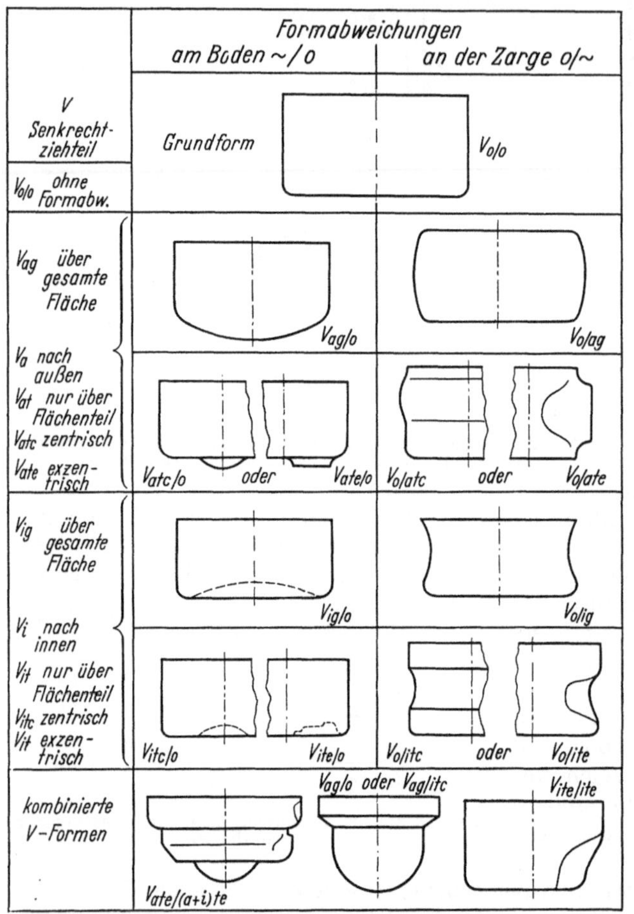

Abb. 22. Die Berücksichtigung von Formenabweichungen bei einer geometrischen Ordnung der Senkrechtziehteile

verwendet wird. Diese ebene Flachform mit Rand kann nach Abb. 23/2 gewölbt, mitunter nach Abb. 23/3 nur gewölbt und ohne Rand ausgeführt werden. Letztere Form ist allerdings nicht zu empfehlen, da sich der Rand nach der Umformung verzieht und uneben ausfällt. Immerhin hat man es bis dahin unbestritten mit Flachformen zu tun. Wenn sich jedoch an eine solche Form eine einseitig gewölbte Zarge anschließt, wie dies bei manchen Karosseriedächern am Heckteil der Fall ist, so erhalten wir jetzt eine Biegeform gemäß Ziffer 4. Mitunter schließt sich ein weiterer derartiger Biegeformansatz bei Karosseriedachformen gemäß Ziffer 5 auch am Vorderteil an, so daß wir jetzt schon von an zwei gegenüberliegenden Seiten anschließenden, geneigten Zargen sprechen können und eine Definition des

Mittelteils als gewölbte Flachform kaum noch zulässig ist. Noch mehr Bedenken wird man haben, wenn diese Zargen nicht gegenüber, sondern gemäß Abb. 23/4 nebeneinander liegen, wie dies beispielsweise bei manchen Radwannenteilen oder Abschirmblechen der Fall ist. Immerhin ist es wichtig, daß sogenannte Biegeformen wie die zu Ziffer 4 und 5 besonders herausgestellt werden, da sie schon etwas über die Möglichkeit ihrer Fertigung aussagen.

Anstelle der Indexbezeichnungen *o, ag, atc, ate, ig, itc, ite* in Abb. 22 links können für den Boden die Zahlen 10, 20, 30, 40, 50, 60, 70 und für die Zarge die Zahlen 1, 2, 3, 4, 5, 6 und 7 gewählt werden. Dann lauten im Falle eines runden Querschnitts von links nach rechts in Abb. 21 oben die Formbezeichnungen 11111, 11115, 11112, in Abb. 21 Mitte 11311, 11315, 11312, und in Abb. 21 unten 11511, 11515, 11512. Das Teil in Abb. 22 links unten in langgezogener Ovalform nach Abb. 20 rechts oben würde mit 5123 (3 + 6) und das Teil in Abb. 22 rechts unten einer quadratischen Randfigur nach Abb. 20 links mit 14166 bezeichnet werden.

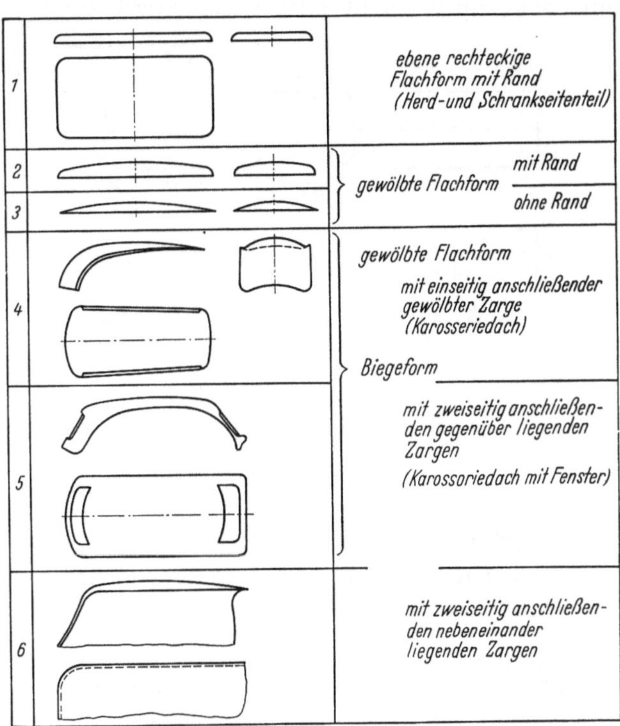

Abb. 23. Flachformteile ohne und mit Zargenanschlußteilen

2.3 Ordnung nach Arten der Formänderungen und Spannungen

Eine Ordnung nach der Möglichkeit der Fertigung ist für den Umformfachmann natürlich sehr viel wichtiger als eine Formenordnung nach geometrischen Gesichtspunkten. Bringt schon die geometrische Ordnung Zweifelsfragen, wie dies beispielsweise an den zuletzt beschriebenen Teilen dargestellt wurde, bei denen man nicht weiß, wo die Zarge beginnt und der Boden aufhört, so gilt dies leider in sehr viel größerem Maße in bezug auf die Formänderungen. Betrachten wir wieder den einfachen, runden Napf, dessen Innendurchmesser dem Tiefziehstempeldurchmesser d_p entspricht und für den ein kreisrunder Zuschnitt vom Durchmesser d_a vorliegt, so ergeben sich im bequemen Ziehbereich unterhalb des höchst zulässigen Grenzziehverhältnisses $d_{a\,max}/d_p$ Formänderungen bescheidenen Ausmaßes, unabhängig davon, ob hier ein Flansch stehen bleibt oder nicht, wie dies in Abb. 24a zu sehen ist. Bei der Form nach Abb. 24b, bei der etwa das äußerst zulässige Grenzziehverhältnis erreicht ist, nehmen die Formänderungen entsprechend zu. Darüber hinaus, d. h. bei einem im Verhältnis zu d_p größeren d_a, bleibt der Flanschdurchmesser d_f gleich dem Zuschnittsdurchmesser d_a, und es ist nur eine kleine Flacheinprägung möglich,

die sich auf die Spitzen der Formänderungen φ_1 und φ_3 im Zargenbereich zwischen
den Punkten B und C beschränkt (Abb. 24c). Es ist hier ein völlig neues Form-
änderungsschaubild entstanden, das zu den vorhergehenden Abb. 24a und 24b in
gar keiner Beziehung steht, und worauf auf S. 16 in Verbindung mit Abb. 8 bereits
hingewiesen wurde. Denn dort war φ_2 die größte Formänderung. In Abb. 24c verläuft die φ_3-Spitze direkt spiegelsymmetrisch zur φ_1-Spitze, während in Abb. 24a

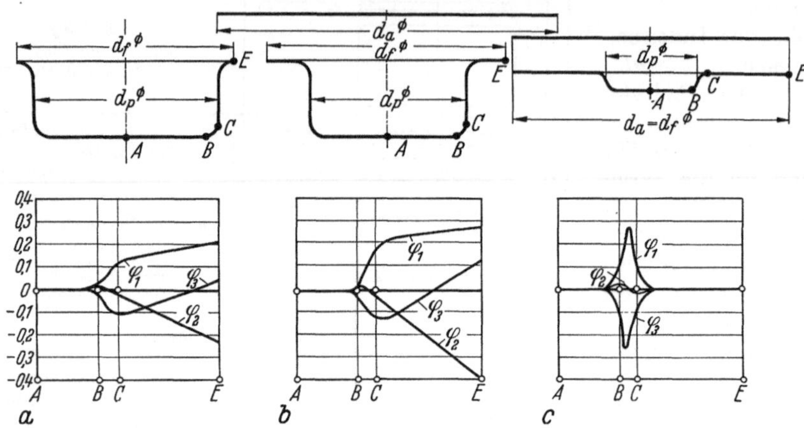

Abb. 24. Abhängigkeit der Hauptformänderungen von d_a/d_f und d_a/d_p

und b die die Blechdickenänderung kennzeichnende Formänderung φ_3 gegenüber φ_1
zurücktritt und einen völlig anderen Verlauf nimmt. Der Unterschied der Formänderungen unter sich ist derart groß, daß man rein technologisch betrachtet sagen
muß, er ist viel größer als der Unterschied zwischen Drehen, Bohren, Fräsen und
Hobeln in der spanenden Fertigung, wo immerhin die Formänderungs- bzw. Ab-
schälkräfte in bezug auf den Keilwinkel der Werkzeuge doch sehr ähnliche Abschäl-
bedingungen ergeben. Daß dieser Unterschied im einschlägigen Schrifttum der Kalt-
umformtechnik nicht genügend stark betont wird, ergibt sich aus der Tatsache,
daß der Übergang von der einen zur anderen Form sich oft innerhalb eines breiten
Bereiches sehr unscharf abzeichnet, und daß der Begriff des Hohlprägens von Blechen praktisch der Form zur Abb. 24c entspricht und außerhalb des eigentlichen
Tiefziehens liegt. So bietet beispielsweise die Beleuchtungskörperfertigung eine Unzahl von Formen, bei denen wir teilweise ein Ziehen, teilweise ein Prägen vor uns
haben. Dort, wo das Blech über die Ziehkante hinweggezogen wird, kann von einem
Tiefziehen leicht die Rede sein. Wie ist es aber bei einem flachen Karosserieziehteil,
das praktisch kaum seine äußere Zuschnittsform ändert und bei dem der Werkstoff
oft nur wenige Millimeter, teilweise überhaupt nicht bemerkenswert über die Ziehkante rutscht, dagegen die Ziehteilform an den kritischen Stellen bis an die Riß-
grenze stark geschwächt wird? Hier mögen einige Beispiele folgen, die uns die
Schwierigkeit der Aufgabe zeigen.

In Abb. 25 sind vier einfache Bodenformen mit rippenartigem Ansatz gleicher
Breite, aber unterschiedlicher Länge dargestellt. Bei der Form a reicht der Bodenansatz über den ganzen Boden hinweg bis an den äußersten Rand, d. h. bis zur
Zarge. Bei der Form b steigt der Ansatz aus dem geschwächten und bereits stark
beanspruchten Bodenrundungsbereich empor. Seine Länge nimmt bei c und d
noch weiter ab, wo er bereits nicht mehr in den geschwächten und verfestigten
Rundungsbereich des Bodenzargenrandes fällt. Zunächst ist natürlich die Her-

stellung eines solchen Ansatzes in allen vier Fällen schwierig und keine für den Ver-
arbeiter willkommene Aufgabe. Man kann sich dadurch helfen, daß dieser Ansatz
zunächst einmal im Blech vorgeprägt und beim Zug mit geformt wird. Dabei wird
man um einen Gegenboden im Ziehgesenk kaum herumkommen. Dies sind in allen
Fällen Hohlprägungen im Sinne des Diagramms zu Abb. 24c. Wenn die Fertigung
solcher tiefgezogenen Werkstücke nach Abb. 25 auch gelingt, so ist auf jeden Fall

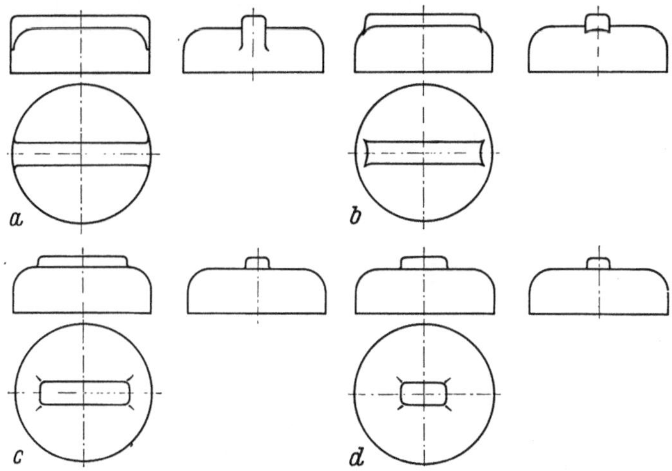

Abb. 25. Gestaltung von Bodenansätzen

nicht die Gestalt nach Abb. 25d, die man unter Umständen auch im Durchstülp-
verfahren S. 63—65 herstellen könnte, sondern die Gestalt nach Abb. 25b am
schwierigsten tiefzuziehen. Dort steigt nämlich der Ansatz infolge Verfestigung im
kritischen Umformbereich des Bodens hoch, wie er sich zwischen den Punkten B
und C nach Bild 24c ergibt und verursacht eine weitere zusätzliche Versprödung des
Werkstoffes. Die Zwischenform b ist im Vergleich zu a sowie c und d vom Umform-
standpunkt aus gesehen die ungünstigste. Sie liegt aber geometrisch gesehen zwischen a und c. Nur an diesem Beispiel sei nachgewiesen, wie wenig der Schwierigkeitsgrad einer geometrischen Formenordnung entsprechend gestuft zu erscheinen
braucht und wie wenig eine solche geometrische Formenordnung darüber etwas aus-
zusagen vermag.

2.4 Ordnung nach Fertigungsverfahren

Die vorhergehenden Beispiele sind aus einer großen Formenzahl ziemlich willkürlich herausgegriffen. Aus den bisherigen Betrachtungen zu Formengegenüber-
stellungen, wie in Abb. 23 und 24a gegenüber Abb. 24c, Abb. 25a, c, d gegenüber b
ergeben sich die Schwierigkeit und berechtigte Bedenken, eine solche Formenordnung von rein umformtechnischem Gesichtspunkt der Fertigungsverfahren allein
aus durchzuführen, ohne daß sie unübersichtlich wird. Auch fragt es sich, ob dem
Praktiker mit ihr tatsächlich etwas geboten wird. Wenn aber die Formenordnung
nach den Tiefziehverfahren durchgeführt werden soll, setzt dies zunächst eine Übersicht über die Tiefziehverfahren selbst voraus. In Tab. 4 wurde der Versuch gemacht,
die Tiefziehverfahren nach der Art ihres Druckmittels zu gliedern. Im folgenden
sollen die Werkstücke, die sich nach diesen Verfahren herstellen lassen, kurz beschrieben werden. Bei der außerordentlichen Vielfalt der Formen ist es ausgeschlossen, dies durch figürliche Darstellungen zu erläutern.

Tabelle 4. *Die nach der Art ihres Druckmittels geordneten Tiefziehverfahren*[1]

1. fest	2. elastisch	3. flüssig	4. gasförmig	5. elektromagnetisches Feld
			(Hochgeschwindigkeits-Umformverfahren)	
1.1. Übliches Tiefziehen mit Ziehstempel, Ziehring und Blechhalter	2.1. Auflage einer Gummiplatte	3.1. Verfahren mit gegen Gesenk gerichteten Druck:	4.1. Explosivstoffe 4.11. an der Luft 4.12. unter Wasser 4.13. unter Wasser mit Reflektor	5.1. Magneform-Verfahren
1.2. desgl., jedoch ohne Blechhalter	2.2. Gummikissen am Stößel gegen Tisch (überholtes Verfahren)	3.11. Huber-Verfahren		
1.3. Tiefziehen mit tractrix- oder kegelförmiger Ziehringöffnung ohne Blechhalter	2.3. Guérin-Verfahren mit Gummikoffer gegen Tauchplatte	3.12. Hydroriegat-Verfahren	4.2. Elektr. Funkenentladung unter Wasser (Hydrospark-Verfahren)	
1.4. Stülpziehen durch Umkehren der Ziehrichtung im Folgezug	2.4. Marform-Verfahren	3.2. Verfahren mit gegen Stempel gerichteten Druck:		
1.5. Schlagziehpressen wie 1.1. mit anschließenden Schlägen	2.5. Hidraw-Verfahren	3.21. Hydromechanisches Tiefziehen- oder membranloses Hydroform-Verfahren		
1.6. Oeillet-Verfahren nur im Streifen möglich	2.6. Hydroform-Verfahren	3.22. Daalderop-Verfahren		
1.7. Einscher-Verfahren nur im Streifen möglich	2.7. Wheelon-Verfahren			
1.8. Streckziehen ohne Ziehring und Blechhalter	2.8. SAAB-Verfahren			
1.9. Verfahren mittels Hochgeschwindigkeitspressen und -hämmern				

[1] Einzelheiten über die Verfahren finden sich in OEHLER-KAISER: Schnitt-, Stanz- und Ziehwerkzeuge. 5. Aufl. Berlin/Heidelberg/New York 1966.

Zu 1.1. Mit dem üblichen Tiefziehen sind so ziemlich alle Blechformen herstellbar, soweit dies das höchst zulässige Ziehverhältnis des jeweiligen Werkstoffes zuläßt. Schätzungsweise 95% aller Blechziehteile werden nach dem in 1.1 beschriebenen Verfahren angefertigt, wovon wiederum etwa 90% bereits im ersten Zug – dem sogenannten Anschlag – fertiggestellt werden. Nur etwa 10% werden in weiteren anschließenden Zügen bis zur Fertigform unter teilweisem Zwischenglühen umgeformt.

Zu 1.2. Es können nach diesem Verfahren ohne Blechhalter Teile kleinen Ziehverhältnisses gezogen werden, d. h. sie haben eine sehr niedrige Zargenhöhe h, für die mit d als Ziehdurchmesser und s als Blechdicke folgende empirische Gleichung gilt:

$$h \leqq 0,3 \ \sqrt[3]{d^2} \cdot \sqrt{s}\,.$$

Als Beispiel sind dafür niedrige Zigarettenpackungsdosen sowie Schuhkremedosen und -deckel zu nennen.

Zu 1.3. Bei diesem gleichfalls blechhalterlosen Tiefziehverfahren wird der meist runde Zuschnitt genau auf die beginnende, nach Form einer Tractrixkurve[1] oder eines Kegels[2] sich nach unten verjüngende Ziehringöffnung gelegt. Vorteil dieses Verfahrens ist nicht nur der Fortfall des Blechhalters und die Möglichkeit, einfachwirkende Pressen zu verwenden, sondern auch ein bis zu 35% höheres Tiefziehverhältnis als im üblichen Tiefziehverfahren nach 1.1 zu erzielen. Dies setzt allerdings voraus, daß die Ziehteile verhältnismäßig dickwandig sind, d. h. ein d/s-Verhältnis unter 30 aufweisen. Dieses Verfahren ist nur bei zylindrischen Zügen bekannt. Doch ist anzunehmen, daß es sich bei stark abgerundeten anderen Ziehformen mit senkrechter Zarge auch empfiehlt.

Zu 1.4. Über das Stülpziehen wird auf S. 63–65 noch berichtet. Ein wichtiges Anwendungsgebiet ist die Herstellung zylindrischer Teile mit hoher Zargenhöhe bzw. mit großem Ziehverhältnis, in dem nach dem ersten Vorzug unmittelbar der zweite Zug als Stülpzug angeschlossen wird[2]. Es handelt sich auch hier in der Hauptsache nur um zylindrische Formen. Zum Stülpziehen werden nicht nur übliche Tiefziehpressen, sondern auch Mehrstufenpressen[2] benutzt.

Zu 1.5. Für das auf S. 98 noch näher beschriebene Schlagziehpressen ist etwa die gleiche Werkzeugausrüstung erforderlich wie beim üblichen Tiefziehverfahren. Es können daher auch praktisch dieselben Teile wie dort unter Schlagziehpressen hergestellt werden. Der Vorteil der Schlagziehpresse beruht auf dem Schlageffekt nach dem Tiefziehen, wodurch die Teile mit höherer Genauigkeit hergestellt werden können als ohne derartige Kalibrierschläge. Dabei ist es zweckvoll, die geringstmögliche Schlaghöhe bei einer entsprechend hohen Anzahl der Schläge – äußerstenfalls bis zu 10 – zu ermitteln. Die Herstellung unter Schlagziehpressen empfiehlt sich auch dort, wo im üblichen Verfahren nach 1.1 die Teile infolge überlagerter Zugbeanspruchungen und oft in Verbindung hiermit infolge exzentrischer Gestaltung des Teiles leicht reißen.

Zu 1.6. Das Oeillet-Verfahren (deutsch: Schuhöse) beruht darauf, daß in einen Streifen zunächst eine halbkugelige Form eingepreßt wird. Damit ist die eigentliche Dehnungsbeanspruchung des Werkstoffs beendet. In den weiter anschließenden Arbeitsstufen wird durch Herabdrücken von Hohlstempeln der äußere Durchmesser dieser Einwölbung vermindert und infolgedessen die Tiefe vergrößert. In 5–20 Stufen gelangt man zur Endform, wobei äußerstenfalls die vierfache Tiefe gegenüber dem Durchmessermaß erreicht wird. Infolge der zahlreichen Stufen, des immerhin bemerkenswerten Werkstoffverbrauchs und der Werkzeugkosten ist· dieses meist automatisch arbeitende Verfahren nur für Teile bis zu 15 mm Durchmesser und 20 mm Tiefe wirtschaftlich.

Zu 1.7. Das Einscher-Verfahren ist, ebenso wie das Oeillet-Verfahren, nur im steifen bzw. im durchlaufenden Band ausführbar. Auch dieses Verfahren eignet sich infolge großen Abfalls in der Regel nur für kleinere Serien von Werkstücken, die im Anschlag kein zu großes Ziehverhältnis haben. Teilweise wurden jedoch auch schon zylindrische Teile eines Durchmessers bis zu 100 mm hiernach gefertigt; ebenso sind mehrere Stufen dabei möglich. Für so große Teile ist dieses Verfahren aber nur ein Notbehelf. Bei mittleren und größeren Serien sind auf alle Fälle übliche Werkzeuge nach 1.1 unter der Mehrstufenpresse erforderlich.

---

[1] MAY, O.: Betrachtungen über den Ziehvorgang bei dicken Blechen. Unveröffentlichter Bericht, 1934. Ziehmatrize, DRP 685898. – SHAWKI, G.: Niederhalterloses Tiefziehen. Mitt. Forschungsges. Blechverarb. (1961), Nr. 18, S. 229–237. – HAVERBECK, K.: Von Außenborden an Blechteilen zwischen Stempel und Ringen. Dissertation TH Hannover 1961, Auszug hiervon Mitt. Forschungsges. Blechverarb. (1961), Nr. 12/13, S. 150–156. – OEHLER, G.: Tiefziehen ohne Blechhalter oder Biegen um konvex gekrümmte Kanten. Werkstattstechn. 52 (1962), H. 10, S. 525–527.

[2] BEISSWÄNGER, H.: Tiefziehen dünner Bleche mit konischen Ziehringen. Mitt. Forschungsges. Blechverarb. (1950),

Zu 1.8. Das auf S. 80—86 noch näher erläuterte Streckziehen kann zwar in Ausnahmefällen auch unter gewöhnlichen Pressen vorgenommen werden, doch werden dafür in der Regel Sonderpressen verwendet. Dabei werden vorzugsweise Biegeformen erzeugt, wie sie etwa in Abb. 23 unter Beispiel 4 und 5 als Biegeform für Karosseriedächer dargestellt sind. Man wird also auf der Streckziehpresse nur einer Biegeform entsprechende Teile herstellen können, da ja das Blech beiderseits eingespannt über einen zwischenliegenden Formklotz gebogen bzw. gezogen wird. Natürlich handelt es sich hier nicht um reine Biegeformen. Aber Karosseriedächer, Kotflügel und mitunter auch Türen und andere Karosserieteile lassen sich über eine solche Form streckziehen. Das Verfahren ist sehr lohnintensiv; sein Vorteil beruht auf der schnellen und billigen Werkzeugherstellung. Es ist nur für kleinste Serien, also heute noch für den Flugzeugbau, lohnend. Im Karosseriebau wird es nur selten und dann nur für kleine Serien eingesetzt.

Zu 1.9. An sich gehören hierzu noch die Verfahren unter Hochgeschwindigkeitspressen und -hämmern, da ja die Werkzeuge selbst, also die Druckmittel, aus festen Werkstoffen bestehen. Die Hochgeschwindigkeitsverfahren sind zur Zeit noch zu sehr in der Entwicklung begriffen, als daß bereits heute über die erreichbaren Formen abschließend etwas gesagt werden kann. Doch dürften wohl kaum Bedenken bestehen, sie heute bereits für die Formen zu benutzen, die auch nach dem bisher üblichen Tiefziehverfahren 1.1 möglich sind.

Zu 2.1. Durch Auflegen einer Gummiplatte auf ein Blech mit darunter befindlicher Matrize lassen sich nur sehr geringe Ziehtiefen ausführen. Mitunter wird dieses Verfahren zur Herstellung von dünnen Stahlblechen mit gehämmerter Musterung für Ofenschirme, Briefkästen und dergleichen angewandt. Äußerstenfalls können so noch Nummernschilder für Kraftfahrzeuge gefertigt werden; größere Tiefen werden nicht erreicht.

Zu 2.2 und 2.3. Beide Verfahren beruhen darauf, daß über ein Kernwerkzeug mit aufliegendem Blech ein aus mehreren, meist 25 mm dicken Gummischichten bestehendes Kissen aufgepreßt wird, wodurch das Blech an den scharfen Kanten abgeschnitten und an den gerundeten Kanten entsprechend umgeformt wird. Das Verfahren zu 2.3 hat das Verfahren zu 2.2 fast völlig verdrängt. Das auf S. 86—92 noch näher beschriebene Guérin-Verfahren mit Gummikoffer und Tauchplatte dürfte das heute noch am weitesten verbreitete Gummi-Umformverfahren sein, obwohl die anderen Verfahren, insbesondere die zu 2.6 und 2.7 in der letzten Zeit an Bedeutung gewonnen haben. Sämtlichen Gummiformverfahren haftet der Mangel an, daß erstens infolge der erforderlich hohen Drücke, die weniger der eigentlichen Umformung, sondern mehr der Kontraktion des Gummikissens dienen, teure Anlagen notwendig sind und außerdem der Gummi frühzeitig verschleißt. Gewiß wurden in letzter Zeit erheblich abriebfestere, elastische Stoffe entwickelt, die aber auch zur größeren Lebensdauer verhältnisgleich teurer sind. Daher gilt hierfür wie bei 1.8 für die Gummiumformverfahren, daß sie infolge der geringen Werkzeugkosten und der schnellen Bereitstellung der Werkzeuge nur für sehr kleine Serien sich lohnen, wie sie im Flugzeugbau vorkommen. Die Verfahren zu 2.2 und 2.3 gestatten nur die Herstellung verhältnismäßig flacher Formen, also Flugzeugverschalungsteile aus Leichtmetall, zuweilen aber auch Herdabdeckplatten und andere flachgestaltete Stahlblechteile.

Zu 2.4 bis 2.6. Im Gegensatz hierzu sind bei diesen drei Verfahren, die in ihrem Ablauf einander sehr ähneln, Ziehteile größerer Höhe möglich. Es wird sogar mitunter darauf hingewiesen, daß ein höheres Ziehverhältnis erreicht wird als nach dem herkömmlichen Ziehverfahren gemäß 1.1, und daß vor allen Dingen keine Schwächung des Werkstoffes an der Bodenkante eintritt. Dies setzt allerdings wiederum entsprechend großflächige Ziehkissen und entsprechend teure Anlagen voraus.

Zu 2.7. Das Wheelon-Verfahren gestattet die Herstellung im Zargenbereich unterschnittener Ziehteilformen, wobei allerdings auch hier vorwiegend Flachformen in Betracht kommen.

Zu 2.8. Beim schwedischen SAAB-Verfahren können derartig unterschnittene Tiefziehformen auch bei hohem Ziehverhältnis, d. h. bei größerer Ziehtiefe erreicht werden.

Zu 3.1. Während das Huber-Preßverfahren zu 3.11 bereits um die Jahrhundertwende bekannt war, wurde etwa erst vor zehn Jahren das Hydroriegat-Verfahren nach KRANENBERG zu 3.12 entwickelt. In beiden Fällen wird das Blech unter Wasserdruck gegen eine Gesenkform gedrückt. Während beim Huber-Verfahren der Gesenkraum unter dem Blech entlüftet werden kann, befindet sich beim Hydroriegat-Verfahren der Gesenkraum unter dem Blech unter hohem Flüssigkeitsdruck, der allerdings von dem darüberliegenden Druck übertroffen wird. Der Erfolg dieser Verfahren ist sehr umstritten, da das Gelingen der Teile von der Gleichmäßigkeit in bezug auf Dicke und Festigkeit der zu bearbeitenden Bleche zu sehr abhängig ist. Es können allenfalls damit Ausbauchformen hergestellt werden, die sich auf eine geringe Erweiterung des zylindrischen Vorzugteiles beschränken, wie dies beispielsweise für den Mantel der amerikanischen Milchkannen gilt, deren Vorzug dem Kannenhalsdurchmesser entspricht. Dort wird bei kleinen Unregelmäßigkeiten, die zu örtlichen Ausbeulungen führen, die Ausbeulung schon in geringer Tiefe von der Innenwand der Form aufgefangen.

Zu 3.2. Wesentlich größere Bedeutung hat das hydromechanische Tiefziehen[1] oder das membranlose Hydroformverfahren[2] oder das Daalderop-Verfahren[3], bei dem das Blech nicht gegen die Gesenkform, sondern gegen den Stempel gedrückt wird. Gewiß ist auch hier aus Gründen der Abdichtung eine einigermaßen gleichbleibende Dicke und glatte Oberfläche des umzuformenden Bleches Voraussetzung für ein Gelingen des Zuges. Es können jedoch nach diesem auf S. 99–102 beschriebenen Verfahren Teile eines viel höheren Ziehverhältnisses mit wenigen Zügen hergestellt werden, als dies nach dem herkömmlichen Verfahren zu 1.1 möglich ist.

Zu 4.1 und 4.2. Bei der erst jetzt auf breiter Basis einsetzenden Entwicklung dieser neuzeitlichen Verfahren[4] ist es heute noch nicht möglich, über die Gestaltungsmöglichkeiten erschöpfende Auskunft zu geben. Wie bereits zu 1.9 erwähnt, dürften alle Formen, die im üblichen Tiefzug hergestellt werden, auch mit diesen Verfahren erreicht werden. Darüber hinaus sind gemäß S. 102–104 Ausbeulungen oder Einbuchtungen in rohrförmigen Körpern und Vorzügen möglich, die bisher nicht erreicht werden konnten. Die Werkzeugkosten sind verhältnismäßig gering; so sind mitunter auch Werkzeuge aus Beton, ja sogar aus Eis hergestellt worden.

Zu 5.1. Auch für das Magneform-Verfahren gilt, daß hier die Entwicklung noch nicht abgeschlossen ist. Im gegenwärtigen Stand kann gesagt werden, daß dieses durchaus wirtschaftlich arbeitende Verfahren sich insbesondere für das Fügen unlösbarer Verbindungen mehrerer übereinander gesteckter Blechteile sowie für geringe Umformtiefen an dünnen Blechen eignet. Diese kommen beispielsweise für die Durchlaufbleche der Milchkühler in Frage.

2.5 Ordnung nach dem Verwendungszweck

Es wurde hier der Versuch gemacht, über die mit den verschiedenen Tiefziehverfahren erreichbaren Formen zu berichten. Eine genaue Festlegung der Grenz-

---

[1] BÜRK, E.: Das hydromechanische Ziehverfahren. Mitt. Forsch. Blechverarb. (1963), Nr. 15, S. 217–224.

[2] PANKNIN, W.: Werkzeuge zur Anwendung des Hydroform-Verfahrens. Mitt. Forsch. Blechverarb. (1956), Nr. 11, S. 130 (Abb. 8 u. 9).

[3] HERMANS, I. H., u. F. H. VERMEULEN: Het vervormen van metalen met flexibel gereed schap. Metaalbeweerking 24 (1959), Nr. 24, S. 439–443, Fig. 15. – Metal-forming with flexible tools. Metalworking Production 32 (1691), H. 10, S. 69–72, Fig. 10.

[4] GENTZSCH, G.: Hochleistungsumformung. Literaturbericht und Bibliographie. Düsseldorf 1962.

Tabelle 5. *Ordnung der Ziehteile nach dem Verwendungszweck*

1. Fahrzeugbau	2. Maschinen- und Apparatebau	3. Haushaltgerätebau	4. Emballagen	5. Feinwerktechnik
1.1. Rahmen und Fahrgestell 1.11. PKW 1.12. LKW und Bus 1.13. andere Gebrauchsfahrzeuge 1.2. Karosserie 1.21. PKW 1.22. LKW und Bus 1.23. andere Gebrauchsfahrzeuge 1.3. fahrbare land- und forstwirtschaftliche Geräte 1.4. Zweirad-Fahrzeuge	2.1. Böden- und Behälterbau 2.2. Allgem. Maschinenbau 2.21. Förder- und Baumaschinen 2.22. Kraftmaschinen 2.23. Arbeitsmaschinen 2.3. Schiffbau 2.4. Elektroindustrie 2.41. Motorengehäuse 2.42. Transformatoren 2.5. Büromaschinen	3.1. Badewannen 3.2. Herde 3.3. Kühlschränke 3.4. Waschmaschinen 3.5. Spülen 3.6. Mobiliar 3.7. Küchengeschirr 3.8. Schalen, kunstgewerbliches Gerät 3.9. Beleuchtungskörper	4.1. runde Dosen, Eimer, Behälter 4.2. rechteckige Dosen und Behälter 4.3. Behälter anderer Form	

maße oder Grenzziehverhältnisse ist sehr schwer möglich, da dies nicht nur werkstoffbedingt, sondern auch in bezug auf die Ausbildung der Maschinen und Werkzeuge entwicklungsbedingt ist. So ist es nicht nur theoretisch, sondern auch praktisch durchaus denkbar, beispielsweise nach dem Oeillet-Verfahren sehr viel größere Teile herzustellen, als dort angegeben ist. Das gleiche gilt mehr oder weniger von allen hier genannten Tiefziehverfahren. Daher kann eine solche Übersicht dem Praktiker wirklich nicht allzu viel bieten. Es ist daher sehr zu überlegen, inwieweit man eine Ordnung unter dem Gesichtspunkt des Verwendungszweckes vorschlägt, wie sie der Tab. 5 entspricht. Auch über den Wert, den Inhalt und die Art der Zusammenstellung dieser Tab. 5 läßt sich streiten. Bestimmt ist sie unvollständig, doch dürfte sie im wesentlichen den Anforderungen der Praxis genügen. Der Umfang der Sammlung von Ziehteilen auf Grund einer solchen Aufstellung wird bestimmt von vielen unterschätzt. Hinsichtlich des zylindrischen Zuges hatte sich BRASCH[1] bereits die Mühe gemacht, die vorhandenen Werkzeuge bei der Berliner Beleuchtungskörperfabrik Frister KG vor über 40 Jahren zu untersuchen. Im Anhang seiner Forschungsarbeit über das Ziehen unregelmäßig geformter Hohlkörper, die 1925 als VDI-Forschungsheft Nr. 268 erschien, wurden einige hundert Teile auf 36 Zahlentafeln zusammengestellt, wobei insbesondere auf Durchmesser-, Höhen- und Flächenverhältnisse Wert gelegt wurde. Zweifellos war diese aufwendige und mühevolle Zusammenstellung der verschiedenen Beleuchtungskörperformen einer einzigen Fabrik, die heute wohl größtenteils als überholt gilt, für die Praxis äußerst wertvoll, so daß dieses Forschungsheft schon kurz nach dem Erscheinen vergriffen war. Hier handelte es sich nun wiederum nur um die Formenauswahl von Ziehteilen einer einzigen Firma. Würde man eine solche Zusammenstellung auf sämtliche Firmen dieses Industriezweiges ausdehnen, so könnte man wohl mit dem fünffachen Umfang rechnen. Dabei ist das Thema Beleuchtungskörper nur eine einzelne Position 3.9. innerhalb der Ordnung der Ziehteile nach ihrem Verwendungszweck in Tab. 5.

3. Ziehteile mit senkrechter Zarge

3.1 Die Abstufung runder Züge

Für den Konstrukteur von Ziehteilen ist die Kenntnis der Zugabstufung unerläßlich. Er muß wissen, bis zu welcher Höhe sich ein bestimmter Werkstoff einer bestimmten Dicke bei gegebenen Abmessungen ziehen läßt. Im vorausgehenden Abschnitt wurde auf die Verbreitung und Bedeutung der Erichsen-Prüfung infolge ihrer Einfachheit hingewiesen. Die Liefervereinbarungen für Bleche enthalten neben den Toleranzvorschriften nach DIN, den Daten des Normal-Zerreißversuches und den Tiefungswerten dieses Einbeulversuches in der Regel keine Gütewerte anderer Prüfverfahren. Es erhebt sich die grundsätzliche Frage, ob denn überhaupt die Einbeultiefe t trotz Streuung einen brauchbaren Anhalt für das höchstmögliche Durchmesserverhältnis β (= Zuschnittdurchmesser D : Ziehdurchmesser d für den runden Zug) liefert. In Abb. 26 wurde der Versuch gemacht, zwischen dem Durchmesserverhältnis $\beta = D/d$, dem Tiefen-Ziehverhältnis $\lambda = h/d$, dem Rechteckzugfaktor q und der Erichsen-Tiefung t gegenseitige Beziehungen aufzustellen, wie dies durch das folgende Beispiel 1 erläutert werden mag:

Beispiel 1: Ein 2 mm dickes Blech auf einem Tiefziehprüfgerät eingebeult ergibt eine Erichsen-Tiefung $t = 13,5$ mm. Wie groß ist das höchst erreichbare Durchmesserverhältnis β, der q-Wert und das ihm entsprechende Ziehverhältnis λ?

---

[1] BRASCH, H. D.: Das Ziehen unregelmäßig geformter Hohlkörper. VDI-Forschungsheft 268 (1925).

Zunächst wird von $t = 13{,}5$ mm (A) nach unten auf die t-Kurve für $s = 2$ mm gelotet. Die Waagrechte durch diesen Schnittpunkt (B) ergibt ein $\beta = 1{,}83$ (C). Die gleiche Waagrechte schneidet die stark hervorgehobene β-Kurve in Punkt E und die gestrichelte q-Kurve in Y. Unter E wird ein $\lambda = 0{,}6$ und über Y ein $q = 0{,}315$ abgelesen.

Das Verhältnis $D/d = \beta$ wird immer größer als 1 sein, ist aber nach oben begrenzt, da bei zu hohem D/d-Wert der Bodenrand bei B in Abb. 8—13 infolge zu hoher Zug- und Dehnungsbeanspruchung reißt. Daher können große Ziehtiefen nur stufenweise erreicht werden, indem zuerst ein als Anschlag bezeichneter zylindrischer Zug größeren Durchmessers, und anschließend weitere als sogenannte Weiterschläge bezeichnete Züge mit immer kleinerem Durchmesser bis zur Endform gezogen werden. Der im Napfzugversuch (s. S. 32) eines Stempeldurchmessers $d = 30$ mm ermittelte höchstmögliche β-Wert ist zwar als Prüfkriterium von Bedeutung und gilt bestenfalls für Teile ähnlicher Größe, gibt aber keinesfalls einen Richtwert für den ersten Zug, bzw. das Anschlagverhältnis D/d für größere Ziehteile. Nach den von SIEBEL durchgeführten Untersuchungen zur Übertragung von Versuchsergebnissen an kleinen Modellen auf Großwerkzeuge beim Tiefziehen zylindrischer runder Teile[1] und hieran anschließend zur Übertragbarkeit des Napfziehversuchsergebnisses auf größere Tiefziehwerkzeuge[2] trifft die bisher für alle Ziehteilgrößen gültige Annahme eines einzigen höchstzulässigen Durchmesserverhältnisses, die allein vom Verhalten des Werkstoffes abhängig ist, nicht zu. Werden die mit β_{100} zu bezeichnenden Grenzziehverhältnisse auf eine Blechdicke $s_0 = 1$ mm und auf einen Ziehstempeldurchmesser $d = 100$ mm bezogen, so wird das für andere gegebene Ziehdurchmesser und Blechdicken zu suchende Grenzziehverhältnis β' bis zu einem $d/s_0 = 300$ nach folgender Gleichung berechnet:

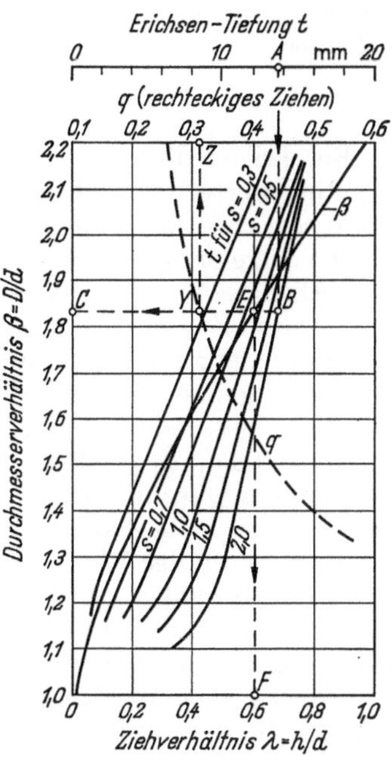

Abb. 26. Ziehverhältnis $\lambda = h/d$, Erichsen-Tiefung t und Rechteckzugfaktor q in Abhängigkeit von $\beta = D/d$

$$\beta' = (\beta_{100} + e) - \frac{e}{100}\,\frac{d}{s_0}. \tag{13}$$

Freilich handelt es sich bei dieser Gleichung um eine Näherung, wie überhaupt die in den erwähnten Veröffentlichungen gezeigten Darstellungen des Grenzziehverhältnisses in Form schräg abfallender Geraden über dem bezogenen Stempeldurchmesser (d/s_0) unter Berücksichtigung der einzelnen Chargenzusammensetzungen, der Oberflächenbehandlung und -rauhigkeit, der Schmierung usw. unter verschieden steilen Winkeln abfallen. Die Werte für β_{100} bezogen auf $s_0 = 1$ mm und $d = 100$ mm sind für die verschiedenen Werkstoffe in Tab. 3 zusammengefaßt. Der Wert e hängt nicht nur vom Umformvermögen des Werkstoffes ab, sondern vor allen Dingen von der Oberflächenbeschaffenheit, Rauhigkeitsgrad, Schmierung usw. Nach dem bisherigen Stand ist ein Bereich für $e = 0{,}05—0{,}15$ anzunehmen, wobei

---

[1] SIEBEL, E., u. E. KOTTHAUS: Die Übertragbarkeit von Versuchsergebnissen an Modellen von Großwerkzeugen beim Tiefziehen zylindrischer runder Teile. Mitt. Forsch. Blechverarb. 1955, Nr. 15, S. 181—185.
[2] PANKNIN, W., u. W. EYCHMÜLLER: Die Übertragbarkeit des Napfzugversuchsergebnisses auf größere Ziehwerkzeuge. Mitt. Forsch. Blechverarb. 1955, Nr. 17, S. 205—209.

der kleinere Grenzwert für gut umformbare Werkstoffe geringer Oberflächenreibung, der größere für schlecht umformbare und rauhe Bleche gilt. Es ist anzunehmen, daß für $d/s_0 > 300$ die abfallende Gerade einer Abszissenparallele sich asymptotisch nähert, d. h. β' nur noch wenig abnimmt.

Beispiel 2: Für 1,5 mm dickes Stahlblech RRSt 14 05 von guter und glatter Oberflächenbeschaffenheit, das im Anschlag auf einen Durchmesser $d = 300$ mm zu ziehen ist, wofür in Tab. 3 der Wert $\beta_{100} = 2,0$ angebeben ist, gilt bei Annahme eines $e = 0,08$ das Grenzziehverhältnis:

$$\beta' = (2,0 + 0,08) - \frac{0,08 \cdot 300}{100 \cdot 1,5} = 2,08 - 0,16 = 1,92 \,.$$

Bei Teilen, die in mehreren Zügen gezogen werden, und wofür Tab. 3 weitere β_{100}-Richtwerte mit und ohne Zwischenglühung empfiehlt, sind im Falle einer bemerkenswerten Änderung von β' gegenüber β_{100} auch die Stufungswerte für die folgenden Züge entsprechend zu ändern, wobei sich allerdings die Zuschläge $(\beta_{100} - \beta')$ oder Abzüge $(\beta' - \beta_{100})$ nicht so stark auswirken werden, und schätzungsweise für den zweiten Zug mit der Hälfte, für weitere Züge mit einem Drittel bis Viertel des Unterschiedes zwischen β' und β_{100} einzusetzen sind, so lange keine Untersuchungen zur Klärung dieser Fragen vorliegen. Im allgemeinen gilt für zylindrische Züge eines Ziehdurchmessers d_1 im ersten, d_2 im zweiten, d_3 im dritten und d_4 im vierten Zug, daß $d_2 \geq 0,6\, d_1$, $d_3 \geq 0,6\, d_2$, $d_4 \geq 0,6\, d_3$ usw.

Eine der wesentlichen Ursachen für den entstehenden Ausschuß beim Ziehen ist die ungeeignete Abstufung der Züge, also Fehler in der Arbeitsvorbereitung und der Bemessung der Werkzeuge. Um Weiterschläge zu sparen bzw. die Anzahl der Züge zu beschränken, wird dem Werkstoff oft zu viel zugemutet. Selbstverständlich trägt eine weitgehende Verminderung der Züge zur Ersparnis erheblich bei, besonders bei teuren Werkzeugen. Sind die Stückzahlen gering, so entfällt auf die Herstellung eines Werkstückes oft ein recht erheblicher Anteil an Werkzeugkosten. Dort ist die Ersparnis eines Zuges wichtig, und es lohnt dafür der Kostenaufwand

Abb. 27. Günstige einfache Ziehteile

Abb. 28. Ungünstige Ziehteile mit im Durchmesser zu eng gestuften Bodenansätzen

für ein besonders gutes Tiefziehblech. Anders bei großen Stückzahlen! Hier wird der Beschaffungspreis für den Werkstoff gegenüber den Werkzeuggestehungskosten weithin überwiegen. Das ganze Problem der Abstufung ist deshalb nicht nur technischer, sondern auch wirtschaftlicher Art und hängt von dem Preisunterschied zwischen Blechen guter und solcher geringerer Tiefziehgüte erheblich ab.

Die aus obigem Abstufungsverfahren sich ergebenden Werte sowie diejenigen, die in Tab. 3 unter 3 C 3 angegeben sind, beziehen sich eigentlich nur auf eine mittlere Feinblechdicke von etwa 1 mm. Für dickere Bleche kann der β-Wert höher gewählt werden als für dünnere. Sehr dünne Bleche, beispielsweise mit einer Dicke von 0,3—0,5 mm, lassen sich im allgemeinen schlecht ziehen und reißen leicht auf. Dies liegt scheinbar an der Struktur des Gefüges. Ein dichtes und feinkörniges Gefüge, wie z. B. das von Messingblech, ist in bezug auf die Dünne des Werkstoffes beim Tiefziehen nicht so empfindlich wie z. B. ein Stahlblech mit gröberem Gefüge.

Abb. 27 zeigt zwei zylindrische Ziehteile, die sich leicht herstellen lassen, da $D/d < \beta'$. Das linke Teil ist ein durchgezogenes Ziehteil, während beim rechten der Flansch im Anschlag bzw. ersten Zug geblieben ist. In den weiteren Zügen (= Weiterschlägen), wo von einem großen Durchmesser in einen kleineren gezogen wird, läuft das Blech über unter 45° schräg liegende Kegelmantelflächen von der weiten Zarge zur engeren zylindrischen Ziehform. Es ist also zweckmäßig, solche Ziehteile auch entsprechend auszubilden, wie dies die spätere Abbildung noch zeigt. Insoweit sind die beiden Ziehteile in Abb. 28 wenig glücklich konstruiert. Erstens verläuft die Verjüngung vom größeren Durchmesser auf den kleineren nicht in einem kegelförmigen unter 45° geneigten Übergang, sondern ziemlich eben. Viel unangenehmer ist die zu weite Zugabstufung, da die Bedingung $d_2 \geq 0{,}6\ d_1$ nicht erfüllt ist, sondern hier etwa $d_2 = 0{,}3\ d_1$ ist. Von einem so großen Ziehdurchmesser kann nicht in einem Arbeitsgang bzw. Weiterschlag auf einen so kleinen Durchmesser das Ziehteil verjüngt werden. Die in Abb. 28 dargestellten beiden Formen sind zwar ziehtechnisch mittels Stülpzug erreichbar, jedoch außerordentlich ungünstig und in der Herstellung unwirtschaftlich. Der Konstrukteur soll daher derartige Formen vermeiden und bestrebt sein, Ansätze, wie sie in Abb. 28 dargestellt sind, möglichst nicht so hoch, aber dafür im Durchmesser größer zu wählen.

Es sollte eigentlich eine Selbstverständlichkeit sein, daß jeder Konstrukteur bei der Ermittlung der Außenmaße von Ziehteilen ebenso wie bei anderen Konstruktionseinzelteilen die Normungszahlen (NZ) nach DIN 323 berücksichtigt. Diese bestehen aus dezimalgeometrischen Zahlenreihen mit den Dezimalzahlen 1, 10, 100 — und verschieden enger geometrischer Zwischenstufung. Es werden nur die Zahlen des Bereichs von 1—10 festgelegt, die dann mit beliebigen ganzzahligen posi-

Tabelle 6. *Normzahlen nach DIN 323*

Grundreihe			
R 40	R 20	R 10	R 5
1,00	1,00	1,00	1,00
1,06			
1,12	1,12		
1,18			
1,25	1,25	1,25	
1.32			
1,40	1,40		
1,50			
1,60	1,60	1,60	1,60
1,70			
1,80	1,80		
1,90			
2,00	2,00	2,00	
2,12			
2,24	2,24		
2,36			
2,50	2,50	2,50	2,50
2,65			
2,80	2,80		
3,00			
3,15	3,15	3,15	
3,35			
3,55	3,55		
3,75			
4,00	4,00	4,00	4,00
4,25			
4,50	4,50		
4,75			
5,00	5,00	5,00	
5,30			
5,60	5,60		
6,00			
6,30	6,30	6,30	6,30
6,70			
7,10	7,10		
7,50			
8,00	8,00	8,00	
8,50			
9,00	9,00		
9,50			
10,00	10,00	10,00	10,00

tiven oder negativen Potenzen von 10 zu vervielfachen sind. Der Stufensprung beträgt bei der 5er Reihe $\sqrt[5]{10} = 1{,}6$, bei der 10er Reihe $\sqrt[10]{10} = 1{,}25$, bei der 20er Reihe $\sqrt[20]{10} = 1{,}12$ und bei der 40er Reihe $\sqrt[40]{10} = 1{,}06$. Es besteht keinerlei Schwierigkeit, beim Abstufen runder Zargen sich der Durchmesser der 40er Reihe zu bedienen, die in der linken Spalte der Tab. 4 angegeben ist. Es bleibt jedoch nun noch zu untersuchen, ob sich nicht auch eine Abstufung vorhandener Ziehringe nach einer anderen Grundreihe eignet[1]. Für Betriebe, die sehr viel verschiedenartige runde Zieharbeiten in kleineren Serien ausführen, werden die anteiligen Werkzeugkosten erheblich herabgesetzt, wenn man immer die gleichen Ziehringe auch für die verschiedenartigsten Stufen verwenden kann. Dies setzt allerdings voraus, daß der Ziehring für den Anschlag ebenso gebraucht werden kann wie für irgendeinen Weiterschlag. Weiterhin ist eine Verminderung der am Lager liegenden Ziehringe beispielsweise entsprechend der Grundreihe R 10 dort von Bedeutung, wo Bleche gleicher Dicke zur Verarbeitung gelangen, so daß man für einen Ziehring auch mit einem Stempel auskommen kann. Bei Verarbeitung von Blechen verschiedener Dicke müssen sonst pro Ziehring infolge des verschieden großen Ziehspaltes mehrere Stempel bereitgestellt werden. Eine Abstufung unter Beachtung der Normungszahlen ist daher von großer praktischer Bedeutung. Freilich setzt dies voraus, daß der Konstrukteur des Ziehteiles dessen Außendurchmesser der jeweiligen Grundreihe, welcher die Abstufung der Ziehringe entspricht, anpaßt.

3.2 Die Abstufung rechteckiger Ziehteile

Die vorausgehenden Ausführungen betrafen den runden Zug. Es interessiert nun zu wissen, in welchem Umfange die dafür gewonnenen Erkenntnisse sich auch auf den rechteckigen Zug übertragen lassen. Für ein höchstmögliches Ziehverhältnis β eines Werkstoffes kann der Faktor q zur Berechnung des Rechteckzuges aus Abb. 26 entnommen werden. Dieser Faktor ist definiert als Verhältniswert des Eckenrundungshalbmessers r für den ersten Zug bzw. Anschlag zum Zuschnittseckenhalbmesser R. Nach AWF 5791 werden die Maße für den Zuschnitt rechteckiger Ziehteile, darunter auch für den Zuschnittseckenhalbmesser R, nomographisch ermittelt. An Stelle jenes Nomogrammes ist eine Berechnung von R gemäß folgender Gleichung möglich:

$$R = 1{,}25 \sqrt{r^2 + 4\,rh}. \tag{14}$$

Hierin bedeuten r den Eckenrundungshalbmesser des rechteckigen Ziehteiles und h die Ziehtiefe abzüglich des Bodenrundungshalbmessers der Endform.

Bei der Abstufung rechteckiger Züge ist zwischen dem Anschlag mit gewölbten Zargen und dem mit geraden Zargen zu unterscheiden (vgl. Abb. 29 und 30). Ersterer ist in der Werkzeugherstellung zwar erheblich teurer, gestattet dagegen zuweilen die Einsparung eines Zuges gegenüber dem anderen Verfahren mit geradlinig verlaufenden Anschlagzargen. Das Maß der Auswölbung beträgt bei gewölbter Zargenausführung etwa 10% der jeweiligen Seitenlänge. Die Berechnung der Abstufungshalbmesser r_1, r_2, r_3 für die einzelnen Züge ist äußerst einfach, und zwar gilt

a) für die Zugabstufung mit gewölbtem Anschlag

$$\begin{aligned} &\text{1. Zug (Anschlag)} \quad r_1 = q \cdot R \\ &\text{2. Zug} \qquad\qquad\quad r_2 = 0{,}6 \cdot r_1 \\ &\text{3. Zug} \qquad\qquad\quad r_3 = 0{,}6 \cdot r_2 \end{aligned} \tag{15}$$

---

[1] Über die Abstufung der Ziehringdurchmesser berichtet KIENZLE in seinem Buch: Normungszahlen (Berlin 1950) S. 301.

b) für die Zugabstufung mit geradem Anschlag

$$1.\ \text{Zug (Anschlag)}\quad r_1 = 1{,}2 \cdot q \cdot R \tag{16}$$
$$2.\ \text{Zug}\qquad\qquad\qquad r_2 = 0{,}6 \cdot r_1$$
$$3.\ \text{Zug}\qquad\qquad\qquad r_3 = 0{,}6 \cdot r_2.$$

Bei den Weiterschlägen vermindert sich der Eckenhalbmesser immer jeweils auf 60% des Halbmessers vom vorausgegangenen Zug. Die Mittelpunkte für die

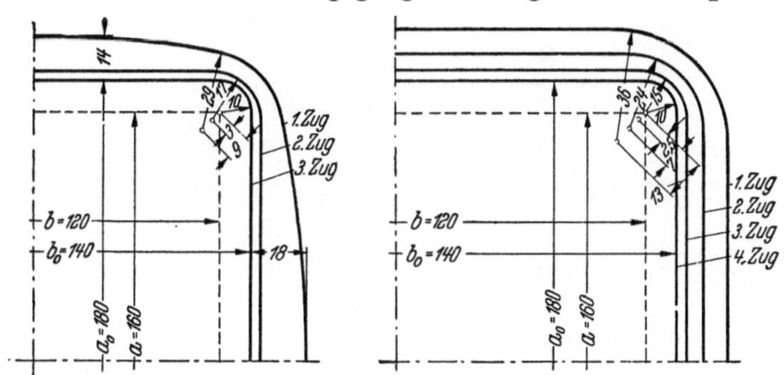

Abb. 29/30. Abstufung der Eckenrundung bei gewölbter und gerader Anschlagzarge

Eckenhalbmesser r_1, r_2, r_3 — werden gemäß Abb. 29 und 30 vom Mittelpunkt des Endhalbmessers r ab auf einer Geraden unter 45° um die Hälfte der jeweiligen Halbmesserdifferenz nach einwärts gerückt.

Beispiel 3: Es sei eine rechteckige Kassette der Länge $a_0 = 180$ mm, der Breite $b_0 = 140$ mm, der Höhe $h_0 = 110$ mm und der Eckenrundung = Bodenrundung mit $r = 10$ mm aus Tiefziehstahlblech RRSt 14 04 von 2 mm Dicke und eines Erichsen-Tiefungswertes $t = 12{,}5$ mm herzustellen. Hiernach ergibt sich aus vorigen Ausführungen unter Hinweis auf Abb. 29 und 30:

$$a = a_0 = 2r = 160 \text{ mm}$$
$$b = b_0 - 2r = 120 \text{ mm}$$
$$h = h_0 - r\ \ = 100 \text{ mm}.$$

Aus Abb. 26 wird für ein 2 mm dickes Blech mit einer Erichsen-Tiefung $t = 12{,}5$ mm ein β-Wert von 1,64 entnommen. Diesem β-Wert entspricht nach Abb. 26 ein Faktor $q = 0{,}36$. Unter Berücksichtigung obiger Werte für r und h gilt:

$$R = 1{,}25 \sqrt{r^2 + 4\,rh} = 80 \text{ mm}.$$

Hiernach ergibt sich für den gewölbten Anschlag die in Abb. 29 gegebene Darstellung:

$$r_1 = q \cdot R = 0{,}36 \cdot 80 = 29 \text{ mm}$$
$$r_2 = 0{,}6 \cdot r_1 \qquad\quad = 17 \text{ mm}$$
$$r_3 = 0{,}6 \cdot r_2 \qquad\quad = 10 \text{ mm}.$$

In entsprechender Weise gilt für den geraden Anschlag (Abb. 30):

$$r_1 = 1{,}2 \cdot 0{,}36 \cdot 80 = 35 \text{ mm}$$
$$r_2 = 0{,}6 \cdot r_1 \qquad\quad = 21 \text{ mm}$$
$$r_3 = 0{,}6 \cdot r_2 \qquad\quad = 13 \text{ mm}$$
$$r_4 = 0{,}6 \cdot r_3 \qquad\quad = \ 8 \text{ mm}.$$

Hiernach sind bei gewölbter Zarge im Anschlag 3 Züge, bei gerader Anschlagzarge 4 Züge notwendig. Da der gegebene Ausgangswert $r = 10$ mm beträgt, so ist der letzte Wert $r_4 = 8$ mm auf 10 mm zu erhöhen. Es ist zur Herabsetzung der Ziehbeanspruchung und Verbesserung des Ergebnisses in der Werkstatt ein Ausgleich durch die Erhöhung der Eckenrundungshalbmesser der vorhergehenden Züge mittels einer Stufung um das 1,5 bis 1,6fache des nächstniedrigeren Halbmessers zu empfehlen, so daß die Stufung derselben in den 4 Zügen nicht mit 35, 21, 13 und 8 mm, sondern mit 36, 24, 15 und 10 mm angenommen wird.

Es würde zu weit führen, an dieser Stelle über die Zuschnittsermittlungen für rechteckige Züge zu sprechen, da hiermit der Konstrukteur nur selten etwas zu tun hat. Dies ist meistens Aufgabe des Betriebes und des Werkzeugbaues. Jedoch

4*

soll der Konstrukteur von Ziehteilen daran denken, daß er die rechteckigen Hohlteile gut abrundet. Die obigen Ausführungen über die Abstufung lassen bereits erkennen, was für eine große Bedeutung die Abrundung für die Werkstatt hat. Die scharfe Kante eines rechteckigen Teiles kann dem Betrieb sehr viel Geld kosten, da dafür eine größere Anzahl von Werkzeug erforderlich ist und das Durchtreiben der einzelnen Ziehteile durch die vielen Ziehwerkzeuge kostet nicht nur Löhne

Abb. 31. Gut abgerundeter rechteckiger Behälter

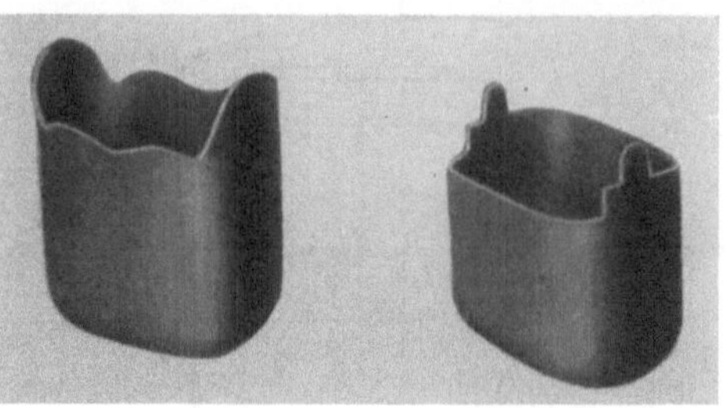

Abb. 32. Scharfkantig gezogener Batteriekasten vor und nach dem Beschneiden

und Einrichtekosten sowie Betriebsmittel (Schmierstoff, Strom usw.), sondern durch die Ermüdung des Werkstoffes entstehen selbst bei Zwischenglühen leicht Risse in den Ecken. Für nicht zu tiefe rechteckige Teile mit starker Eckenabrundung und einem Seitenverhältnis von nicht mehr als 10:7 können sogar kreisrunde Zuschnitte verwendet werden. Es ist also für solche Teile die besondere Anfertigung eines Formschnittes oder ein achteckiges Zuschneiden mit der Blechschere, was infolge der seitlich vorspringenden Ecken am Blechflansch sowieso nur als Notbehelf für kleine Serien

Abb. 33. Rechteckiges Ziehteil mit flach eingestülpter Bodenversteifung

Abb. 34. Kühlergehäuse

vertretbar ist, nicht erforderlich. Abb. 31 zeigt ein solches Blechziehteil mit stark abgerundeten Ecken, das sich günstig ziehen läßt. Wesentlich schwieriger ist die Herstellung der scharfkantigen Batteriebehälter gemäß Abb. 32. Das linke Teil in Abb. 32 zeigt den letzten Zug vor dem Beschneiden und rechts das beschnittene Teil. Eine niedrige, gut abgerundete Einstülpung des Bodens wie dies Abb. 33 zeigt, bildet ziehtechnisch kein Problem. Durch entsprechende Ausbildung des Stempels und einer Gegengesenkplatte im letzten Zug läßt sich diese flach gehaltene Einstülpung leicht herbeiführen und trägt doch wesentlich zur Versteifung des Teiles bei. Als annäherungsweise rechteckiges Teil kann auch schließlich der aus Messingblech angefertigte Kühler nach Abb. 34 gelten. Bei genügend großer Abrundung, was durch eine Nachrechnung gemäß der eingangs dieses Abschnittes gegebenen Gleichungen zu prüfen wäre, läßt sich dieses Teil mit der verhältnismäßig niedrigen Zarge leicht in einem Zug herstellen.

3.3 Die Abstufung weiterer zylindrischer Formteile

Während für die Abstufung von runden und auch rechteckigen Ziehteilen sowie für deren Zuschnittsermittlungen in der Literatur genügend Hinweise enthalten sind, ist das Schrifttum über das unregelmäßig geformte zylindrische Ziehteil nur spärlich vertreten. Es soll daher im Rahmen dieses Buches der Versuch gemacht werden, dem Konstrukteur auch die Abstufung ganz unregelmäßiger Formen zu erläutern. Unter Berücksichtigung der Flächengleichheit gilt für den Zuschnittshalbmesser R bei einem Eckenrundungsradius r_e, die Abrundung an der Bodenkante r_b und die Ziehtiefe h folgende Beziehung

$$R = \sqrt{(r_e - 0{,}2 r_b)^2 + 2 r_e\,(h - 0{,}2 r_b)}\,. \tag{17}$$

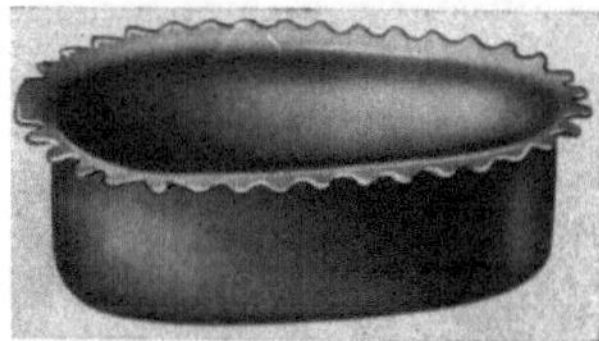

Abb. 35. Ovales zylindrisches Ziehteil, Ölkannenbehälter

Abb. 36. Ziehteil mit 4 einspringenden Rundungen

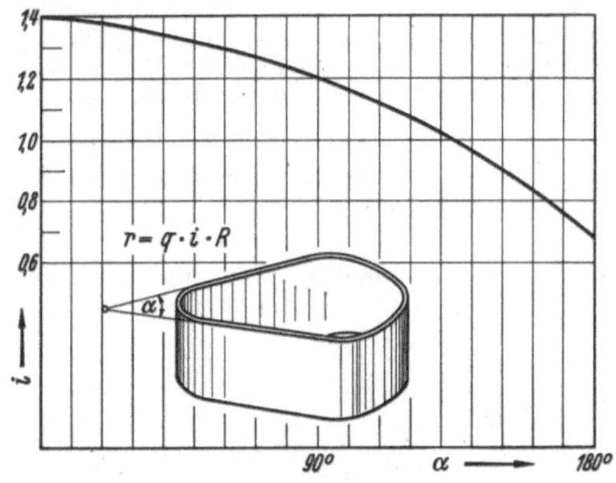

Abb. 37. Abstufung in Abhängigkeit vom Rundungswinkel

Ausspringende Rundungen sind ziehtechnisch sehr viel leichter als einspringende Rundungen. Das Ziehteil nach Abb. 35, ein Behälter zu einer Ölkanne, ist sehr viel leichter herzustellen, als das Schulterstück mit seinen vier einspringenden Rundungen nach Abb. 36.

Zuerst sind stets die Ziehwerkzeuge und erst dann der Formschnitt für die Ronde anzufertigen, da sich beim Ausprobieren des auf diese Weise konstruierten Zuschnittes in der Werkstatt noch Änderungen häufig als notwendig erweisen. Für die Abstufung interessiert in solchen Fällen nur der Kleinstradius des Endziehteiles. Weiterhin ist beim Abstufen der in Abb. 37 dargestellten Rundungswinkel α zu beachten. Ab-

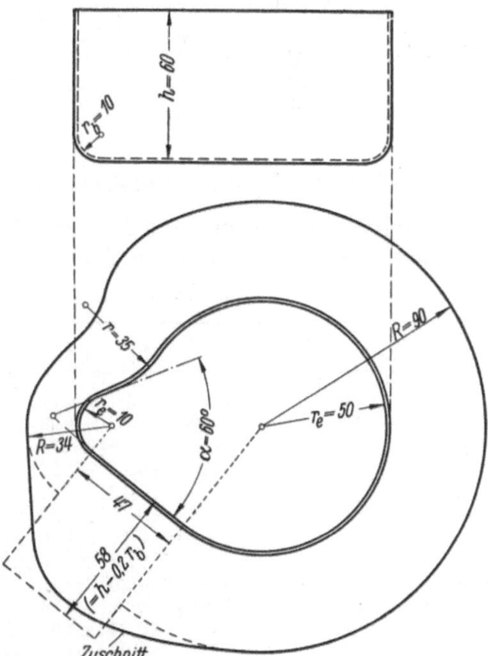

Abb. 38. Erläuterung zum Zuschnitts- und Abstufungsbeispiel

gestuft wird ebenso wie bei im rechteckigen Zug unter Beachtung des Werkstoff-faktors q und der oben berechneten Zuschnittsradien R nach folgender Gleichung:

$$r = q \cdot i \cdot R. \tag{18}$$

Hierin bedeutet i einen Faktor, der in Abhängigkeit von dem Rundungswinkel sich verändert und dessen Größe über diesem in Abb. 37 aufgetragen ist.

Beispiel 4: Abb. 38 stellt zur Erläuterung eines Zuschnitt- und Abstufungsbeispiel ein zylindrisches Ziehteil von der Ziehtiefe $h = 60$ mm und der Bodenkantenrundung $r_e = 10$ mm dar. In dem durch Doppellinien für dieses Ziehteil gekennzeichneten Grundriß sind die beiden inneren Rundhalbmesser mit $r_e = 50$ und $= 10$ mm angegeben. Außerdem ist eine Einbuchtung des Halbmessers von 35 mm vorhanden. Nach der obigen Gleichung wird der Zuschnitthalb-messer R berechnet. Dieser beträgt 90 mm für $r_e = 50$ mm und 34 mm für $r_e = 10$ mm. Die ge-schlagenen Kreisbögen ergeben neben der Umklappung für $h = 0,2$ $r_b = 58$ mm Zuschnitt-konstruktion, deren ausspringende und einspringende Ecken durch einen sanft verlaufenden Linienzug ausgeglichen werden müssen. Für den kleinsten Rundungshalbmesser $r_e = 10$ mm beträgt der Rundungswinkel $\alpha = 60°$. Diesem Winkel entspricht in Abb. 37 ein i von 1,3. Sonach ergibt sich für den ersten Zug ein Halbmesser

$$r_1 = q \cdot i \cdot R = 0,35 \cdot 1,3 \cdot 34 = 15,5 \text{ mm}.$$

Bei den weiteren Zügen wird im allgemeinen immer der 0,6fache vorausgehende Halbmesser angenommen, daher

$$r_2 = 0,6 r_1 = 0,6 \cdot 15,5 = 9,3 \text{ mm}.$$

Da 9,3 mm auf 10 mm nach oben aufgerundet werden kann – nur ein Abrunden nach unten ist bedenklich –, genügen für das vorstehende Beispiel 2 Züge.

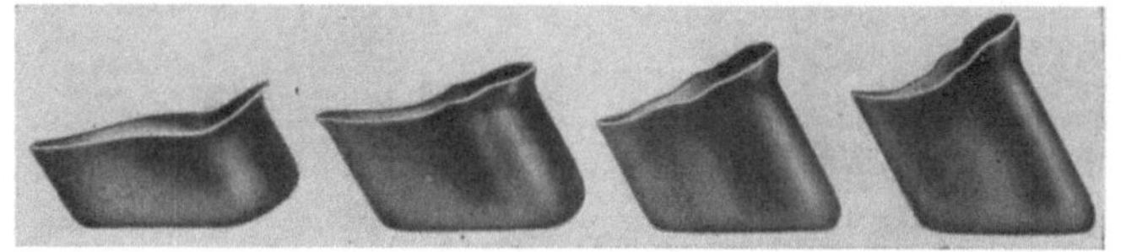

Abb. 39. In 4 Stufen gezogenes schmales längliches Ziehteil mit schrägem Boden

Je scharfkantiger bzw. geringer abgerundet ein Ziehteil konstruiert wird, um so mehr Züge sind erforderlich. Das gilt insbesondere auch für schmale Ziehteile, wie sie beispielsweise in Abb. 39 dargestellt sind.

3.4 Freimaß- und Grundtoleranzen für zylindrische Blechziehteile

Unter Freimaßtoleranzen versteht man zulässige Abweichungen für Längenmaß und Rundmaße vom Nennmaß, die nicht besonders vorgeschrieben sind. DIN 7168 Bl. 1

Tabelle 7. *Grundtoleranzen nach DIN 7182 und 7186*

Nennmaßbereich in mm	$\pm \frac{1}{2}$ IT 9	$\pm \frac{1}{2}$ IT 10	$\pm \frac{1}{2}$ IT 11	$\pm \frac{1}{2}$ IT 12	$\pm \frac{1}{2}$ IT 13	$\pm \frac{1}{2}$ IT 14	$\pm \frac{1}{2}$ IT 15	$\pm \frac{1}{2}$ IT 16	$\pm \frac{1}{2}$ IT 17	$\pm \frac{1}{2}$ IT 18	$\pm \frac{1}{2}$ IT 19
über 18— 30	±0,03	±0,04	±0,07	±0,11	±0,15	±0,25	±0,4	±0,6	±1,0	±1,6	±2,6
über 30— 50	±0,03	±0,05	±0,08	±0,13	±0,15	±0,3	±0,5	±0,8	±1,2	±1,9	±3,1
über 50— 80	±0,04	±0,06	±0,09	±0,15	±0,2	±0,35	±0,6	±0,9	±1,5	±2,3	±3,7
über 80— 120	±0,04	±0,07	±0,11	±0,18	±0,25	+0,4	±0,7	±1,1	±1,7	±2,7	±4,3
über 120— 180	±0,05	±0,08	±0,12	±0,20	±0,3	±0,5	±0,8	±1,2	±2,0	±3,1	±5,0
über 180— 250	±0,05	±0,09	±0,15	±0,23	±0,35	±0,5	±0,9	±1 4	±2 3	±3,6	±5,7
über 250— 315	±0,06	±0,10	±0,16	±0,26	±0,4	±0,6	±1,0	±1,6	±2,6	±4,0	±6,5
über 315— 400	±0,07	±0,11	±0,18	±0,29	±0,4	±0,7	±1,1	±1,8	±2,8	±4,4	±7,0
über 400— 500	±0,08	±0,12	±0,20	±0,32	±0,4	±0,7	±1,2	±2,0	±3,1	±4,8	±7,7
über 500— 630	±0,09	±0,13	±0,22	±0,34	±0,5	±0,8	±1,3	±2,1	±3,4	±5,5	±8,5
über 630— 800	±9,09	±0,14	±0,24	±0,37	±0,6	±0,9	±1,5	±2,3	±3,7	±6,0	±9,5
über 800—1000	±0,10	±0,15	±0,25	±0,40	±0,6	±1,0	±1,6	±2,6	±4,2	±6,5	±10,5

enthält Angaben für die zulässige Freimaßtoleranz, die bezogen auf Blechziehteile näherungsweise ohne Rücksicht auf Werkstoff und Blechdicke für Feinarbeiten einem Toleranzbereich von $\pm^1/_2$ IT 12, für mittlere Arbeiten einem solchen von $\pm^1/_2$ IT 14, für grobe einem solchen von $\pm^1/_2$ IT 16 und für sehr grobe Arbeiten einem solchen von $\pm^1/_2$ IT 17 entspricht. In der beigeschlossenen Tab. 7 sind die Grundtoleranzen zwischen $\pm^1/_2$ IT 9 und $\pm^1/_2$ IT 19 für Nennmaßbereiche von 18 mm bis 1000 mm eingetragen. Dabei sind hier in teilweiser Übereinstimmung mit DIN 7168 Bl. 2 nur gerundete Werte in mm verzeichnet, wie dieses für die Zwecke der Blechverarbeitung im allgemeinen genügt. In dieser Aufstellung nach Tab. 7 sind die oben empfohlenen Werte von $\pm^1/_2$ IT 12, $\pm^1/_2$ IT 14, $\pm^1/_2$ IT 16 und $\pm^1/_2$ IT 17 mit enthalten. Für konische sowie unregelmäßig geformte Ziehteile kann mitunter die Freimaßtoleranz für Winkelmaße interessieren. Dort, wo keine Toleranzen für Winkel angegeben sind, verdient Tab. 8 Beachtung:

Tabelle 8. *Abweichungen für Winkel*

Genauigkeitsgrad	Nennmaßbereich für die Länge des kürzeren Schenkels in mm			
	bis 10	über 10 bis 50	über 50 bis 100	über 100
fein	$\pm 1°$	$\pm 30'$	$\pm 20'$	$\pm 10'$
mittel	$\pm 1{,}5°$	$\pm 45'$	$\pm 30'$	$\pm 15'$
grob	$\pm 2°$	$\pm 1°$	$\pm 40'$	$\pm 20'$
sehr grob	$\pm 3°$	$\pm 2°$	$\pm 1°$	$\pm 30'$

Da hierfür noch wenig Unterlagen vorliegen, wurde im meßtechnischen Laboratorium des Lehrstuhles für Werkzeugmaschinen der TH Hannover eine geringe Anzahl von runden Blechziehteilen mittels eines neu entwickelten Umfangmeßgerätes[1] an verschiedenen Stellen der Zarge gemessen. Wir wollen ihre Durchmessertoleranz Zargentoleranz heißen. Dieser Ausdruck gilt auch für rechteckige und andere Teile. Zu messen ist der Umfang, da für Durchmesser- oder Längenmessungen die dünnwandigen Körper zu nachgiebig sind. Die wenigen Meßergebnisse erheben natürlich keinen Anspruch auf allgemeine Geltung, zumal bei einer solchen sehr viele Einflüsse berücksichtigt werden müssen. Immerhin kann festgestellt werden, daß sich weicherer Werkstoff und dickeres Blech genauer ziehen lassen als dünnes Blech oder harter Werkstoff. Im allgemeinen ist es so, daß die zylindrischen Teile, und nur um solche handelt es sich hier, sich nach dem Zug nicht ohne weiteres durch den Ziehring wieder schieben lassen. Verhältnismäßig genau maßhaltig sind die Partien der Zarge in der Nähe des Bodens. In der Zargenmitte, oft auch im oberen Drittel der Zarge, zeigen sich starke Ausbauchungen. Am oberen Rande der Zarge ist dann der Querschnitt des Ziehteiles oft wieder enger, weist aber zuweilen eine Lippenbildung[2] nach außen auf. Hier spielen sehr stark die Spannungen herein, die durch den Tiefziehvorgang bedingt sind; auf diese wiederum hat der Ziehspalt einen ausschlaggebenden Einfluß. Zur Bemessung des Ziehspaltes werden nach dem bisherigen Stand der For-

---

[1] Das im Versuchsfeld des Instituts für Werkzeugmaschinen an der TH Hannover entwickelte Umfangsmeßgerät gestattet Genauigkeitsmessungen des Umfanges an Ziehteilen aus dünnen Blechen und anderen Behältern, die mit Tastern oder anderen starren Meßmitteln infolge Ausweichens und ovalen Verdrückens der Zarge nicht erreicht werden.

[2] Lippenbildung am oberen Rand eines Ziehteiles als Aluminiumblech zeigt Abb. 381 auf S. 386 des Buches OEHLER/KAISER: Schnitt-, Stanz- und Ziehwerkzeuge. 5. Aufl. Berlin/Heidelberg/New York: Springer 1966.

schung empfohlen:

$$w = s + 0{,}07 \cdot \sqrt{10s} \text{ für Stahlblech} \tag{19}$$

$$w = s + 0{,}02 \cdot \sqrt{10s} \text{ für Aluminiumblech} \tag{20}$$

$$w = s + 0{,}04 \cdot \sqrt{10s} \text{ für sonstige NE-Metalle.} \tag{21}$$

Bei zu weitem Ziehspalt sind die Abweichungen sehr viel größer als bei engerem Ziehspalt. Dort, wo der Werkstoff unter Verringerung der Wanddicke gezogen wird, lassen sich sehr viel höhere Genauigkeiten erreichen als bei den meisten Ziehteilen, wo die Blechdicke einigermaßen gleich bleibt. Dabei kann im Sinne von Toleranzen von einer gleichbleibenden Wanddicke auch hier nicht gesprochen werden, da die Zarge am Bodenrand am schwächsten ist, in der Mitte etwa die ursprüngliche Dicke und am oberen Rande eine 20—30%ige Verstärkung gegenüber der Ursprungsdicke aufweist. Bei weichen Werkstoffen ist es möglich, durch eine entsprechend enge Bemessung des Ziehspaltes eine solche Verstärkung zu verhindern, wobei sich dann an den oberen Randzonen des Ziehteiles ein mehr oder minder breites dunkles und blankes Druckspurenband zeigt. Gewiß ist schon dieser Dickenunterschied eine Ursache für eine Ungenauigkeit der Umfangmaße an den einzelnen Stellen der Zarge. Als vorläufiges Ergebnis mögen die in Tab. 9 angegebenen Toleranzwerte für Aluminium-, Messing- und Tiefziehstahlblech einen gewissen Anhalt geben.

Tabelle 9. *Zargentoleranzen in Abhängigkeit von Blechdicke und Werkstoffart*

Blechdicke in mm	Aluminiumblech weich	Messingblech, Druckmessing Handelsgüte	Tiefzieh-Stahlblech
bis 0,5	$\pm \frac{1}{2}$ IT 14/15	$\pm \frac{1}{2}$ IT 16	$\pm \frac{1}{2}$ IT 16
über 1,0—1,0	$\pm \frac{1}{2}$ IT 13/14	$\pm \frac{1}{2}$ IT 15/16	$\pm \frac{1}{2}$ IT 16
über 1,0—1,5	$\pm \frac{1}{2}$ IT 12/13	$\pm \frac{1}{2}$ IT 14/15	$\pm \frac{1}{2}$ IT 15/16
über 1,5—2,0	$\pm \frac{1}{2}$ IT 11/12	$\pm \frac{1}{2}$ IT 13/14	$\pm \frac{1}{2}$ IT 15
über 2,0—2,5	$\pm \frac{1}{2}$ IT 10/11	$\pm \frac{1}{2}$ IT 12/13	$\pm \frac{1}{2}$ IT 14/15
über 2,5—3,0	$\pm \frac{1}{2}$ IT 10	$\pm \frac{1}{2}$ IT 11/12	$\pm \frac{1}{2}$ IT 13/14/15
über 3,0—3,5	$\pm \frac{1}{2}$ IT 9/10	$\pm \frac{1}{2}$ IT 11/12	$\pm \frac{1}{2}$ IT 13/14
über 2,5—4,0	$\pm \frac{1}{2}$ IT 0	$\perp \frac{1}{2}$ IT 11	$\pm \frac{1}{2}$ IT 13/14
über 4,0—5,0	$\pm \frac{1}{2}$ IT 9	$\pm \frac{1}{2}$ IT 11	$\pm \frac{1}{2}$ IT 13

Es sei nochmals darauf hingewiesen, daß es sich bei diesen hier beschriebenen Verfahren nur um das übliche Tiefziehen ohne Wanddickenveränderung handelt. Es kann sehr wohl Aufgaben geben, wo eine höhere Genauigkeit des Zargendurchmessers notwendig ist und im Abstreckzug auch erreicht werden kann. Hierbei bleibt allerdings die ursprüngliche Blechdicke nicht erhalten, sondern die Zarge fällt dünner als das Ursprungsmaterial aus. Weiter bedingen die dafür verwendeten Bleche auch eine entsprechende vorsichtige Vorbehandlung und zwar nicht nur hinsichtlich des Abwalzgrades, sondern auch hinsichtlich des Walzens in verschiedenen Walzrichtungen, um somit von vornherein jedem anisotropen Verhalten vorzubeugen. Da heute von Blech immer mehr auf Band übergegangen wird, sind zur Erhaltung eines isotropen Zustandes besondere Maßnahmen, d. h. ein teurer Werkstoff erforderlich, der vor dem Abstreckzug noch gebondert werden muß. In dieser Weise können, wie auf S. 127 beschrieben, Lehrdorne und Lehrringe tiefgezogen werden. Das Fertigmaß solcher durch Tiefziehen gefertigter Lehrdorne und Lehrringe wird durch einen Fertigzug (Kalibrieren) und bei sehr hoher Genauigkeit durch Schleifen und die erforderliche Oberflächenhärte durch anschließendes Verchromen erreicht. Das sind aber Verfahren, die als Ausnahmen gelten und daher keinesfalls für eine Tolerierung der Tiefziehteile schlechthin maßgebend sein dürfen.

Sie sind deshalb an dieser Stelle nur erwähnt, um darzulegen, daß im Bedarfsfalle durch Sonderverfahren engere Toleranzen erzielt werden können.

Die Zargentoleranzen von Ziehteilen werden voraussichtlich in Zukunft eine größere Bedeutung als bisher haben, da man bestrebt ist, gemäß Abb. 3, S. 9 aus Blech gezogene Bolzen, Wellenteile und auch andere Blechgefäße im Zusammenbau mit anderen Teilen zu verwenden, wobei die Passungen eine Rolle spielen. Daher ist es wichtig zu wissen, welche Genauigkeit beim üblichen Tiefziehen erreicht wird.

Neben der Toleranz der Zarge sind bei Tiefziehteilen zuweilen die Maßabweichungen an der Bodenfläche zu beachten. Dies kann einmal bei solchen Ziehteilen von Bedeutung sein, deren Boden durch Punktschweißung mit anderen Teilen verbunden wird. Daneben spielen aber auch andere Gesichtspunkte eine Rolle. So ist beispielsweise für Blechtöpfe, die auf Elektroherden verwandt werden, ein Aufliegen der gesamten Bodenfläche ohne isolierende Luftzwischenräume wichtig. Aus diesem Grunde werden in Ziehereien Töpfe dieser Art auf der Drehbank am Boden eben abgedreht. Bei eckigen Ziehteilen kommt es vor, daß die Böden sehr häufig windschief werden und bei Druck- oder Schlageinwirkung kippen. Dort, wo es sich um reine Verkleidungsteile handelt, wie z. B. Beplankungen von Kühlschranktüren, empfiehlt es sich daher, bewußt von der ebenen Fläche abzuweichen und eine ganz leichte Wölbung zu bevorzugen, weil diese immer noch besser aussieht als eine windschief verzogene Verkleidung. Ebenso wie bei den Zargentoleranzen so gilt auch hier, daß Abweichungen der Bodenfläche von der Ebene beim Ziehen dicker Bleche geringer sind als bei dünnen. Es dürften beim Boden etwa die gleichen Toleranzbereiche für die Ebenheit gelten, wie sie in Tab. 8 für die Zargentoleranzen in Abhängigkeit von Blechdicke und Werkstoffart zusammengestellt sind. Doch bedarf auch dies noch einer eingehenden Nachprüfung durch den Versuch.

3.5 Abrundung an Ziehkante und Gefäßboden von Ziehteilen

Die Abrundung der Ziehkante am Ziehring ist von den Abmessungen des Werkstücks und insbesondere seiner Dicke abhängig. Der Abrundungshalbmesser r an der Ziehkante läßt sich in ziemlicher Übereinstimmung mit KACZMAREK nach folgender empirischen Gleichung berechnen:

$$r = 0{,}05\,(50 + (D - d)) \cdot \sqrt{s} \,. \tag{22}$$

Hierin bedeuten s die Blechdicke, D den Zuschnittsdurchmesser oder bei Weiterschlägen den Ziehdurchmesser des vorausgegangenen Zuges und d den Ziehdurchmesser des vorliegenden Zuges, sämtliche Maße in mm. Über die Ermittlung des Zuschnittsdurchmessers D wurden bereits auf S. 47 in Verbindung mit dem Durchmesserverhältnis $\beta = D : d$ nähere Ausführungen gebracht.

Bei außergewöhnlich geringen Ziehtiefen kann es vorkommen, daß der Niederhalter nicht genügend Druckfläche findet, da die nach obiger Gleichung errechneten Rundungshalbmesser r zu groß ausfallen. Für solche besonderen Fälle eines Durchmesserverhältnisses $\beta = D : d \leq 1{,}1$ können infolge der schon dadurch herabgesetzten Ziehbeanspruchung unbedenklich kleinere Ziehkantenabrundungen gewählt werden, jedoch darf dabei r niemals kleiner als $0{,}6\,s$ sein.

Für unrunde, insbesondere rechteckige Züge gelten sinngemäß auch obige Ausführungen, nur ist für die Abrundung an den Seiten an Stelle des Ausdruckes $(D - d)$ in obige Gleichung das Maß der doppelten Blechflanschbreite ($=$ Abstand zwischen Zuschnittaußenlinie und Ziehkante) einzusetzen. In den Ecken rechteckiger Züge kann die Ziehkantenrundung etwas reichlicher bis zu 1,5 r gehalten werden.

Die obigen Ausführungen über den Abrundungshalbmesser an der Ziehkante interessieren den Konstrukteur für durchgezogene zylindrische Blechteile nicht. Es gibt aber eine ganze Anzahl Teile, bei denen ein Flansch stehen bleibt, wie z. B. die in Abb. 27 rechts, 31, 35, 45 und 53 dargestellten Ziehteile. Für diese Teile ist es natürlich sehr wichtig, mit was für einem Abrundungsradius sie zwischen Flansch und Zarge versehen sind. Der Konstrukteur solcher Ziehteile tut daher gut daran, die Rundung r aus Gl. (22) zu errechnen.

Für die Abrundung an den Stempelkanten der Ziehwerkzeuge bzw. an den Kanten zwischen Gefäßboden und Zarge bestehen heute noch keine durch Versuche bestätigte Richtlinien. Unter keinen Umständen darf die Abrundung an der unteren Stempelkante kleiner als die entsprechende Ziehkantenabrundung sein, da sonst der Stempel in den Werkstoff einschneiden würde. Scharfkantige Züge werden nur mittels mehrerer Ziehstufen erreicht. Eine vorteilhafte Stempelabrundung, die selbstverständlich von vornherein bei der Konstruktion des Ziehteiles berücksichtigt werden muß, entspricht der 3—5fachen Ziehkantenabrundung.

3.6 Gemeinsames Tiefziehen mehrerer Teile

Es gibt eine ganze Reihe Stanzteile, die einzeln betrachtet dem Fertigungsingenieur Schwierigkeiten machen, weil sie nur mit einer einseitigen Zarge versehen sind. In vielen Fällen hilft man sich damit, daß man solche Teile schräg im Werkzeug anordnet; es wird also kein zylindrisches sondern ein unzylindrisches Ziehteil hergestellt. Bei entsprechender Anordnung von Ziehwulsten und einem genügend breiten Blechflansch kommt man damit auch zum Ziel, obwohl der Werkstoffverbrauch für solche Ziehteile im allgemeinen groß ist, und insbesondere die Herstellung der geneigten Flächen sowohl am Stempel als auch im Gesenk sehr viel teurer ist als die Herstellung üblicher Stempel und Ziehringe. Weiterhin besteht bei solchen Teilen eine große Neigung zur Faltenbildung, weil der Stempel das zwischen den Ziehkanten eingespannte Blech in der Mitte trifft, und das Blech erst nach der Umformung zum Anliegen an die eigentliche Gesenkfläche kommt. Es ist daher sehr nützlich, wenn in solchen Fällen von vornherein eine Formgebung angestrebt wird, bei der ein zylindrischer Durchzug möglich ist. Dies geschieht bei Teilen, die nur einseitig eine Zarge aufweisen, zuweilen dadurch, daß man sie mit einer allseitigen Zarge versieht und dann den überflüssigen Teil der Zarge in einem nachfolgenden Beschneideschnitt einfach herausschneidet.

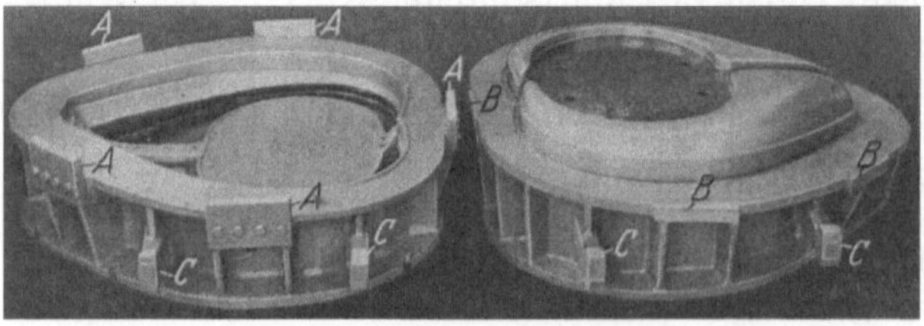

Viel wirtschaftlicher ist jedoch ein Verfahren, bei dem mehrere Ziehteile gemeinsam gezogen und nachher getrennt werden. Selbstverständlich muß der Gestalter der Ziehteile auf diese Fertigungsmöglichkeit hingewiesen werden und die Form der Teile darauf abstimmen. Abb. 40—45 zeigen Beispiele für eine Zweiteilung, Abb. 46 für eine Dreiteilung und Abb. 47 für eine Vierteilung. So ist in Abb. 40 ein Werkzeug zum gleichzeitigen, paarweisen Tiefziehen von linken und rechten Hinterkotflügeln von Personenwagen dargestellt. In einem Zug fallen mit

Abb. 40. Werkzeug zum gleichzeitigen paarweisen Ziehen von linken und rechten Hinterkotflügeln für Personenkraftwagen (Zweiteilung)

diesem Werkzeug beide Kotflügel an, die zunächst noch zusammenhängen und mittels eines Schnittwerkzeuges im nächsten Arbeitsgang voneinander getrennt werden müssen. In Abb. 40 sind links das Untergesenk, rechts der Stempel mit dem Niederhalter dargestellt. Zur Beförderung dieser schweren Werkzeugteile sind seitlich vorspringende Haken C vorgesehen. Die genaue Lage des Werkzeugunterteiles zum Oberteil wird durch die fünf angeschraubten, emporstehenden Laschen A am Unterteil und die vorspringenden Anlageflächen B des Oberteiles bewirkt. Da sich das Blech infolge seiner Spannung von selbst über die Wölbung des Stempels legt, bedarf es an diesen Stellen keiner entsprechenden, sorgfältigen und kostspieligen Ausarbeitung am Untergesenk. Es kann vielmehr an diesen Stellen aus-

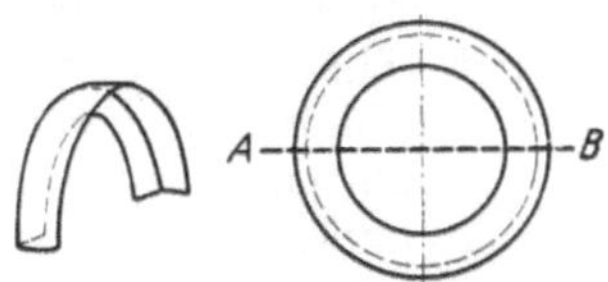

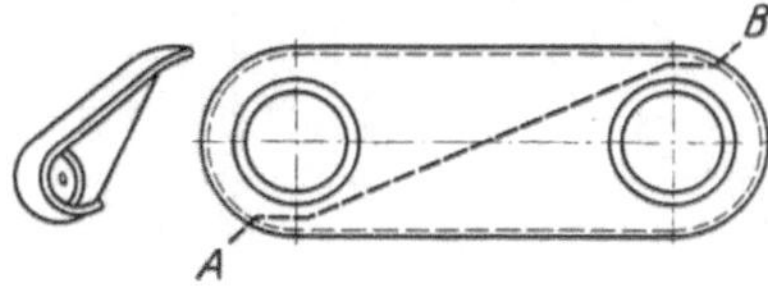

Abb. 41. Anordnung für paarweises Ziehen von Hinterkotflügeln für Lastkraftwagen (Zweiteilung)

Abb. 42. Anordnung für paarweises Ziehen von Fahrrad-Kettenschutzblechen (Zweiteilung)

gespart bleiben. Die Stempel für die beiden Hinterkotflügel bilden in ihren äußeren Umrissen eine Herzform. Auf diese Weise wird eine ziemlich gleichmäßige Beanspruchung des Bleches beim Gleiten über die Ziehkante gewährleistet, die in Abb. 40 als einfache Randwulst ausgebildet ist.

In entsprechender Weise können, wie in Abb. 41 und 42 dargestellt, Hinterkotflügel für Lastkraftwagen und Kettenschutzbleche für Fahrräder in Zweiteilung hergestellt werden, wobei die Teilungslinie durch die Linie $A—B$ jeweilig gekennzeichnet ist.

Abb. 43 zeigt das Seitenteil eines Hebelschalters. Hier gelingt insbesondere das Einziehen an der Rundung schlecht. Ferner war ein halbrunder Abschlußbördel an

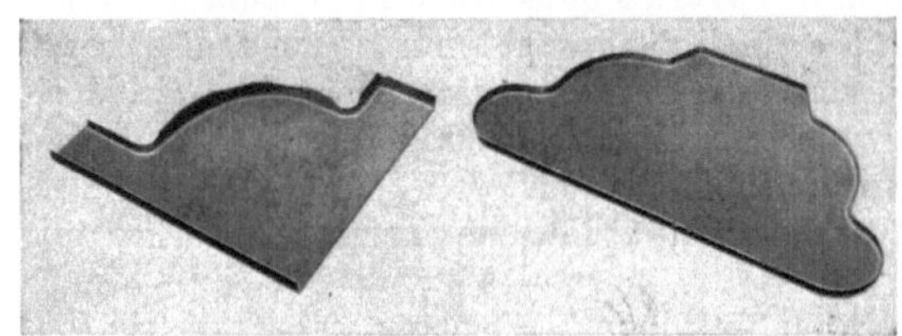

Abb. 43/44. Seitenteil eines Hebelschalters einteilig und paarweise gezogen

Abb. 45. Gemeinsam gezogenes Kopf- und Fußstück von Badewannen

der linken Seite bei diesem Teil nicht zu erreichen, da es hierbei nach links gezogen wurde. Dies war erst nach zweiteiliger Anordnung möglich, wie dies in Abb. 44 dargestellt ist. Ebenso lassen sich Badewannen in einem Zug nur schwer herstellen, da dies eine sehr große Presse in Verbindung mit hydraulisch gesteuerten Ziehsicken und besonderer teilweise zur Zeit noch durch Patent geschützte Vorrichtungen erfordert[1]. Man behilft sich oft damit, daß man gemäß Abb. 45 links Kopfende und Fußende gemeinsam zieht und dann beide Teile nach Abb. 45 rechts auseinanderschneidet. Das hier nicht dargestellte Mittelstück der Wanne ist ein einfaches Biegeteil, das mit den beiden Ziehteilen beiderseits verschweißt wird. Ebenso wie eine solche Lösung für Badewannen möglich ist und sich insbesondere für Einbauwannen

---

[1] Siehe OEHLER/KAISER: Schnitt-, Stanz- und Ziehwerkzeuge. 5. Aufl. Berlin/Heidelberg/New York: Springer 1966, S. 373, Abb. 363.

verschiedener Länge empfiehlt, läßt sich auch für andere langgezogene Behälterformen dieser Fertigungskniff anwenden.

Nach dem Grundsatz der Zweiteilung kann auch gemäß Abb. 46 die Dreiteilung beispielsweise für Gelenkriegel von Fensteröffnern nach den drei gestrichelten Teilungslinien A, B, C oder wie in Abb. 47 die Vierteilung für Rechenmaschinenseitenteilen nach den Schnittlinien $A—C$ und $B—D$ ausgeführt werden. Nach
Abb. 46 fallen gleichzeitig drei Gelenkriegel derselben Form an, während nach
Abb. 47 durch einen Zug je zwei rechte und zwei linke Seitenteile erzeugt werden.

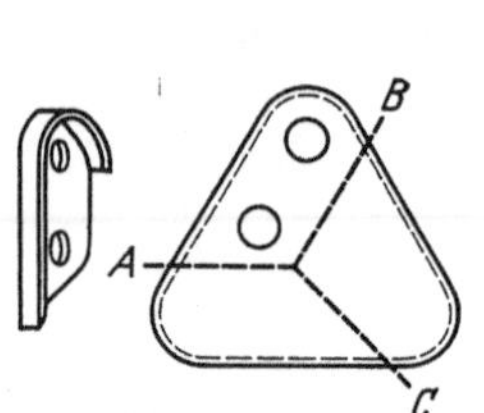

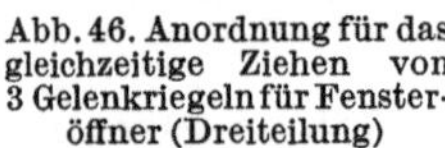

Abb. 46. Anordnung für das gleichzeitige Ziehen von 3 Gelenkriegeln für Fensteröffner (Dreiteilung)

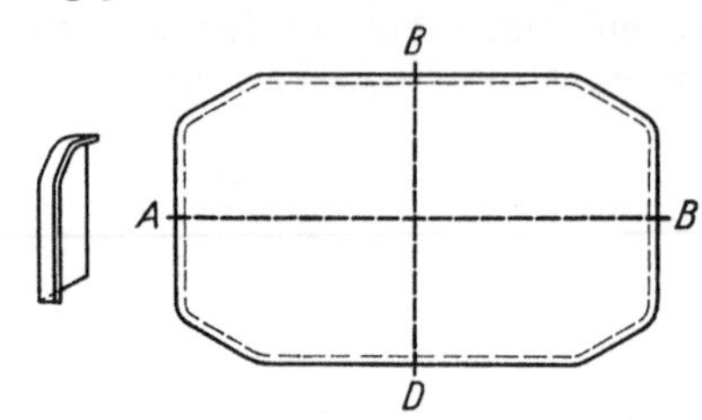

Abb. 47. Anordnung für das gleichzeitige Ziehen von 2 linken und 2 rechten Rechenmaschinen-Seitenteilen (Vierteilung)

Mit dem gleichzeitigen Ziehen mehrerer zusammenhängender Teile taucht die Frage nach der Ausbildung geeigneter Schnittwerkzeuge auf, um die zusammenhängenden Teile zu trennen. Getrennt wird, indem mittels Schnittstempeln schmale Trennstreifen zwischen den Ziehteilen herausgeschnitten werden, oder die Teile werden voneinander unmittelbar abgeschert. Im
ersteren Falle bedient man sich einfacher Schnittwerkzeuge, als Schnittbreite wählt
man die übliche Stegbreite. Dort, wo die angezogene Zarge bereits so hoch ist, daß
die Teile sich mit einem einfachen Schnitt auf einer Schnittplatte nicht trennen
lassen, muß man Werkzeuge verwenden, die mit Seitenschnittstempeln ausgerüstet
sind. In solchen Fällen wird das Ziehteil mit der Zarge nach unten über einen
Schnittplattenkern gesteckt. Die Vorschubeinrichtung der Seitenstempel ist so gestaltet, daß sie zunächst die Seitenstempel zum Einschneiden der Zarge nach innen
drückt und sie bei weiterem Niedergang des Werkzeuges wieder zurücklaufen läßt,
bevor der mittlere, am Oberteil befestigte Schnittstempel den Boden des Ziehteiles
auftrennt. Derartige Werkzeuge mit senkrechtem Schnittstempel und durch Keilstempel bewegten, waagerecht geführten Seitenstempeln sind bekannt[1], so daß es
an dieser Stelle ihrer näheren Erläuterung nicht bedarf.

Ferner sind Werkzeuge bekannt, die zum abfallosen Trennen der Ziehteile
dienen[2].

Eine ganz andere Möglichkeit des gemeinsamen Tiefziehens besteht darin, daß
man die Ziehteile nicht nebeneinander wie oben beschrieben, sondern ineinander
anordnet. Voraussetzung dafür ist, daß das äußere Ziehteil das innere ringförmig
umgibt. Ein Beispiel dafür ist der Schnitt-Zug-Schnitt-Zug-Schnitt. Der Schnitt
Zug-Schnitt-Zug-Schnitt kann überall dort angewendet werden, wo sich dem Werkstoffbedarf entsprechend zwei Ziehteile konzentrisch zueinander so zuordnen lassen,
daß der innere Ausschnitt des Außenteiles nicht mehr und nicht weniger Werkstoff
hergibt, als für das innere Ziehteil gebraucht wird.

Die Anwendung von Schnitt-Zügen, Zug-Schnitten und auch Schnitt-Zug
Schnitten ist bekannt. Bei letzteren handelt es sich schon um verwickelte Werkzeuge, bei denen der Zuschnitt aus dem Blech meist mit einem außen mit Schnittkante versehenen Ziehring ausgeführt wird, der nach Ausschneiden des Bleches
den Ausschnitt über einen Ziehring formt; anschließend wird durch einen Mitten-

---

[1] OEHLER-KAISER; Schnitt-, Stanz- und Ziehwerkzeuge. 5. Aufl. Berlin – Heidelberg – New York: Springer 1966, S. 138–144.

[2] Desgl. S. 158, Abb. 168 und 169.

stempel das Ziehteil im gleichen Arbeitsgang und Arbeitshub gelocht. Derartige Werkzeuge sind beispielsweise in der Fertigung von Fahrradglocken üblich.

Ein Werkzeug, das zum Schnitt-Zug-Schnitt noch zwei Arbeitsstufen hinzufügt, ist der Schnitt-Zug-Schnitt-Zug-Schnitt, bei dem aus dem Blech gleichzeitig 2 Ziehteile anfallen. Ein Werkzeug dieser Art wurde von MENKIN empfohlen[1]. Dieses äußerste verwickelte Werkzeug dient zur Herstellung eines gezogenen Bördelringes als Außenteil sowie einer Kerzenhaltertülle mit ausgezacktem Hals als Innenteil. Die Anfertigung des letzten Stückes mittels Durchstoßen einer Vierkantspitze erscheint äußerst problematisch, da nach einem solchen Verfahren der Werkstoff sehr ungleichmäßig auszureißen pflegt und saubere Schnittkanten damit bestimmt nicht erzielt werden. In Abb. 48—50 wird die Wirkungsweise eines ähnlichen Werkzeuges beschrieben. Als äußeres Teil fällt eine Ringblende a, als inneres eine mittig gelochte Kappe b an.

Auf der Grundplatte (1) des Unterteiles ist der äußere Schnittring (2) mittels Zylinderkopfschrauben (3) befestigt. In der Mitte der Grundplatte ist ein Bolzen (4) eingeschraubt, der zwecks Durchfall der Stanzbutzen ausgebohrt ist und oben eine aus Werkzeugstahl gefertigte und gehärtete pilzförmige Schnittbüchse (5) trägt. Über dem unteren starken Schaft dieses Bolzens (4) ist eine Druckfeder (6) angeordnet, die gegen eine Druckscheibe (7) drückt. Sie übernimmt die Kraft vom äußeren Niederhaltering (9) vermöge der Druckstößelbolzen (8). Innerhalb dieses Blechhalteringes (9) ist der Ziehschnittring (10) angeordnet, der an seiner Arbeitsseite oben außen mit einer Ziehkante für das Außenteil (Ringblende) und innen mit einer Schnittkante für die Abtrennung des Innenteiles vom Außenteil versehen ist. Dieser Ziehschnittring (10) ist durch Zylinderkopfschrauben (11) mit der Grundplatte (1) verbunden. Zwischen diesem Ziehschnittring (10) und dem engen Schaft des Federzentrierbolzens (4) befinden sich der innere Niederhaltering (12) mit der diesen stützenden Druckfeder (13). Zur Einführung des zu schneidenden Werkstoffes ist außen am Werkzeug ein Winkel (14) angebracht, der mit der verlängerten Seitenführungsleiste (16) die notwendige Werkstückenanlage gewährleistet. Der Werkstoff wird also von dort in den Streifenkanal eingeführt und gelangt bis zur Nase des Einhängestiftes (15). Der Streifenkanal wird oben durch die Deckplatte (17) geschlossen, die auch als Führungsplatte für das Oberteil ausgebildet werden kann. Mittels der Sechskantschrauben (19) werden beiderseits des Stempels U-förmige Bügel (18) montiert, die als Anschlag für die Auswerfer-Traverse (20) des Oberteiles dienen. Diese Traverse ist gegen seitliches unbeabsichtigtes Herausfallen oder Herausziehen durch Splinte (21) oder anderweitig zu sichern. Die Auswerfer-Traverse (20) drückt beim Anschlag gegen die Bügel (18) mit ihrer unteren Fläche gegen die Köpfe der Auswerferbolzen (22). Die vier Auswerferbolzen sind im mittleren Formstück (23) des Oberteiles geführt. Dieses Formstück ist so ausgebildet, daß es außen die Ringblende und innen die Kappe umformt, während im mittleren Teil die Ringblende von der Kappe bei K in Abb. 49 getrennt wird. Dieses Umformstück (23) und der obere äußere Schnittring (24) sind daher nicht aus einem Stück angefertigt, sondern aus Gründen des bequemen Schleifen zusammengesetzt. Der äußere Schnittring (24) besorgt den äußeren Ausschnitt, das Formteil (23) den inneren Ausschnitt und das Umformen der beiden Werkstücke. Die Kappe wird durch den Lochstempel (25), der die mittlere Bohrung der Traverse (20) durchdringt, mittig gelocht. Es können nur kleine Lochungen ausgeführt werden, damit die Traverse, welche das Auswerfen der gezogenen Teile besorgt und den

---

[1] MENKIN: Double combination die forproducing two different parts. Machinery May Bd. 19 (1949), S. 662.

Klemmdruck der im Oberteil nach dem Umformen hängenden Stück überwinden
muß, nicht so sehr geschwächt wird. Über dem Mittenstempel (25) ist ein blauhart
gehärtetes Gußstahlblech (26) anzuordnen. Alle diese Teile werden am Stempelkopf
(27) durch Zylinderkopfschrauben (28) und hier nicht gezeichnete Paßstifte
befestigt.

Je nachdem, ob das vorliegende Werkzeug noch in einem Säulengestell untergebracht werden soll oder direkt in einer Presse einzuspannen ist, wird der Stempel-

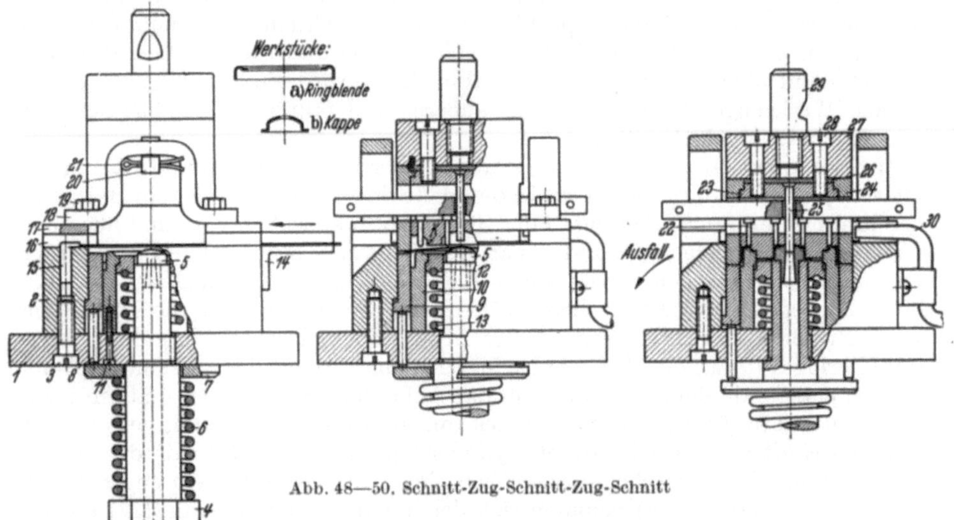

Abb. 48—50. Schnitt-Zug-Schnitt-Zug-Schnitt

kopf, wie hier gezeichnet, mit einem Einspannzapfen oder mit Kupplungszapfen
versehen. Eine Druckluftleitung (30) besorgt das Ausblasen der Werkstücke, die
aus dem Oberteil mittels der Druckbolzen (22) ausgestoßen werden. Da der Blechstreifen inzwischen weiter geschoben wird, fallen die Teile auf das bereits für den
nächsten Arbeitsgang eingeschobene Blech. Die seitliche Öffnung muß groß genug
sein, damit beide Werkstücke rückseitig aus dem Werkzeug an der Ausfallseite
gemäß Abb. 50 herausfallen. Es ist zu überlegen, inwieweit Werkzeuge dieser Art
auf neigbaren Pressen vorteilhaft untergebracht werden können, wo die gefertigten
Werkstücke selbsttätig und sortiert nach hinten herausfallen, ohne das es zusätz-
licher Ausstoß- oder Ausblasvorrichtungen bedarf.

Abb. 48 zeigt das Werkzeug in seiner Ruhestellung bei eingeführten Blechstreifen. Die Einführungsrichtung ist durch einen Pfeil gekennzeichnet. In Abb. 49
ist bereits an den Schnittkanten des äußeren Unterteilschnittringes (2) und der
äußeren Schnittkante des oberen Schnittringes (24) die äußere Platine herausgeschnitten, und es beginnt die Umformung des Werkstoffes an der Ringblende,
wo die Ziehringkanten (Teil 24 und 10) wirksam werden. In Abb. 50 ist das Oberteil in seiner Tiefstlage gezeichnet. Ringblende und Kappe sind fertig beschnitten
und gezogen. Sie klemmen im Oberteil fest und werden bei Emporgehen des Stempels durch Anschlag der oberen Fläche der Traverse (20) gegen die innere Aus-
kröpfung der Bügel (18) vermittels der vier Ausstoßbolzen (22) herausgestoßen.
Hierbei fallen sie auf das inzwischen weitergeschobene Blech, um von hier aus aus-
geblasen oder ausgestoßen zu werden und nach rückwärts abzufallen.

Die hier gezeigte Anordnung der Traverse bedingt Schwierigkeiten beim Einbau des Werkzeuges in die Presse, sofern der Pressenstößel nicht genügend hoch

gefahren werden kann. In solchen Fällen müssen entweder die Sechskantschrauben (*19*) gelöst und die Bügel (*18*) abgenommen und wieder angesetzt werden oder die Versplintung (*21*) ist zwecks Herausziehens der Traverse zum getrennten Zusammenbau von Oberteil und Unterteil zu lösen. Es ist daher besser, wenn die Auswerfertraverse zweckmäßigerweise nicht innerhalb des Werkzeuges, wie hier gezeigt, sondern im Pressenstößel selbst untergebracht ist, wodurch die Auswerferkonstruktion einfacher wird. Allerdings läßt sich dies im vorliegenden Fall kaum anwenden, es sei denn, der mittlere Stempel (*25*) würde durch Preßpassung im inneren Umformteil (*23*) befestigt. Dann würde an Stelle der Quertraverse (*20*) eine Druckscheibe untergebracht und der Einspannzapfen würde zwecks Aufnahme eines Auswerferstößels durchbohrt.

3.7 Stülpziehteile

Es gibt verschiedene Ziehformen, die sich von selbst als in zwei Zügen hergestellte Teile anbieten. Ein Beispiel hierzu zeigt Abb. 51a. Der untere Durchmesser ist nur wenig kleiner als der obere, und die schräge, kegelige Zwischenpartie entspricht der Neigung am Ende des rohrförmigen Blechhalters beim Ziehen derartiger Teile im zweiten Zug. Sehr viel ungünstiger ist dagegen das Teil nach Abb. 51b, denn der Durchmesser d_2 des Ansatzes ist leider kleiner, als die Abstufung es verträgt, d.h. das Verhältnis d_1/d_2 ist hier unzulässig groß. Außerdem verläuft der Übergang nicht schräg, entsprechend einer Kegelfläche, sondern besteht in einer ebenen Ringfläche. Man wird daher gut daran tun, das Teil im ersten Zug mit

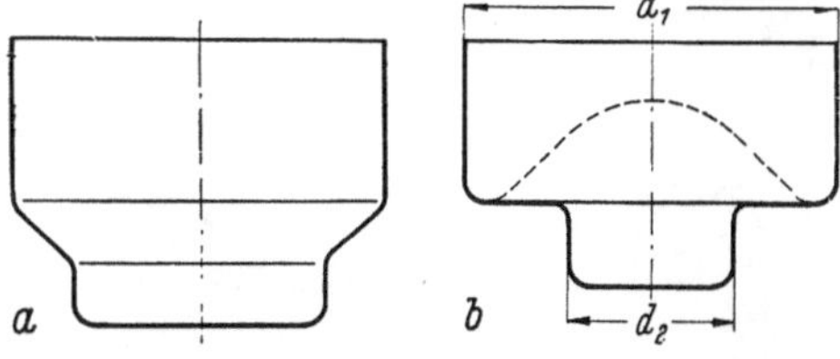

Abb. 51a u. b. In zwei Zügen herstellbare Ziehteile

einer Einwärtswölbung entsprechend der gestrichelten Linie zu versehen. Diese Einwölbungsfläche sollte etwa knapp der gleichen Größe entsprechen wie die vom Beginn der Strichelung an geltende Bodenfläche der Endform, die hiernach im zweiten Zug mittels Durchstülpen erzeugt wird. Alle diese Durchstülpumformungen beanspruchen jedoch sehr oft den Werkstoff derart, daß er versprödet und reißt, weshalb eine solche Maßnahme nur in besonderen Fällen angewandt werden sollte. Die Möglichkeiten des Stülpziehens sind natürlich mannigfach, wofür in Abb. 52 einige konstruktive Beispiele angegeben sind. Eine leichte Einstülpung am Bodenrand gemäß Abb. 52a ist, umformtechnisch betrachtet, kaum von Bedeutung, erfordert allerdings einen Gesenkboden im Ziehring und innen

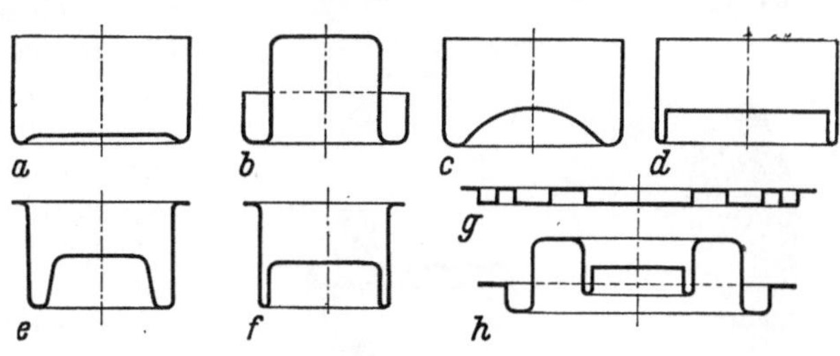

Abb. 52a—h. Stülpziehformen

angeordnete Entlüftungslöcher im Ziehstempel. Beim Durchzug einer Napfform mittels eines hohlen Ziehstempels gegen einen ebenen Gegenzugstempel in der Ziehöffnung entsteht dann eine Form nach Abb. 52b. Die beiden Teile c und d zeigen Übergangsformen, und zwar einen stark einwärts gekrümmten Boden nach c neben einem Flachboden zu d, wo die eingestülpte Wand dicht an der Außenwand liegt, so daß der zuerst wirkende Ziehstempel gar nicht ringförmig gestaltet zu werden braucht. Das Gelingen solcher Teile setzt allerdings einen sehr guten, umformfähigen

Abb. 53. Stülpziehen eines Schwingachsgehäuses

Werkstoff voraus, da sonst die gestülpte Doppelwand in sich zusammenknickt und infolge Werkstoffstauung zu Stauchungen und Quetschungen im Ziehspalt und somit zu Rissen führt. Dies gilt ebenso für die Bodenstülpzüge *f* und *h*, während bei *e* eine Unterstützung durch ein ringförmiges Oberwerkzeug möglich ist. Daher ist das Teil *f* erheblich schwerer als Teil *e* anzufertigen. Flache Scheiben mit konzentrischen Sicken mehr oder weniger scharfkantiger Ausführung nach Abb. 52g bedingen hohe, überlagerte Zugbeanspruchungen, so daß sie leicht reißen; dies gilt ebenso von dem darunter gezeichneten Teil *h* Derartige Zugüberlagerungen werden am besten durch ein vorausgehendes weiches Tiefziehen mit mehreren Nachschlägen aus geringer Höhe abgebaut. Gerade für derart geformte Teile ist eine Fertigung unter Schlagziehpressen zu empfehlen, worauf zu S. 98 noch hingewiesen wird. Wie in Abb. 52 erläutert, wird durch das Stülpziehen oder Rückstoßziehen die Anzahl der zylindrischen Ziehformen erheblich bereichert. So zeigt Abb. 53 die Herstellung eines rohrartigen Zapfens von 135 mm Länge, 41 mm Innendurchmesser und 140 mm Flanschdurchmesser aus einer Zuschnittscheibe von 230 mm Durchmesser eines 3 mm dicken Stahlbleches. Die ersten drei Züge entsprechen der Herstellung eines Napfes in der üblichen Weise mit bei jeder Stufung geringer werdendem Durchmesser. Beim vierten Zug wird in der entgegengesetzten Richtung gezogen. Das Ziehteil wird verkehrt auf den Ziehring gesetzt und vom Stempel gestülpt. Der anfangs sehr große Stülpziehdurchmesser wird im fünften, sechsten und siebenten Zug weiter verjüngt. Die letzten drei Arbeitsgänge betreffen das Prägen des Bodens, das Einprägen eines Wulstes und das Beschneiden und Lochen des Flansches sowie des Bodens. Einfachere Stülpzüge, die als letzte Arbeitsgänge vorgesehen sind, zeigen die in Abb. 54 und 55 dargestellten Zentrifugenteile. Das Umstülpen des Randes ist verhältnismäßig einfach und läßt sich mit billigen Mitteln erreichen. Dies ist für die Werkstatt eine wesentlich leichtere Aufgabe als das Umstülpen der in Abb. 56 und 57 dargestellten Ziehteile. Die Erzielung eines so hohen Halses im Boden der eingestülpten Zarge bei einem verhältnismäßig kleinen Einstülpdurchmesser ohne bemerkenswerte Abnahme der Wanddicke nach Abb. 55 überrascht und ist eine sehr anständige Leistung der betreffenden Werkstatt. Voraussichtlich sind hier erhebliche Zwischenglüharbeitsgänge notwendig. Eine ziehtechnisch außerordentlich schwierige Leistung ist der

Abb. 54/55. Zentrifugenteile mit Randstülpung

aus nichtrostenden Stahlblech hergestellte Großküchenkessel nach Abb. 57. Derselbe besitzt einen Außenflanschdurchmesser von 850 mm, einen lichten Durchmesser von 670 mm und eine Gesamthöhe von 390 mm. Der Zwischenraum zwi-

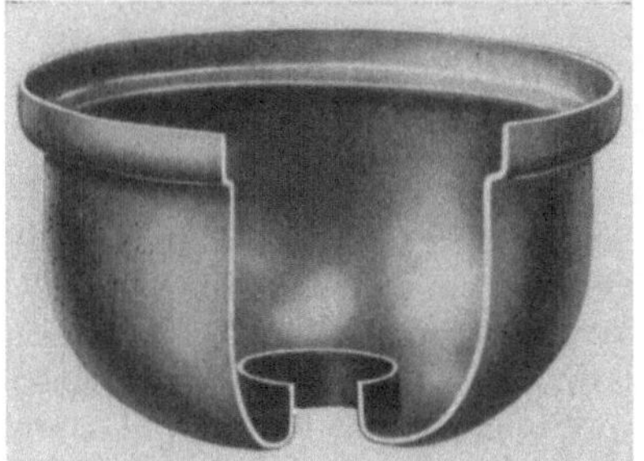

Abb. 56. Knetmaschinenbehälter mit Einstülpung im Boden   Abb. 57. Großküchen-Kochkessel

schen der Umstülpung am Rand auf einer Höhe von 70 mm beträgt nur 11 mm. Der Kessel ist aus V 2 A-Stahlblech von 2 mm Dicke angefertigt. Im Hinblick auf den besonderen Zweck war es unbedingt notwendig, dieses Teil in der hier abgebildeten Form herzustellen. Eine zweiteilige Ausführung mit angesetztem Randflansch wäre sehr viel billiger gewesen. Jedoch war dies aus hygienischen Gründen nicht zu empfehlen und somit die Konstruktion als Stülpziehteil von vornherein gegeben. Der Konstrukteur mag an diesen drei zuletzt gezeigten Bildern sehen, welche Formen durch Stülpziehen möglich sind. Er darf allerdings nicht vergessen, daß insbesondere bei kleineren Teilen eine Zusammensetzung aus mehreren Ziehteilen, die mit einander verschweißt oder hartgelötet sind, oft zum gleichen Ziele führt und für die Werkstatt einfacher und in der Herstellung billiger ist (s. S. 128).

Das Stülpziehen kann auch zum gestuften Ziehen zylindrischer Hohlkörper benutzt werden. Nachteilig bei diesem Verfahren ist der Umstand, daß erstens Tiefziehpressen eines entsprechend großen Hubes vorhanden sein müssen und zweitens im Vergleich zu den sonst üblichen Ziehringen hier nur der Unterschied der Durchmesser zwischen ersten und zweiten Zug als Wanddicke des Ziehringes verfügbar ist, so daß die gehärteten Ziehringe leicht springen. Demgegenüber ist der Vorteil des Wegfalls eines Blechhalters nur gering. Wichtig ist aber die Tatsache, daß es viele Teile gibt, die ohne Stülpzug gar nicht herstellbar wären. Außer den hier genannten Teilen waren auf der KIS-Schau eine Anzahl Stahlteile nach Abb. 58 ausgestellt, die sämtlichst im Stülpzug angefertigt wurden. Dies gilt auch für den in einem Stülpzug gelungenen hohen Napf rechts hinten sowie für das linke Teil mit dem breiten Flansch und daher ungewöhnlich hohen Ziehverhältnis $\beta = 3,2$.

Abb. 58. Stülpziehteile aus Stahlblech

Ein Stülpziehen ist auch ohne Zwischenglühung möglich, wenn sich der eingestülpte Werkstoff direkt an die Innenwand des zylindrischen Außenteiles anlegt. Dieses Verfahren ist nur beschränkt für Bleche von über 1,5 mm bei geringer Rückstoßgeschwindigkeit und für runde Teile anzuwenden. Auch enge Stülpungen gemäß Abb. 52f und h sowie Abb. 57 sind nur bei runden Teilen möglich infolge der hohen Beanspruchung des verhältnismäßig dünnen Ziehringes. Der Konstrukteur derartiger Ziehteile sollte daher kein höheres Verhältnis von Ziehringhöhe: Dicke = 8:1 wählen. Das Stülpen unrunder Teile gelingt nur bei großen Eckenrundungen. Niedrige eingestülpte Flächen zur Versteifung von Ziehteilböden, wie dies in Abb. 33 für das rechteckige Teil angegeben ist, lassen sich hingegen leicht ausführen.

3.8 Ziehteile mit dünner Zarge

Die Herstellung von Ziehteilen mit dünner Zarge ist sehr viel umständlicher als die Herstellung nach dem üblichen Tiefziehverfahren bei gleichbleibender Wanddicke, wo das Blech am unteren Teil der Zarge bzw. am Boden eine technologisch bedingte Schwächung erfährt, während es infolge der tangentialen Stauchbeanspruchung oben dicker ist. Ein großes Anwendungsgebiet für die Herstellung dünnwandiger und hoher Ziehteile ist die Patronen- und Kartuschhülsenfabrikation. Abb. 59 zeigt links den dicken Zuschnitt und rechts die daraus hergestellten Hohlkörper mit bei jedem Zuge zunehmend geschwächter Wand. In der Regel werden solche Teile in mehreren Arbeitsstufen unter sogenannten Abstreckziehwerkzeugen hergestellt, wobei die Ziehdurchmesser immer enger werden.

Abb. 59. Tiefziehen unter Verdünnung der Zarge

Außer diesem dem Tiefziehen ähnlichen Verfahren werden solche Teile mit verdünnter Zarge auch auf sogenannten Abstreckplanierbänken gefertigt. Dies geschieht beispielsweise nach dem Leifeld-System derart, daß das Werkstück auf einen Dorn gesteckt am Umfang von drei Rollen eines schwimmenden Supportes gefaßt wird, die achsparallel zum mit dem Werkstück sich drehenden Dorn die Außenschicht der Zarge vom Boden wegschieben und somit die Zargenhöhe verlängern. Die Praxis hat mit diesem Verfahren eigentlich bessere Erfahrungen gemacht als mit dem Abstreckziehen durch abgestufte Ringe.

Für den Konstrukteur solcher abzustreckender Teile mit verdünnter Zarge ist wichtig zu wissen, daß dieses Verfahren teurer ist als das herkömmliche einfache Tiefziehen. Denn erstens sind die Werkzeuge kostspieliger, und zweitens müssen die Werkstoffe, beispielsweise Stahlbleche durch Phosphatieren, vorbehandelt werden. Das Abstrecken ist weiterhin mit einer Verfestigung und Versprödung des Werkstoffes verbunden, die bereits während des Abstreckens, zuweilen aber auch erst später, zu Brüchen und Rissen führt. Es sind daher oft Zwischen- und Nachglühungen aus Gründen der Vorsicht erwünscht. Im allgemeinen sind Wanddickenverminderungen bis herab zu 40% der ursprünglichen Blechdicke auch ohne derartige Wärmebehandlung erreichbar. Dies gilt allerdings für leicht umformbare Werkstoffe. Für schwer umformbare, wie beispielsweise austenitische Stahlbleche ist diese Grenze höher zu wählen, sie liegt etwa bei 50%. Bei entsprechenden Zwischenglühstufen lassen sich sehr geringe Wanddicken bis herab zu 8% der ursprünglichen, Blechdicke erreichen. Dies erfordert entsprechende Anlagen und ist nur für große Mengen wirtschaftlich, wie dies beispielsweise bei der Kartuschhülsenfertigung der Fall ist.

Der Konstrukteur soll daher im Hinblick auf die Schwierigkeit des Verfahrens bei dem Entwurf von Werkstücken nur in den allerdringendsten Fällen sich diese Möglichkeit zunutze machen, nämlich aus Blechen einer bestimmten Dicke Hohlkörper dünnerer Wandstärke zu ziehen. Freilich gibt es Fälle, wo es sich Teile besonders großer Durchmessergenauigkeit, wie z. B. Lehrdorne und Lehrringe, herzustellen sind. Insoweit wird auf zwei auf S. 128 in Abb. 181 und 182 dargestellte Beispiele verwiesen. Das Fertigmaß kann durch einen Fertigzug (Kalibrieren) oder bei sehr hoher Genauigkeit durch Ausschleifen erzielt werden. Gegenüber dem herkömmlichen Tiefziehen ist beim Abstrecken eine höhere Genauigkeit bis herab zu IT 9 nach Tab. 7 zu erreichen.

Seit etwa zwanzig Jahren werden Kochgeschirre aus Aluminiumblech nach diesem Verfahren hergestellt. Zunächst wird aus etwa 4 mm dicken Werkstoff ein Topf vorgezogen und in einem Abstreckzug unter Verdünnung der Zargenwand weitergezogen. Durch einen nochmaligen Abstreckzug, der aber nicht ganz bis zum Rand durchgeführt wird um diesen steifer zu halten, wird die Topfwand nochmals verdünnt. Darauf wird der Topf unter Beibehaltung seiner Wanddicke im Durchmesser mittels eines Walzvorganges auf einer Drückbank bzw. Sonderwalzmaschine vergrößert und am Rand beschnitten. Zum Schluß werden die beim Auswalzen entstehende Auskehlung mittels Formstählen und die Bodenfläche auf einer Drehbank sauber abgedreht. Töpfe dieser Art sind für Elektroherde mit beschränktem Heizplattendurchmesser besonders geeignet.

Aber auch für Teile aus Stahlblech lassen sich derartige Abstreckzüge anwenden. Die Kartuschhülsenfertigung gab dafür zahlreiche Beispiele. Ein anderes Beispiel zeigt die Herstellung eines Einschraubzylinders nach Abb. 60. Dieses Teil wird aus einer Scheibe von 3,5 mm Dicke und 78 mm Durchmesser in 3 Stufen auf 45, 36 und 30 mm Außendurchmesser bei gleichbleibender Blechdicke

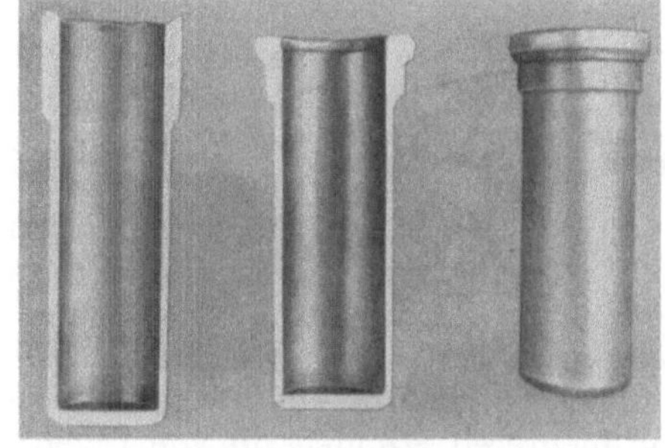

Abb. 60. Abgestreckter und am Rand gestauchter Einschraubzylinder

gezogen. Erst im 4. Zug wird es gemäß Abb. 60 links auf 26 mm bis 20 mm unter den oberen Rand abgestreckt. Der obere Rand wird nun abgedreht und angestaucht, wie dies das aufgeschnittene in Abb. 60 Mitte dargestellte Teil zeigt. Rechts ist in dieser Abbildung das auf Automaten fertig gedrehte Teil zu sehen. Das Teil ist insofern fertigungstechnisch interessant, als es durch Abstrecken und Stauchen, also durch Verdünnung und Verdickung der Zarge mittels Umformen gestaltet wird.

5*

3.9 Sonder-Tiefziehverfahren für zylindrische Teile

3.91 Blechhalterloses Tiefziehen. Es wurde bereits auf S. 46—50 dieses Buches die Abstufung der Züge ausführlich behandelt. Die dort gegebenen Anleitungen sollten für den Konstrukteur von Ziehteilen bindend sein. Unabhängig hiervon mag aber der Vollständigkeit halber neben dem im vorausgehenden Abschnitt behandelten Ziehen mit Verdünnung der Zarge auf einige Sondertiefziehverfahren näher eingegangen werden, wonach eine größere Ziehtiefe im Anschlag bzw. im ersten Zug erreicht wird.

Zunächst ist das blechhalterlose Tiefziehen[1] mittels der von MAY vorgeschlagenen tractrixförmigen oder der von BEISSWÄNGER[2] nach Abb. 61 empfohlenen konischen Ziehringöffnung zu nennen. Nach dem letztgenannten Verfahren wird unter Verringerung des Flanschdurchmessers ein Kegel vorgezogen. Dann dringt der Stempel bereits in den zylindrischen Teil des Ziehringes ein, wenn das Blech zwischen Ziehring und Niederhalter völlig über die Ziehkante geglitten ist. Schließlich wird auch der oberste Rand des Hohlkörpers aus der kegeligen Mündung des Ziehringes in die zylindrische Form gezogen.

Nach dem mitgeteilten Versuchsergebnis hat sich ein Kegelwinkel α von 30—36° am besten bewährt. Messing-, Neusilber-V 2 A-Bleche ergaben Ziehverhältnisse von $\beta = 2{,}6$ (sonst $\beta = 2{,}0$), Kupfer und verschiedene Leichtmetalle von $\beta = 2{,}4$ (sonst $\beta = 1{,}8$). Bei dünnen Blechen ist die Gefahr der Faltenbildung erheblich größer als bei dickeren. Nicht ziehfähig nach diesem Verfahren sind Ausgangsblechdicken s, die weniger als 2% des Stempeldurchmessers betragen. Es wird vermutet, daß bei einer weiteren Verkleinerung des Einziehwinkels eine weitere Verbesserung des bisher optimalen Ziehverhältnisses eintritt.

3.92 Gleichzeitige Umformung innerhalb mehrerer Ziehstufen. Eine ganz andere Methode zur Erzielung besonders hoher Zugabstufung sind die gleichzeitigen Mehrstufenzüge, wozu auch die in Abschn. 3.7 beschriebenen Stülpziehverfahren gehören. Beim üblichen Tiefziehen in mehreren Stufen, wie es in den vorausgegangenen Ausführungen behandelt

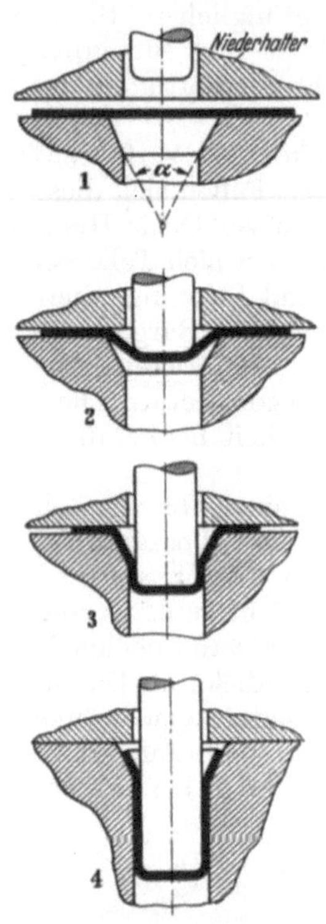

Abb. 61. Tiefziehen mittels kegeliger Einziehöffnung nach BEISSWÄNGER

und in der linken Spalte zu Abb. 62 und 63 dargestellt wird, werden zumeist die Anschläge für den ganzen Auftrag zunächst hergestellt. Erst anschließend wird der Ziehwerkzeugsatz ausgetauscht, und die vorgezogenen Teile durchlaufen den nächsten Zug und so fort. Auf diese Weise liegen zwischen den einzelnen Zügen Zeiträume von mehreren Stunden, oft von Tagen. Beim Ziehen unter sog. Mehrstufenpressen, die für kleine Ziehteile, wie z. B. Lampenfassungen als vollautomatisch wirkende Maschinen laufen, sind diese zeitlichen Zwischenräume sehr viel kürzer und betragen nur 3—8 Sekunden zwischen den einzelnen Zügen. Immerhin genügen auch diese kurzen Unterbrechungen des Umformungsvorganges, um die zur plastischen Formung notwendigen Bewegungen innerhalb des Kristallgefüges voll-

---

[1] Ausführlich beschrieben in OEHLER/KAISER: Schnitt-, Stanz- und Ziehwerkzeuge. 5. Aufl. Berlin/Heidelberg/New York: Springer 1966, S. 313—318.

[2] BEISSWÄNGER, H., Tiefziehen dünner Bleche mit Sonderwerkzeugen. Z. Metallkde. Bd. 40 (1949), H. 3, S. 101—115.

ständig zur Ruhe kommen zu lassen. Nun haben aber die Erkenntnisse der Forschung[1] und der Praxis[2] dazu geführt, daß alle Unterbechungen des plastischen
Umformvorganges insbesondere bei alterungsanfälligen Stahlblechen hohen P- und
N-Gehaltes das Ziehergebnis ungünstig beeinflussen, so daß ein unterbrechungs-
loses, bildsames Umformen anzustreben ist.

Die Brüder AUBLE[3] haben diese Aufgabe derart gelöst, indem sie gemäß Mittel-
spalte der Abb. 62 und 63 die Ziehstempel konzentrisch zueinander anordneten,

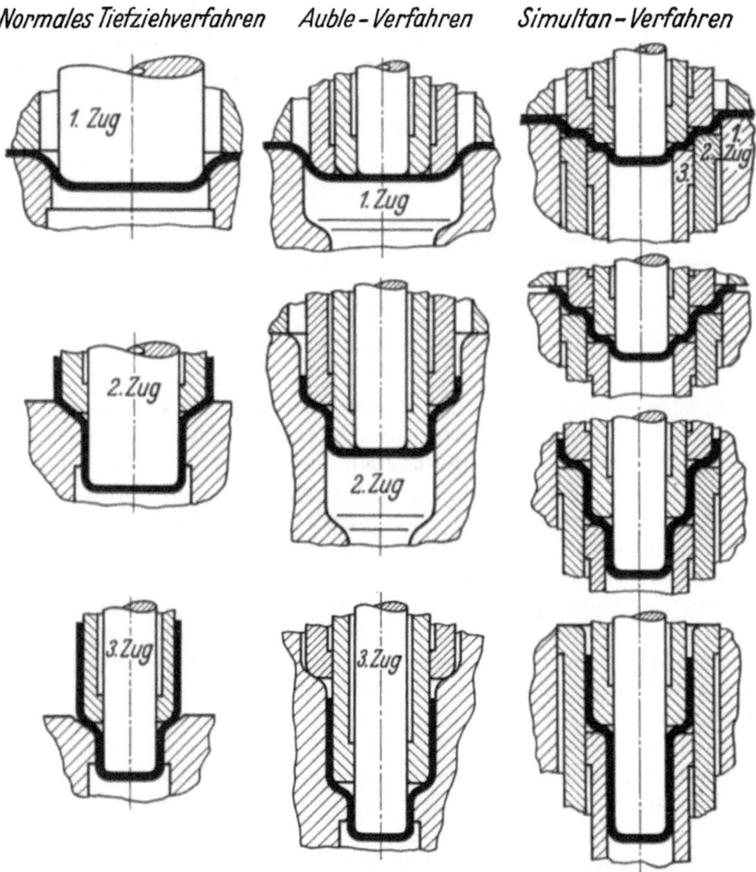

Abb. 62 Die Anordnung der Werkzeuge bei dreistufigem Tiefziehen im üblichen Verfahren, beim Auble- und beim
Simultan-Tiefziehverfahren

hingegen das Unterteil als festes Gesenk ausbildeten, in welches die äußeren Formen
der einzelnen Ziehstufen untereinander eingearbeitet waren. So fahren beim
Auble-Verfahren sämtliche Ziehstempel gleichzeitig nach unten, bis der Anschlag
als erster Zug vollendet ist. Ohne Unterbrechung und unmittelbar anschließend

---

[1] Siehe die Aufsätze OEHLERS über das Plastizometer in Werkst.-Tech. Bd. 36 (1942),
Heft 15/16, S. 300/303 und Metallwirtsch. Bd. 22 (1943), Heft 7/8, S. 97/100.

[2] HARTEN, K. P.: Schwierigkeiten bei der Blechbearbeitung. Masch.-Betr. Bd. 16 (Berlin
1937), S. 73/77. — E. GÖHRE: Werkzeuge und Pressen der Stanzerei. Berlin 1939, S. 45.

[3] Konstruktive Einzelheiten der Auble-Presse sind aus den amerikanischen Patentschriften
1311368 und 1453652 zu ersehen.

gehen die Innenstempel weiter nach unten, und so folgt ohne Pause ein Zug nach dem anderen. Wenn hier auch von einem pausenlosen Tiefziehen gesprochen werden darf, so tritt doch für kurze Zeiträume bis zu 2 Sekunden an einzelnen Stellen der vorgezogenen Zargen eine Unterbrechung in der Umformbewegung des plastisch

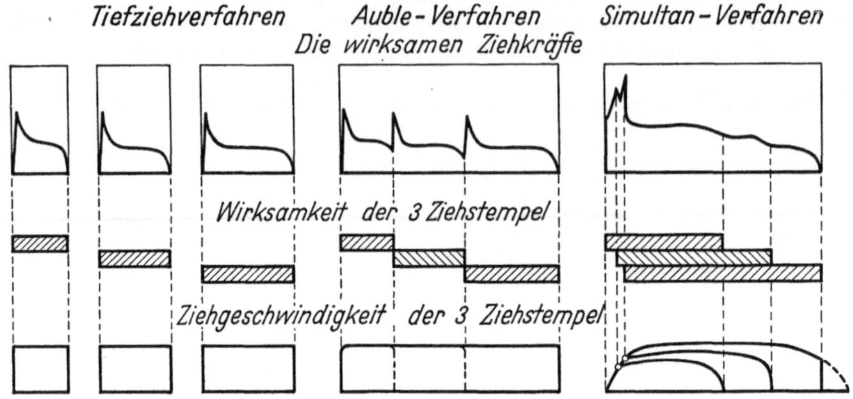

Abb. 63. Kraft- und Geschwindigkeitsverhältnisse bei den drei Verfahren nach Abb. 55

verformten Gefüges zwischen den einzelnen Zügen ein. Die insbesondere bei fließgrenzbetonten Blechen auftretenden Anfangskraftspitzen sind aus Gründen der Anschaulichkeit in Abb. 63 stark übertrieben dargestellt.

Um einen stetigen, plastischen Verformungsfluß bis zum Endzug zu gewährleisten, wurde vom Verfasser 1942 das Simultanverfahren[1] entwickelt., das als Metalflo-Verfahren[2] von USA-Betrieben bezeichnet wurde. Hierbei werden nicht nur die Ziehstempel, sondern auch die Ziehringrohre, die gleichzeitig als Blechhalter wirken, konzentrisch angeordnet. Jedes einzelne dieser Stempel- und Ziehrohre wird hydraulisch derart gesteuert, daß bereits zu Beginn des Ziehvorganges an allen Teilen des Blechringes, der zur spateren endgültigen Zarge bzw. zum zylindrischen Rohrteil umgeformt wird, die plastische Formung einsetzt und erst nach endgültiger Fertigstellung des Ziehteiles aufhört, wie dies in der rechten Spalte zu Abb. 62 dargestellt wird. Die gleichzeitige Wirksamkeit aller Ziehstufen fällt besonders in Abb. 63 auf, wo der wesentliche Unterschied des Simultanverfahrens gegenüber dem Auble-Verfahren hinsichtlich der Kraft- und Geschwindigkeitsverhältnisse hervorgeht.

Der Vorteil des Auble- und insbesondere des Simultanverfahrens beruht ausschließlich auf der Erreichbarkeit eines hohen Ziehverhältnisses β für den ersten und die folgenden Züge unter Ausschaltung zwischenliegender Glüh- und Beizarbeitsgänge. Nachteile beider Verfahren sind die hohen Werkzeug- und Anlagekosten. Die erhebliche Bauhöhe der Simultanziehpresse entspricht dem Zehn- bis Zwölffachen der höchstmöglichen Ziehtiefe. Hoher Schmierstoffverbrauch infolge der teilweise sehr langen inneren Stempel- und Ziehrohre sowie große Empfindlichkeit und peinlich genaue Einstellung der Steuerung gestatten diesem Verfahren auch in der Großmengenfertigung nur eine beschränkte Anwendung.

---

[1] OEHLER, G.: Das Simultan-Tiefziehverfahren. Arch. f. Metallkunde 2 (1948), H. 6. S. 199 bis 205.

[2] GENTZSCH G.: Neues Verfahren zum Ziehen extrem langer Hülsen in einem Zug. Bänder, Bleche, Rohre 6 (1965) Nr. 6, S. 340 und 341. Dort weitere amerikan. Schrifttumshinweise.

3.93 Warmtiefziehverfahren. In der Leichtmetallverarbeitung hat das Warmtiefziehverfahren von sich reden gemacht. Es wurde erstmalig 1942 in USA von WATTERS bei Tiefziehteilen aus Mg-Mn bis zu einem Ziehverhältnis $\beta = 2{,}8$ angewandt. In den letzten Jahren hat KOSTRON (VLW) diese Versuche weitergetrieben, und zwar ein eigenes Warmtiefziehverfahren für Reinaluminium, für Al-Mg 3 und für Al-Cu-Mg entwickelt, wobei Ziehverhältnisse bis zu 3,8 erreicht wurden. In Abb. 65 ist ein aus

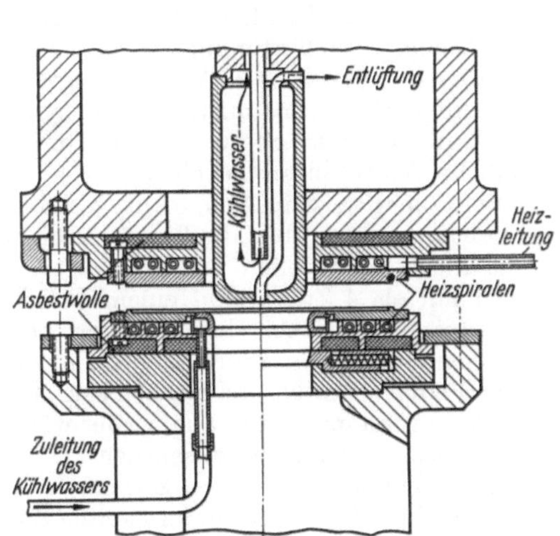

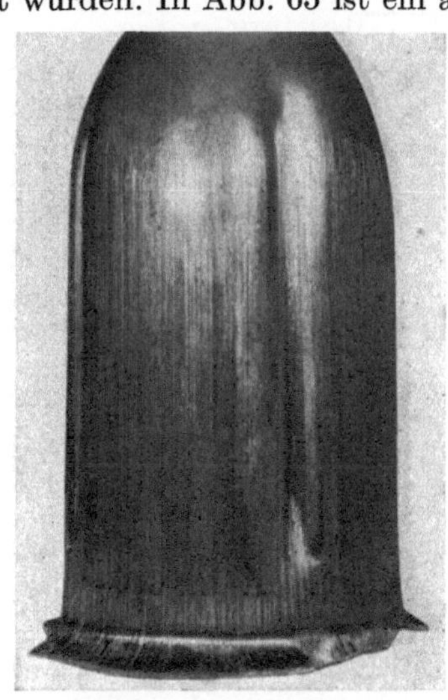

Abb. 64. Schematischer Werkzeugaufbau nach dem Kostron-Warmtiefziehverfahren

Abb. 65. Auf Tempa-Presse warm tiefgezogenes Werkstück aus Al Mg Cu

Al-Mg-Cu warmgezogenes Teil dargestellt, wie es unter einer Tempa-Presse mittels eines Werkzeuges nach Abb. 64 gefertigt wurde. Es würde zu weit führen, an dieser Stelle die verschiedenen Wege zu beschreiben, welche beschritten werden mußten, um in der Umformzone den Werkstoff zu erhitzen und ihn nach vollendeter Umformung wieder abzukühlen. WATTERS hat dieses Ziel dadurch erreicht, daß er Niederhalter und Ziehringe heizte, hingegen den Ziehstempel kühlte. Nach KOSTRON wird außerdem der Rand der Einzugöffnung gekühlt, wie dies aus Abb. 64 hervorgeht. Doch ist dieses Verfahren nur für solche Werkstoffe geeignet, bei denen die Dehnung mit steigender Temperatur stetig zunimmt, also nicht für Stahlbleche, wo die Dehnung bis zur Warmsprödigkeit bei 200 °C abnimmt und erst von hier ab ansteigt.

Über weitere Sondertiefziehverfahren, die sowohl für zylindrische als auch unzylindrische Ziehteilformen anzuwenden sind, wird in Abschn. 4.5—4.9 S. 86—103 berichtet.

4. Ziehteile mit nicht senkrechter Zarge

4.1 Tiefe unzylindrische Ziehteile

Es wurde bereits auf S. 10 Abb. 6 auf den Unterschied zwischen zylindrischen und unzylindrischen Ziehteilen hingewiesen, wobei die zahlreichen Übergangsformen nicht verschwiegen wurden, so daß man sagen kann, daß die Grenzen gegenseitig verschwimmen bzw. schwer zu ziehen sind.

Kennzeichnend für die im späteren Abschnitt 4.3 beschriebenen flachen unzylindrischen Tiefziehteile ist das Erfordernis eines stehenbleibenden Blechflan-

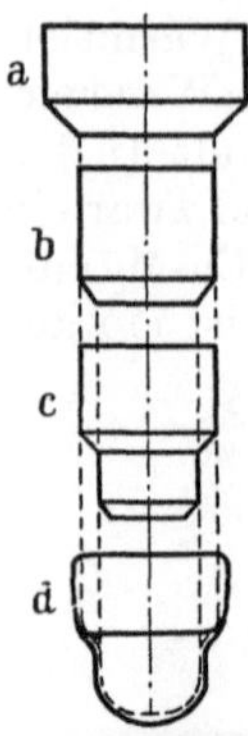

Abb. 66. Herstellung eines nichtzylindrischen Ziehteiles mittels dreier zylindrischer Vorzüge

sches, der erst nach Beendigung der letzten Ziehstufe beschnitten werden kann. Dabei nimmt der Durchmesser des Blechflansches während des Ziehens kaum ab, und es fließt nur wenig Werkstoff über die Ziehkante nach. Das Material für die zusätzlich entstehende Flächenvergrößerung wird größtenteils schon im Anschlag durch Dehnung und Schwächung des zwischen den Ziehkanten liegenden Werkstoffes herausgeholt. Daneben bestehen aber Ziehteilformen, die erst nach vorausgehenden zylindrischen Ziehstufen herzustellen sind. Aus Gründen einer leichten störungsfreien Fertigung sind nach Möglichkeit die Vorzüge als zylindrische auszubilden. Abb. 66 zeigt die Herstellung eines nichtzylindrischen Ziehteiles mittels dreier zylindrischer Vorzüge. Im Endzug wird sogar der obere Rand im Durchmesser erweitert. Eine ähnliche Abstufungsreihe einer aus 4 mm dickem Blech hergestellten Bierfaßhälfte ist in Abb. 67 dargestellt[1]. In zunehmendem Umfange geht man dazu über, die Bierfässer nicht mehr aus Holz, sondern aus Blech herzustellen. Abb. 67 zeigt die Fertigung von Bierfaßhälften mittels 4 Zügen und einem Drückarbeitsgang. Interessant ist dabei, daß man dort entgegen der sonstigen Übung den ersten Zug mit einem stark gewölbten Boden versieht, im zweiten Zug den Boden eben hält und ihn im dritten Zug wieder wölbt unter einem Halbmesser, der nicht wesentlich kleiner als der Wölbungshalbmesser des ersten Zuges ist. Es wäre voraussichtlich kein Fehler, wenn im zweiten Zug an Stelle des ebenen Bodens die Wölbung des dritten Zuges bereits vorbereitet würde. Beide Faßhälften werden miteinander durch Einpressen in den mittleren Spundlochring und Verschweißen mit demselben verbunden. Abb. 68 zeigt einen Baldachin für einen Beleuchtungskörper und Abb. 69 einen Reflektor mit Innenbördel. Beide Ziehteile weisen einen Außendurchmesser von etwa 100 mm und eine Blechdicke von 0,8 mm auf. In beiden Fällen erkennt man unschwer

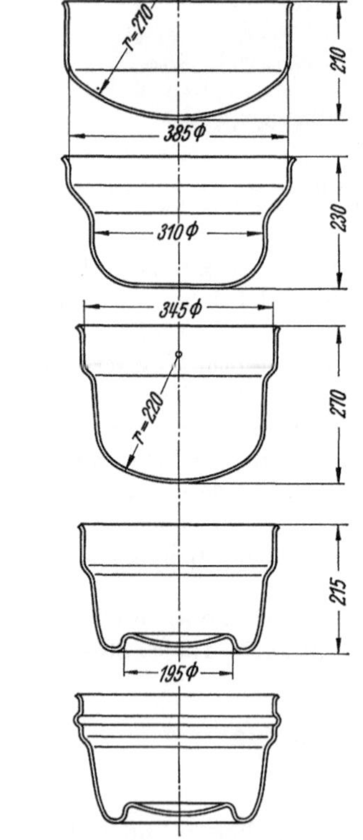

Abb. 67. Fertigung von Bierfaßhälften in 4 Zügen und 1 Drückarbeitsgang

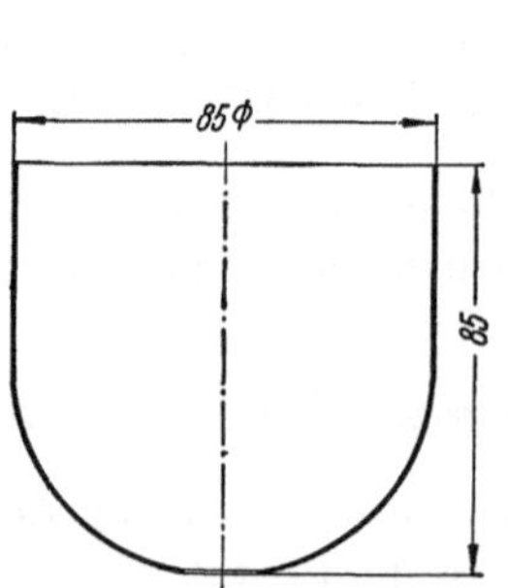

Abb. 68. Baldachin

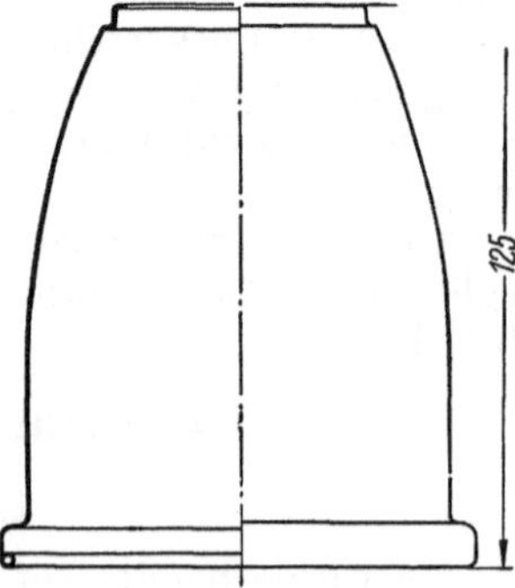

Abb. 69. Reflektor, stumpfe Form

die Tendenz, sich nach Möglichkeit der zylindrischen Grundform anzupassen. Solche Teile sind also leichter ziehbar als beispielsweise der in Abb. 70 dargestellte Reflek-

[1] KORT, E. G.: Drawing and spinning of aluminium alloys. Machinery, Mai 1949, S. 170–176.

tor, wozu mindestens fünf Ziehstufen notwendig sind und der daher auch in der Herstellung bedeutend teurer ist[1].

Es empfiehlt sich, derartige Tiefzieharbeiten, wozu mehrere Züge notwendig sind, unter einer Mehrstufenpresse auszuführen. Gewiß sind nicht in allen Betrieben derartige Mehrstufenpressen vorhanden. Sie lohnen auch nur für Teile, die in großen Mengen hergestellt werden. Die Werkzeugausrüstung ist für Mehrstufenpressen durchschnittlich um etwa 30% teurer als für Einzelfertigung, da die Werkzeuge den

Abb. 70. Reflektor, spitze Form

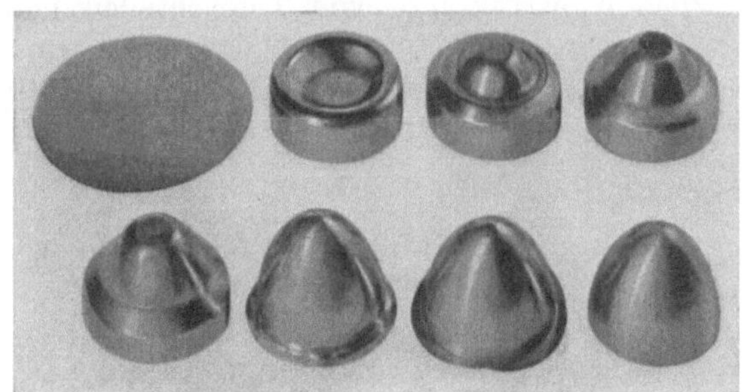

Abb. 71. Scheinwerfergehäuse, hergestellt auf IWK-Stufenpresse

Abmaßen der Mehrstufenpresse angepaßt werden müssen. Dafür sind als Vorteile zu buchen, daß erstens infolge der direkten Durchgabe der Teile von Stufe zu Stufe Zwischentransporte und Abstellager entfallen, zweitens die Lieferzeit erheblich verkürzt wird und drittens der Anteil an Fehlstücken bei dieser schnellen Durchgabe geringer ist. Denn bei Zwischenzeiten von mehreren Stunden oder oft auch Tagen machen sich Alterungserscheinungen nachteilig geltend. So zeigt Abb. 71 die Herstellung eines ähnlichen Reflektors nach Abb. 70 in mehreren Stufen, wobei nach dem ersten Zug der Boden ausgestülpt wurde. Auch bei dieser Abstufung ist man bestrebt, zunächst sich der zylindrischen Form anzupassen und erst in den letzten Zügen die von der Zylinderform abweichende Paraboloidform zu erreichen.

Der Versuch, möglichst bei der zylindrischen Form zu bleiben, ist auch aus den Ziehteilkonstruktionen für Kardangehäuse Abb. 72 und 73 deutlich erkennbar. Schon die Werkzeugherstellung ist verhältnismäßig billig. Das Kardangehäuse nach Abb. 72 wäre in der Herstellung noch weit günstiger, wenn die obere Nabenkappe nur halb so hoch

Abb. 72. Kardangehäuse mit 4 Gelenkansätzen

Abb. 73. Gelenkgehäuse mit 2 Ansätzen

und dafür doppelt so groß im Durchmesser bemessen worden wäre. Der Konstrukteur muß sich klar darüber sein, daß in diesem Falle nicht nur die für die Kardanbolzenführung notwendigen seitlichen Anstückungen ziehtechnisch außerordentlich schwierig sind, sondern daß ein so tiefes, aber im Durchmesser kleines Endstück viele Arbeitsgänge benötigt, da bei üblicher Zugabstufung solche Abmessungen nicht und nur in Verbindung mit Stülpziehwerkzeugen erreicht werden. Dabei geht notwendigerweise dies auch auf Kosten der Werkstoffdicke und somit auf Kosten der Festigkeit.

---

[1] Eine vereinfachte Herstellung in 1 Zug mittels Gummisack empfiehlt HENRICI, P.: Zieh- und Prägetechnik in der Feinmechanik. Werkstattstechn. u. Masch. 40 (1950), H. 6, S. 236, Bild 7. Siehe auch OEHLER/KAISER: Schnitt-, Stanz- und Ziehwerkzeuge. 5. Aufl. Berlin/Heidelberg/New York: Springer 1966, S. 466, Abb. 462.

Ein Werkstück, bei dem man auch so weit als möglich die zylindrische Vorform erhalten hat, was ziehtechnisch günstig ist, ist der in Abb. 74 dargestellte zweiteilige Benzintank für Motorräder. Dies Teil braucht noch nicht wie die Halbkugel oder noch flachere Teile mit Wulstziehwerkzeugen angefertigt werden. Der Konstrukteur jener Teile soll es sich daher angelegen sein lassen, nach Möglichkeit die zylindrische Form beizubehalten.

Viele Konstrukteure von Tiefziehteilen glauben, eine sehr günstige Lösung gefunden zu haben, wenn sie gezogenen Hohlteilen durch Ausschneiden die gewünschte Gestalt geben. Ein Beispiel dafür zeigt das in

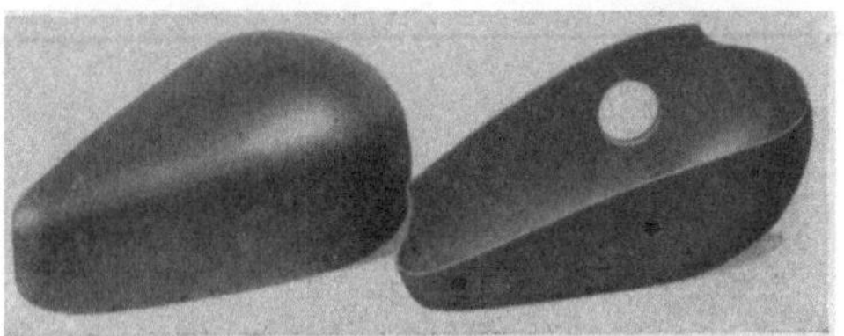

Abb. 74. Zweiteiliger Benzintank für Krafträder

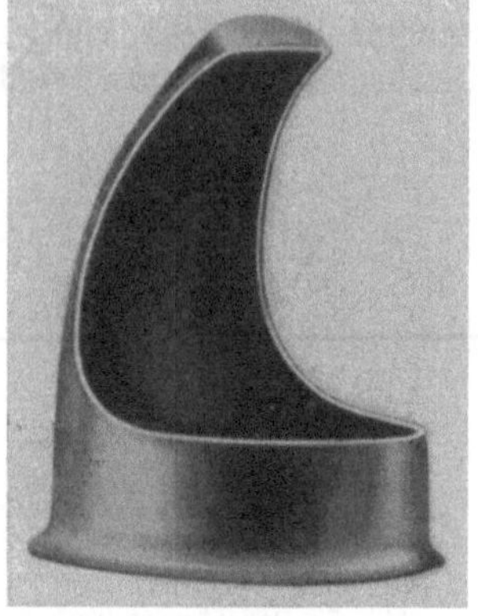

Abb. 75. Als Haken ausgeschnittenes Ziehteil

Abb. 75 dargestellte hakenförmige Hohlteil, das dem Konstrukteur von Ziehteilen vielleicht auf den ersten Blick als Fertigstück technisch sehr einfach erscheint. Dies ist aber durchaus nicht der Fall. Zunächst einmal sind zum Ziehen dieses unzylindrischen und noch dazu unsymmetrischen Teiles einschließlich Fertigschlag vier Arbeitsgänge notwendig. Außer dem Beschneiden des Randes ist nun noch das Ausschneiden des Rumpfes erforderlich. Mittels eines normalen Schnittwerkzeuges ist dies ausgeschlossen, da zwar an der Eindringseite des Stempels wohl ein sauberer Schnitt gewährleistet wird, hingegen an der gegenüberliegenden Austrittsseite das Blechteil verbogen und verzogen wird, der Schnitt also unsauber ausfällt. Etwas günstiger, wenn auch nicht gerade ideal, liegen die Verhältnisse beim Überfräsen der Blechkante. Am günstigsten ist in einem solchen Fall für das Ausschneiden des Rumpfes ein Sonderwerkzeug mit in verschiedenen Richtungen wirkenden Schnittstempeln, das teuer ist und die wirtschaftliche Fertigung dieses Teiles nur im Falle hoher Stückzahlen rechtfertigt. Abb. 75 ist also ein Beweis dafür, daß der Konstrukteur von Ziehteilen nicht nur an die Zieharbeitsgänge, sondern auch oft an die anderen Arbeitsgänge, insbesondere an das Beschneiden denken muß.

Abb. 76. Ohne Wulst gezogene Halbkugel

Die Halbkugel ist eine Form, die man vielleicht noch als Grenzfall zu den tiefen unzylindrischen Ziehteilen gegenüber den flachen Ziehteilen rechnen kann, die im übernächsten Kapitel behandelt werden. Das Herstellen von halbkugel- und muldenförmigen Ziehteilen ist leichter als von Kegelförmigen, soweit es sich bei den Kegelmantelflächen nicht um die Übergänge an Mehrfachzügen handelt. Eine gewisse Schwierigkeit bei der Halbkugelherstellung besteht darin, daß der Ziehstempel zunächst die mittlere Zone trifft und sich beim weiteren Senken des Ziehstempels zwischen dem Blechflansch einerseits, der zwischen Ziehring und Blechhalter eingespannt ist, und der Stempelauflagefläche andererseits sich gemäß Abb. 76 Falten oder nach Abb. 18 Beulen bilden, die sich nachträglich nicht völlig ausschlagen lassen. Es wurden bereits in Verbindung mit

Abb. 7 und zugehörigem Text auf S. 11 diese Verhältnisse ausführlich erläutert. Man versucht nun, diesen Schwierigkeiten dadurch zu begegnen, daß man auf der Ziehkantenoberfläche um Ziehkante die herum einen Ringwulst vorsieht. Der Konstrukteur tut gut daran, daß er bei Halbkugelformen mit Flansch von vornherein eine solche Wulst auch bei seinen Blechteilen angibt. Insoweit wird auf Tab. 14—(12) des letzten Kapitels dieses Buches hingewiesen.

4.2 Kegelige Ziehteile[1]

Kegelige Ziehteile werden im allgemeinen derart hergestellt, daß man in den vorausgehenden zylindrischen Zügen versucht, die Endform stufenmäßig zu erreichen und dann durch ein oder zwei Fertigschläge die kegelige Form ausprägt.

Abb. 77. Flacher Reflektor

Abb. 78. Ausgußbecken

Auf diese Weise lassen sich im allgemeinen auch mittelmäßige Ziehbleche verarbeiten. Bei sehr steilen kegeligen Formen und Werkstoffen einer sehr gleichmäßigen Blechbeschaffenheit lassen sich zuweilen derartige konische Formen ohne derartige Zwischenstufen ausziehen wie z. B. Trinkbecher von 130 mm Höhe, 100 mm Randdurchmesser und 80 mm Durchmesser am Boden, soweit der Werkstoff ein solches Ziehverhältnis β im Anschlag überhaupt zuläßt. Auch konische Stockzwingen werden in dieser Weise zuweilen angefertigt. Abb. 77 zeigt eine flache, schüsselartige Reflektorform, in der man die Zugabstufung innen noch wahrnehmen kann, was im vorliegenden Falle auch die Absicht des Konstrukteurs ist. Es ist also

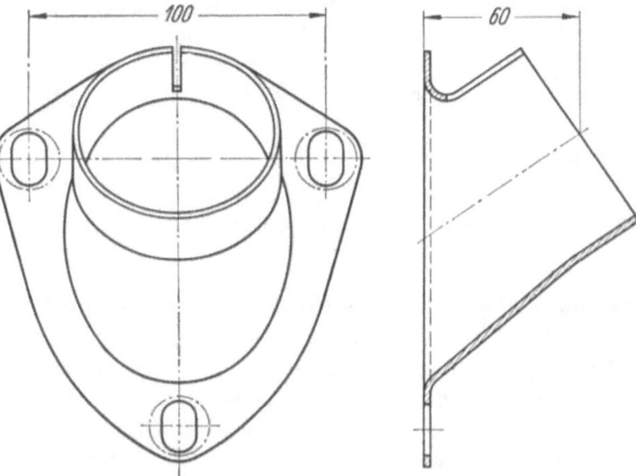

Abb. 79. Lenkstockführung

sehr viel billiger, dem Ziehverhältnis entsprechend derartige Abstufungen in der Kegelform zu belassen als dieselben durch nachfolgende Arbeitsgänge mit

---

[1] Ein Ziehwerkzeug für flache kegelförmige Lampenschirme ist in Abb. 330 auf S. 348 des Buches OEHLER/KAISER: Schnitt-, Stanz- und Ziehwerkzeuge 5. Aufl. Berlin/Heidelberg/New York: Springer 1966, angegeben.

zusätzlichen Werkzeugen auszuschlagen und zu glätten. Ein anderes interessantes, rotationsunsymmetrisches Teil ist die in Abb. 78 dargestellte Ausgußschale. Teile dieser Art müssen in mindestens drei zylindrischen Zügen vorgezogen und in eine Endform ausgeprägt werden. Erst dann kann der Rand beschnitten und der Boden gelocht werden. Ein interessantes Beispiel für eine konische Form, die allerdings von der zylindrischen wenig abweicht, aber infolge ihrer nur einseitigen Ziehbeanspruchung für die Werkstatt nicht ganz einfach ist, ist die in Abb. 79 dargestellte Lenkstockführung aus 2 mm dicken RR St 13 04-Blech. Der Zuschnittsdurchmesser für diese Form beträgt 205 mm Durchmesser.

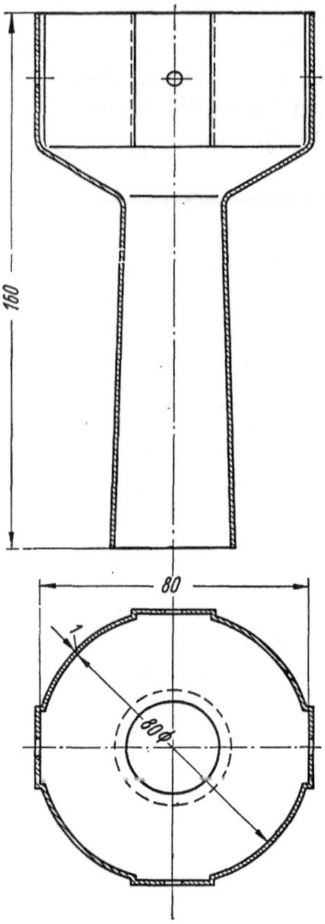

Abb. 80. Schutzhülse

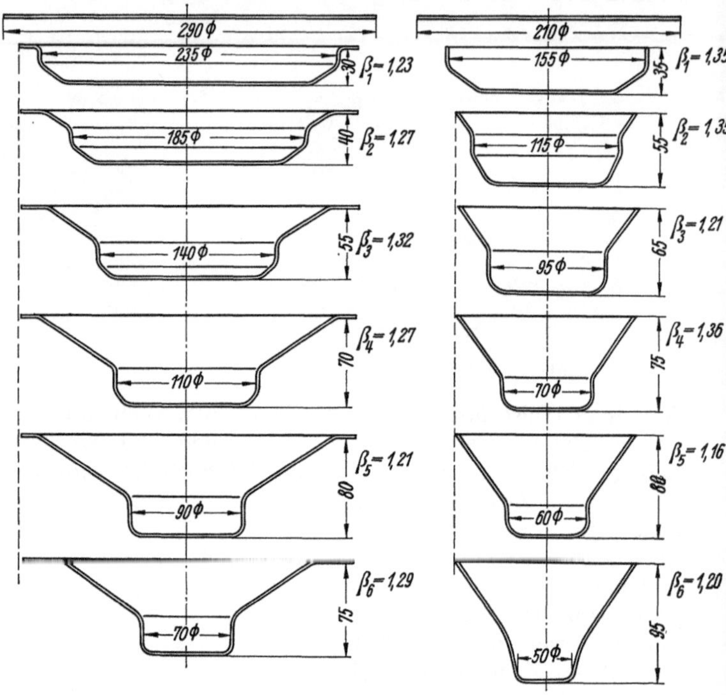

Abb. 81. Stufungsplan für 2 in 6 Stufen gefertigte kegelförmige Teile aus 18/8-Stahlblech von 0,8 mm Dicke

Derartige Teile eignen sich für die Herstellung unter der Schlagziehpresse[1], wie dies die späteren Abb. 126 u. 127 für einen Armaturenträger erläutern. Den gleichen Zuschnitt weist ein aus RR St 14 04 gezogenes in Abb. 80 gezeigtes Teil auf. Dasselbe ist 160 mm lang, am oberen Rand 80 mm weit. Am abgesetzten Ende weist es einen Durchmesser von 36 mm auf, während die Einschnürungsstelle 30 mm Durchmesser beträgt. Diese Beispiele sollen nur zeigen, welche Blechteile möglich sind, ohne dabei dem Konstrukteur als Vorbild zu dienen. Denn die Herstellung solcher Teile ist werkzeugmäßig schwierig und die Anfertigung daher nicht billig. Es ist grundsätzlich zu überlegen, ob man Teile dieser Art nicht besser aus einem

---

[1] Die Herstellung einer Lenkstockführung unter einer Schlagziehpresse wird im Buch OEHLER/KAISER: Schnitt-, Stanz- und Ziehwerkzeuge. 5. Aufl. Berlin/Heidelberg/New York: Springer 1966, S. 486, beschrieben.

Rohr und einem angehalsten Ziehteil herstellt, wie dieses beispielsweise für die Ausführung eines Ventilgehäuses in der späteren Abb. 185 vorgeschlagen wird.

In Abb. 81 sind für kegelige Formen mit einem zylindrischen Bodenansatz, die aus nichtrostenden 18-8-Stahlblech hergestellt werden, die Zugabstufungen dargestellt[1]. Jedes dieser Teile — es handelt sich um Bestandteile von Düsenantriebseinheiten — werden in sechs Zügen hergestellt, wobei aus Gründen der Vorsicht das Ziehverhältnis β sowohl im Anschlag als auch in den Weiterzügen verhältnismäßig gering zwischen 1,16 und 1,35 liegend eingehalten wird. Das Beispiel zeigt, wieviel kostspielige Werkzeuge für die Erzielung einer solchen Ziehform notwendig sind. Der Konstrukteur tut daher gut daran, konische Ziehteilformen möglichst zu vermeiden und dieselben durch zylindrische zu ersetzen.

4.3 Flache, unzylindrische Ziehteile, insbesondere Karosserieteile, gezogen unter zweifach wirkenden Pressen

Das Ziehen von flachen Teilen, insbesondere Karosserieblechen, ist beinahe eine Wissenschaft für sich. Es lassen sich sehr schwer im Rahmen dieses Buches allgemein gültige Richtlinien geben, zumal die Formschönheit und der Geschmack hier derart vorherrschen, daß fertigungstechnische, wirtschaftliche und preisliche Erwägungen meistens in zweiter Linie stehen. Den Karosseriekonstrukteur interessiert im allgemeinen nicht, ob beispielsweise die Werkstatt, wie dies in Abb. 82 bei dem Windschutzteil zu sehen ist, das Werkzeug außen mit Ziehwulsten versieht und innen Entlastungöffnungen zum Einziehen des Fensterbordes anbringt. Grundsätzlich empfiehlt es sich, Blechteile dieser Art zumindest am Rand um ein kurzes Maß getieft anzulegen. Die Abrundungen in den Ecken, wobei es gleichgültig ist welche Ecken, sollten so groß wie möglich gewählt werden. Ein

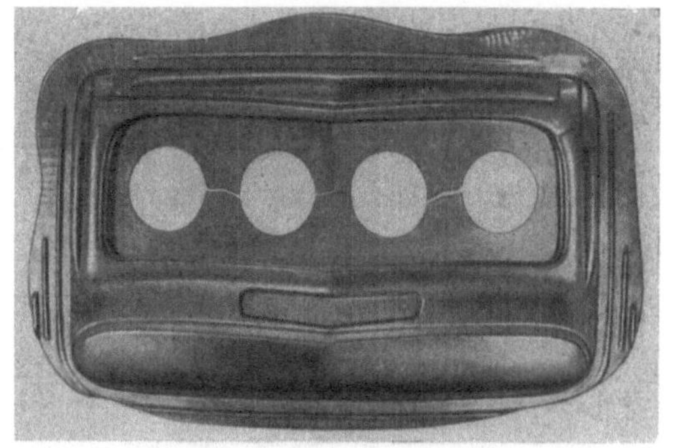

Abb. 82. Unbeschnittenes Windschutzteil mit ausgerissenen Spannungsentlastungslöchern nach dem Ziehen

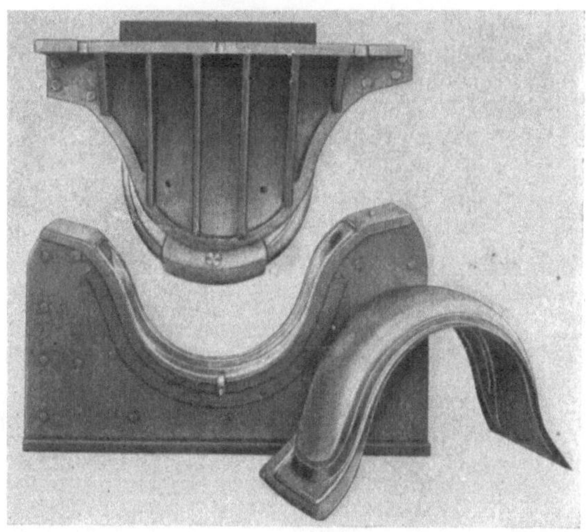

Abb. 83. Unterschnittene Kotflügelform mittels dreiteiligem Spreizstempel

springende Ecken sind überhaupt zu vermeiden. Es ist leider so, daß bei Karosserieteilen die äußere Form nach künstlerischen Gesichtspunkten entwickelt und der Werkzeugkonstrukteur nur sehr selten gefragt wird. Er muß meistens sich der ihm gestellten Aufgabe widerspruchslos fügen und die Kosten für die so teuren Werkzeuge trägt

[1] Aus dem Aufsatz: Production of sheet metal components for jet-propulsion-units. Z. Machinery v. 10. 11. 1949, S. 667/672.

letzten Endes der Verbraucher. Wenn auch nicht an dieser Stelle an diesem Zustand Kritik geübt werden soll, so sollte doch immerhin als Vorbild einer einfachen Konstruktion für Gebrauchswagen die Karosserie des Jeep-Wagens einen Anhaltspunkt geben. Ein Beispiel dafür, wie ein Kotflügel nicht konstruiert werden sollte, zeigt Abb. 83. Der Kotflügel kann infolge seiner unterschnittenen Form unter üblichem Werkzeug überhaupt nicht angefertigt werden. Die betreffende Werkzeugherstellerin hat dafür ein Werkzeug entwickelt, in dem der Ausbauchstempel für die mittlere Kotflügelrundung nicht einteilig, sondern als Spreizstempel dreiteilig ausgeführt wird. Ein solches Werkzeug ist selbstverständlich viel teurer als ein gewöhnliches Ziehteil. Ein schwieriges Ziehteil ist auch die Wagenrückwand nach Abb. 84 mit den Ausschnitten

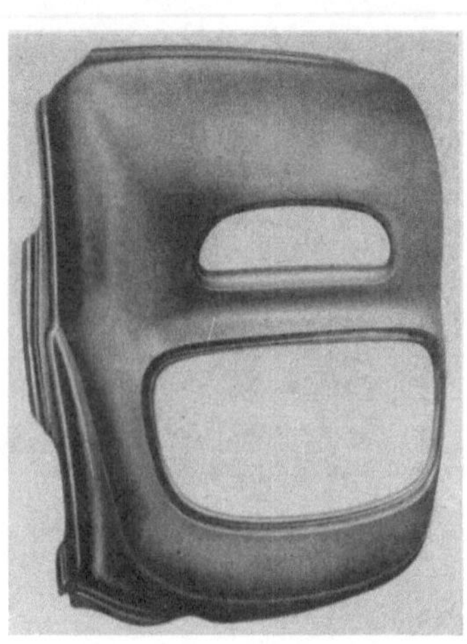

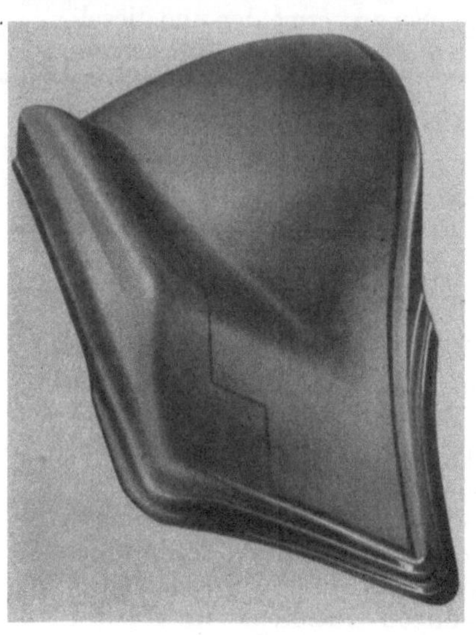

Abb. 84. Karosserie-Rückwand   Abb. 85. Vorderkotflügel.

für das Rückwandfenster und für den Kofferraum. Das Blech wird hier beim Tiefziehen an zwei Stellen gleichzeitig gewölbt, wobei der dazwischenliegende Steg, nämlich die Stelle zwischen den beiden Öffnungen, überlagerten Zugbeanspruchungen unterworfen wird. Diesem kann zwar durch entsprechende Anordnung der Wulste auf Niederhalter und Ziehringoberfläche bis zu einem gewissen Teil abgeholfen werden. Trotzdem ist diese Aufgabe ziehtechnisch nicht einfach und daher sind solche Formen vom Konstrukteur möglichst zu vermeiden. Überhaupt sind einspringende Formen ziehtechnisch ungünstig und zuweilen nur mit einem außerordentlich hohen, nutzlosen Werkstoffverbrauch verknüpft. Ein Beispiel dafür ist der Kotflügel in Abb. 85. Die schwarz angedeutete Linie umgrenzt den späteren Ausschnitt, wie er verwertet wird; das außerhalb Liegende ist Abfall. Die Anzahl der Beispiele aus dem Karosseriebau ließe sich beliebig vermehren. Der Konstrukteur solcher Ziehteile soll sich aber immer die erheblichen Werkzeugkosten vor Augen halten und seine Konstruktion in allerengster Zusammenarbeit mit dem Werkzeugkonstrukteur durchführen. Es darf nicht übersehen werden, wie dies bereits in den Eingangsausführungen erwähnt wurde, daß gerade Werkzeugsätze für Karosserieteile sehr kostspielig sind und ein dreiteiliges Ziehwerkzeug etwa DM 100000,— durchschnittlich kostet. So zeigt Abb. 86 ein solches Tiefziehwerkzeug mit eingebauter Druckluftsteuerung und Schmiervorrichtung zum Zentrieren und Ausheben der Teile. In diesem Fall handelt es sich um ein Türinnenblech mit hohlgeprägten Bodensicken, die zur Versteifung des Teiles gegenüber Biegebeanspruchungen beitragen. Der Werkzeugaufwand für einen vollständigen Fahrzeugaufbau beträgt einschließlich der Beschneide- und Ziehwerkzeuge meist mehrere Millionen Mark. Hier lohnen sich Einsparungen an Werkzeug durch sinnvolle Gestaltung der Karosserieform, zumal dort, wo die Herstellungsmengen nicht allzu groß sind.

Ein Beispiel für die Anwendung flacher Ziehteile für andere Zwecke zeigt der in USA hergestellte Theatersitz nach Abb. 87. Die Bestuhlung von Lichtspieltheatern und andere Vergnügungsstätten, sowie Versamm-

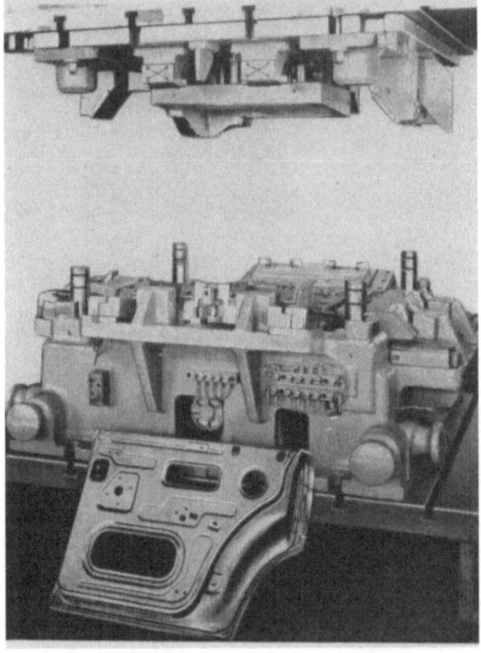

Abb. 86. Karosserie-Ziehwerkzeug für Türinnenbleche

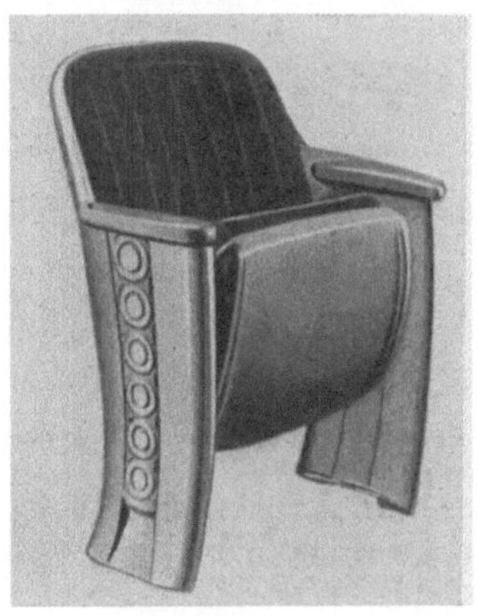

Abb. 87. Aus 4 Ziehteilen zusammengesetzter Theatersitz

lungsräumen, Schulen u. dgl. stellt ein erhebliches Objekt dar. Die Herstellung solcher Sitze in der Massenfertigung führt zwangsläufig zu derartigen praktischen Konstruktionen. Der in Abb. 87 gezeigte Sitz besteht außer den beiden Polstern nur aus vier Blechteilen. Dabei mag man es dahingestellt sein lassen, ob die Musterung des Seitenteiles geschmackvoll ist oder ob nicht eine einfachere Ausstattung ohne Einprägung eines solchen Musters formschöner und in der Herstellung billiger wäre.

Es wurde bereits im Hinblick auf die Faltenbildung über die in der Praxis auftretenden Schwierigkeiten bei der Herstellung derartig flacher, unzylindrischer Ziehteile auf S.11 in Verbindung mit Abb. 7 dieses Buches berichtet. Der Konstrukteur von Ziehteilen tut daher gut daran, allzu flache Teile zu vermeiden, wobei etwa die gleichen Verhältnisse wie bei den im nächsten Kapitel beschriebenen Streckziehteilen hinsichtlich des elastischen Bereichs zu beachten sind. Die dort auf S. 82 angegebene Gleichung für den höchstzulässigen Krümmungshalbmesser gilt auch hier. Sehr flache Teile werden daher zweckvollerweise mit einem hochstehenden Rand versehen, der dem ganzen Teil eine gewisse Steifigkeit gibt. Nachteilig ist bei derartigen Teilen, wie sie insbesondere zum Beblechen von Kühlschranktüren u. dgl. in Frage kommen, der windschiefe Verzug — in der Fachsprache auch mit „Klappen übereck" oder mit „Schneider" bezeichnet. Eine ganz flache Wölbung, und wenn diese in der Mitte nur um wenige Millimeter gegenüber dem Rand vorsteht, ist in dieser Hinsicht sehr viel günstiger als eine völlig ebene Schrankfläche.

4.4 Auf Streckziehpressen gezogene Teile

Die Streckziehpresse, auch Arzpresse genannt, besteht aus einem Kolben, der zumeist in einem vertikalen[1] Zylinder geführt unter hydraulichem Druck nach oben bewegt wird. Auf dem Kolben ist zur Aufnahme des Werkzeuges der Werkzeugtisch an-

Abb. 88/89. Streckziehteil in der Presse vor und nach dem Ziehen

gebracht. In der Anfangsstellung befindet sich der Kolben mit dem Werkzeugtisch unten. Über das Werkzeug wird die Blechtafel gelegt, die beiderseits durch auf

Abb. 90. Fertigschlagen der Ziehteile auf Streckziehpressen

einem Spannbalken angebrachte Zangen-Spannvorrichtungen festgehalten wird. Nach dem Einspannen der Blechtafel gemäß Abb. 88 wird der Kolben hydraulisch nach oben gepreßt und das Werkzeug drückt von unten dagegen. Dieselbe schmiegt sich der Form des Werkzeuges entsprechend an, so daß die Blechtafel, wie in Abb. 89 gezeigt, an den vorspringenden Teilen des Werkzeuges stärker ausgebaucht wird als an den anderen Stellen. Dieses Anschmiegen geschieht allerdings nicht in der vollkommenen Weise, wie dies beim Pressen des Werkstoffes zwischen zwei Gesenkhälften der Fall ist, indem die eine Gesenkhälfte als Positiv zum Negativ der anderen Gesenkhälfte wirkt. Es muß daher sehr häufig durch geübte Klempner die Form an verschiedenen Stellen nachgedrückt oder nachgetrieben werden, wie dies in Abb. 90 dargestellt ist. Die Streckziehpresse hat den

---

[1] Bei den Maschinen der Fa. Hufford in Redondo Beach (Cal.) sind die Zylinder horizontal und die Spannbalken rückziehbar angeordnet.

Vorteil, daß auf ihr verhältnismäßig billige Werkzeuge, die meist aus Hartholz hergestellt sind, aufgespannt werden. So zeigt Abb. 91 eine auf dem Pressentisch stehende Hartholzform, die aus einzelnen, miteinander verleimten dreieckigen bzw. dreiteiligen Rahmen besteht. Diese Form ist besonders leicht und läßt sich an der dem Blech zugekehrten Seite bequem bearbeiten. Je nach Form und Güte des Holzes halten solche Werkzeuge auch größere Stückzahlen aus. Scharfe Kanten dieser Werkzeuge, die infolge der wiederholten Beanspruchung dem Streckziehen glattgedrückt, also abgerundet werden oder gar aussplittern, sind am besten von vornherein mit Bandstahl zu bestücken. Dies gilt insbesondere auch von solchen Stellen, wo der Facharbeiter nach dem Ausstrecken der Form mit Hammer und Formstahl eine Nut

Abb. 91. Aus Hartholzrahmen verleimte Streckziehform

oder eine Sicke nachschlagen oder eine scharfe Einkerbung nachziehen muß. Die Anfertigung eines Karosserieteiles auf der Streckziehpresse dauert infolge der Einspannzeit und der meist damit verbundenen handwerklichen Verrichtungen durchschnittlich 1—2 Stunden. Da die Werkzeuge ganz wesentlich billiger sind als bei Breitziehpressen, lohnt sich aber dieses Verfahren. Seine Bedeutung wurde bereits in dem eingangs auf S. 8 Tab. 2 und zu Abb. 2 erwähnten Beispiel für den wirtschaftlichen Vergleich hervorgehoben.

Die in Abb. 88—91 gezeigten Streckziehpressen zeigen, daß die Auswahl der für die Streckziehpresse in Betracht kommenden Ziehformen beschränkt ist. Im allgemeinen sind es also Ziehteile, die eine gebogene Grundform aufweisen, wobei auch ziemlich flache Formen sich herstellen lassen, z. B. Karosseriedächer, Tragflächen von Flugzeugen. Neben diesen flachen Formen

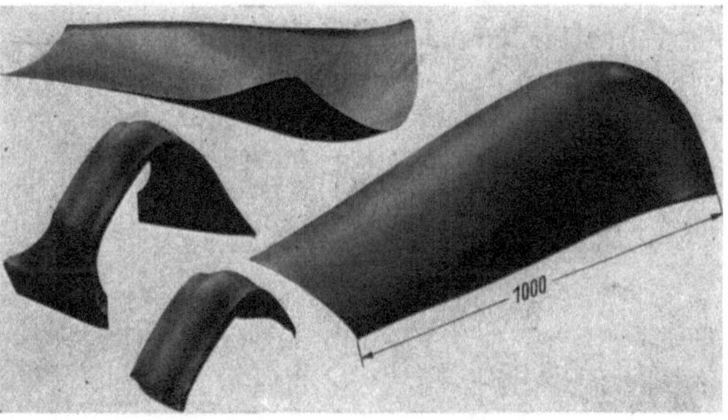

Abb. 92. Streckziehteile, links Kotflügel unbeschnitten und beschnitten

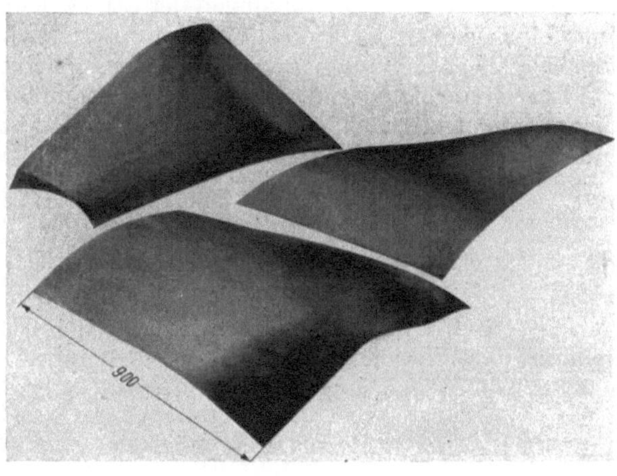

Abb. 93. Breite, flach gewölbte Streckziehteile

6   Oehler, Blechteile, 2. Aufl.

sind äußerstenfalls steile U-Formen möglich, z. B. Windschutzteile von Karosserien, Cowlings bzw. Motorhauben von Flugzeugen. Auch Kotflügel werden zuweilen auf Streckziehpressen hergestellt. Hierfür kommen allerdings nur solche Teile in Frage,

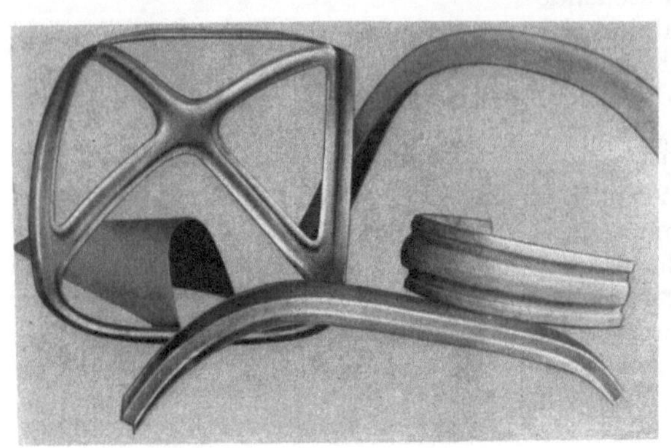

Abb. 94. Streckziehteile mit scharf ausgeprägten Kanten

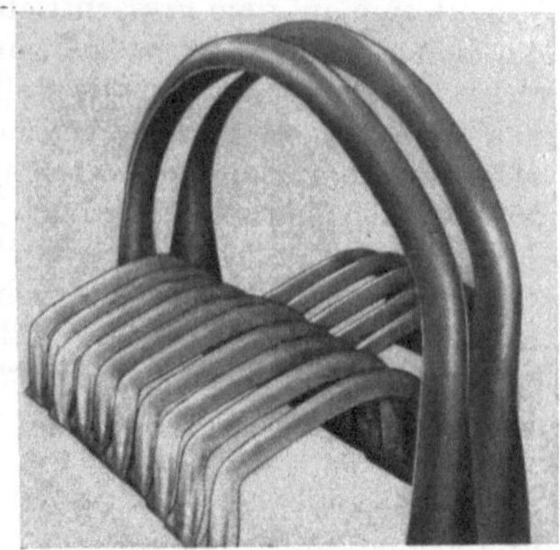

Abb. 95. Schmale bogenförmige Streckziehteile

Abb. 96. Schmale, stark gewölbte Streckziehteile

deren Formgebung den Bedingungen der Streckziehpresse entspricht. Abb. 92 zeigt links einen solchen Hinterkotflügel vor und nach dem Beschneiden. Um einen Eindruck über die vorhandenen Umformmöglichkeiten zu gewinnen, zeigen die Abb. 92—96 eine Anzahl streckgezogener Blechteile. Die in Abb. 96 dargestellten gekrümmten und scharf gebogenen Teile, wie sie auch in Abb. 88 und 89 auf der Presse verarbeitet werden, können teilweise auf Biegemaschinen angefertigt werden.

Der größtzulässige Biegehalbmesser $r_{\max}$ beim Streckziehen einer Blechtafel, der eine bleibende Formänderung bewirkt, ist

$$r_{\max} = \frac{E \cdot s}{2 \cdot \sigma_s} \tag{23}$$

$r_{\max}$ und die Blechdicke s werden in mm, der Elastizitätskoeffizient E und die Spannung des Werkstoffes an dessen Fließgrenze σ_s in kp/mm² oder in kp/cm² eingesetzt. Obige Gleichung ergibt sich aus den Beziehungen

$$\sigma_s = E \cdot \varepsilon_r \qquad \text{oder} \qquad \varepsilon_r = \frac{\sigma_s}{E} \tag{24}$$

wobei unter ε_r die Radialdehnung zu verstehen ist, die bei r_m als Biegeradius für die im Blech liegende Mittelschicht, hier als neutrale Faser näherungsweise angenommen, für die halbkreisförmige Biegung

$$\varepsilon_r = \frac{\left(r_m + \dfrac{s}{2}\right)\pi - r_m \cdot \pi}{r_m \cdot \pi} \tag{25}$$

und unabhängig vom Biegewinkel durch Kürzen von π

$$\varepsilon_r = \frac{s}{2\,r_m} \tag{26}$$

beträgt.

Unter Bezugnahme auf die Formänderungsgleichung und unter der Voraussetzung gleichbleibender Volumina ergibt sich nach S. 12 Gl. (3) für die Formänderungen in den drei Hauptrichtungen

$$\varphi_1 + \varphi_2 + \varphi_3 = 0 \quad \text{oder} \quad \varphi_1 + \varphi_2 = -\varphi_3.$$

Werden unter φ_1 die Längen- und unter φ_2 die Breitenformänderung der zwischen den Spannbalken eingespannten Tafel verstanden, deren ursprüngliche Länge l_0 auf l_1 und deren ursprüngliche Breite b_0 auf b_1 gestreckt werden, so gilt nach den Gl. (4) bis (6):

$$\ln \frac{l_1}{l_0} + \ln \frac{b_1}{b_0} = -\ln \frac{s_1}{s_0} = \ln \frac{s_1}{s_0}. \tag{27}$$

Delogarithmiert soll die rechte Seite dieser Gleichung folgende empirische Bedingung erfüllen:

$$\frac{l_1 \cdot b_1}{l_0 \cdot b_0} = \frac{s_0}{s_1} \leqq \frac{1}{1 - \delta_{10}}. \tag{28}$$

An zwei Beispielen mag die Anwendung obiger Gleichungen erläutert werden.

Beispiel 4: Wird für das in Abb. 97 dargestellte Streckziehteil aus U St 13 04-Stahlblech eines δ_{10}-Wertes = 0,27 (s. Tab. 3!) die ursprüngliche halbe Länge l_0 = 1000 mm und die endgültige l_1 = 1080 mm, die ursprüngliche Breite b_0 = 500 mm und die nach der Umformung erzielte Breite b_1 = 560 mm, so wird

$$\frac{l_1 \cdot b_1}{l_0 \cdot b_0} = \frac{1080 \cdot 560}{1000 \cdot 500} = 1{,}2 \,.$$

Das Glied $\dfrac{1}{1 - 0{,}27}$ = 1,37 ist größer als obiger Ausdruck, so daß festigkeitsmäßig gegen diese Konstruktion nichts einzuwenden ist.

Beispiel 5: Wie liegen die Verhältnisse für ein Streckziehteil gleicher Werkstoffdaten nach Abb. 98? Hier sollen eine ursprüngliche halbe Länge l_0 von 550 mm und eine ursprüngliche Breite b_0 von 800 auf das Doppelte (l_1 = 1100, b_1 = 1500) gestreckt werden.

$$\frac{l_1 \cdot b_1}{l_0 \cdot b_0} = \frac{1100 \cdot 1500}{550 \cdot 800} = 3{,}7 \,.$$

Da obiger Wert nicht kleiner, sondern größer als das Glied $\dfrac{1}{1 - \delta_{10}}$ ist, so läßt sich ein solches Teil auf der Streckziehpresse nicht anfertigen.

In Abb. 97 und 98 sind die Streckziehteile mit einer Mittelwulst versehen, die um das Maß e beiderseits eingedrückt ist. Diese Übergänge e dürfen nicht scharf sein, sondern sollen möglichst leicht gebogen verlaufen, und das Maß e darf vor allen Dingen nicht tief sein. Es liegen bisher keine Versuchsergebnisse und nur wenig praktische Erfahrungen hinsichtlich des Maßes e vor, was ohne Gegendruck, wie er nur unter Maschinen mit Gegendruckstempel nach Abb. 103 ausgeübt werden kann, sich auf einer einfachen Streckziehpresse herstellen läßt. Doch beträgt e schätzungs-

6*

weise nicht mehr als 0,2 h, wenn unter h der Höhenabstand zwischen Rand und höchster Wölbung verstanden wird. Die Maße e und h sind in Abb. 97 links eingetragen.

Der Konstrukteur von Streckziehteilen hat weiterhin zu beachten, daß beim Streckziehen das Blech nicht vom Werkzeug seitlich abrutscht. Eine solche Gefahr besteht bei Streckziehteilen mit geneigter Wölbung, wie sie beispielsweise als Windschutzteile für Automobilaufbauten in Frage kommen. In Abb. 99 ist eine ungeeignete Streckziehteilkonstruktion angegeben. Legt man durch den Mittelpunkt M auf der geneigten Wölbung eine Senkrechte zur Fläche, so schneidet dieselbe die Bodenlinie im Punkt B, also um das Maß a außerhalb des Blechteiles. Hier liegt die Gefahr des Abrutschens vor und das Teil läßt sich unter Streckziehpressen nicht herstellen. Es besteht allerdings die Möglichkeit derart, daß man am Werkzeug eine Anschlagleiste aus Stahl anbringt, die ein solches Abrutschen verhindert. Immerhin beeinträchtigt auch dort die Abrutschkraft die Umformung. Das in Abb. 100 gezeigte Teil ist insoweit sehr viel günstiger als hier die Senkrechte durch M die Bodenlinie gleichfalls im Punkt B, jedoch innerhalb des Blechteiles schneidet.

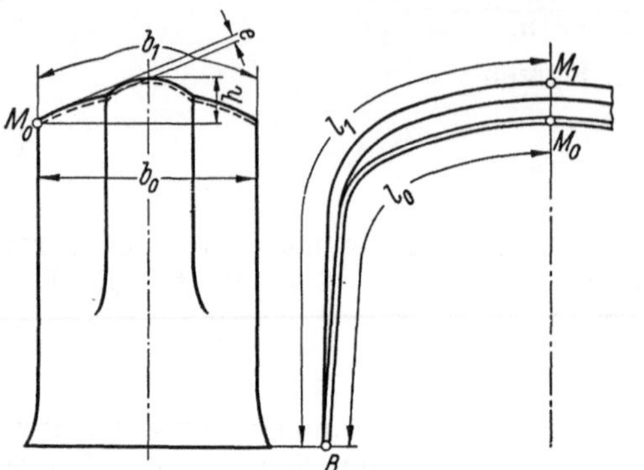

Abb. 97. Auf der Streckziehpresse leicht ziehbares Teil mit Mittelwulst

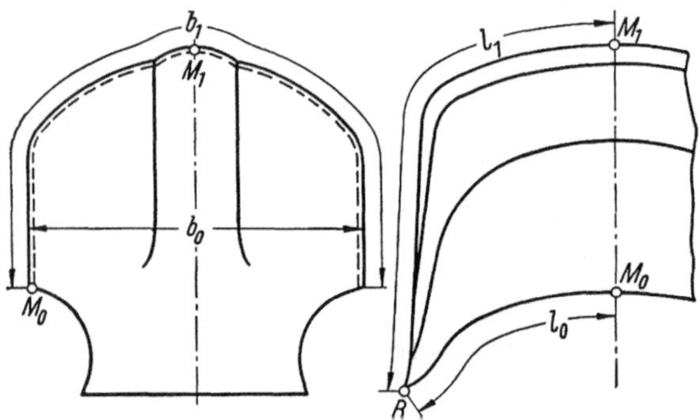

Abb. 98. Als Streckziehteil unmöglich herstellbar

Der Punkt B liegt um das Maß i von der äußeren Blechkante entfernt. Durch paarweise Anordnung zweier Werkstücke in einem Streckziehteil läßt sich der Mangel nach Abb. 99 meistens beheben.

Der große Vorteil liegt bei der Streckziehpresse in erster Linie in der Schaffung eines billigen Holzmodellwerkzeuges, das auch sehr viel schneller herzustellen ist

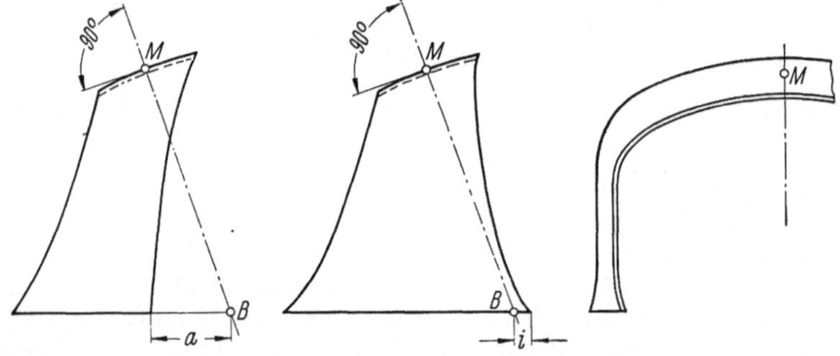

Abb. 99—101. Streckziehteile mit geneigter Wölbung

als ein Umformwerkzeugsatz für eine zweifach wirkende Tiefziehpresse, wo Niederhalter gegen den Ziehring und der Stempel gegen den Gesenkgrund tuschiert oder zum mindesten durch feinste Bearbeitung aufeinander abgestimmt werden müssen. Deshalb ist die Streckziehpresse im Flugzeugbau beliebt, da dort die Kleinserien- und Prototypfertigung größere Stückzeiten und verschleißempfindliche Werkzeuge verträgt. Die Streckziehpressen werden in verschiedenen Größen gebaut. Die Spannweite zwischen den Zangen beträgt mindestens 0,6 m bei außergewöhnlich kleinen Maschinen, in der Regel jedoch liegt die Mindestweite zwischen 1 und 1,5 m. Als Höchstweite kommen Maschinen bis zu 4 m in Frage. Bei kleinen Maschinen wird die Arbeitsbreite zu 1 m, bei größeren kaum über 4 m gewählt. Da für verschiedene Aufgaben im Flugzeugbau oft sehr viel größere Breiten notwendig sind, werden mit Vorteil mehrere Streckziehpressen nebeneinander in Tandemanordnung aufgestellt und hydraulisch gemeinsam gesteuert.

Abb. 102 zeigt links eine schematische Zusammenstellung aller Verstellmöglichkeiten der mit Spannvorrichtungen bestückten Spannbalken und rechts die Beeinflussung der Gestalt des Ziehteiles durch die entsprechende Verstellmöglichkeit. Unabhängig von der Verstellbarkeit der Weite, die durch die Bodenquer-

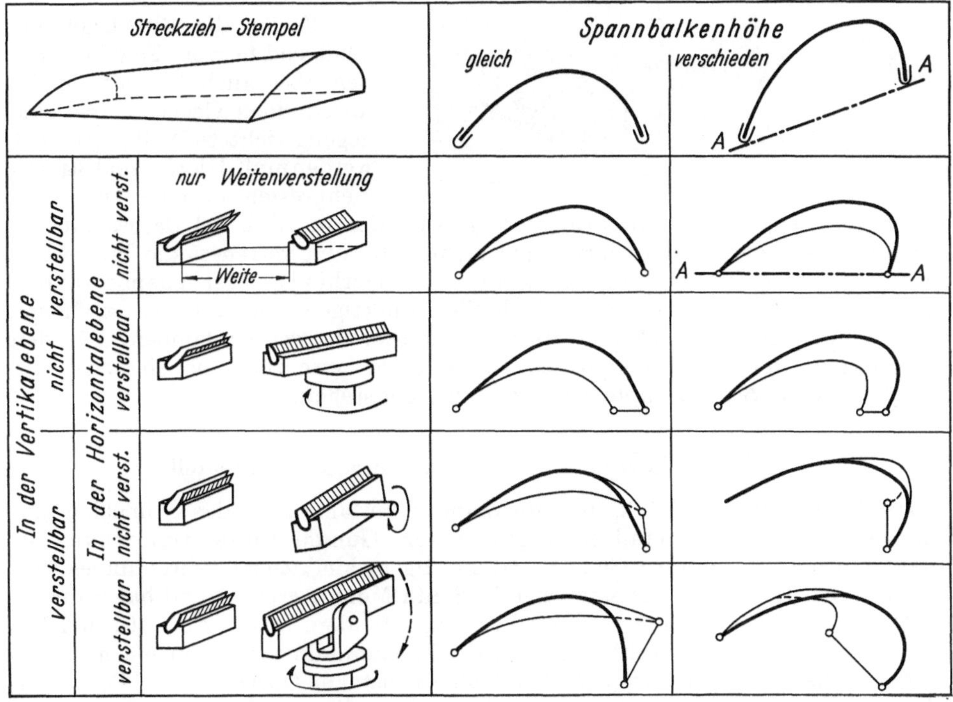

Abb. 102. Herstellung verschieden geformter Ziehteile auf Streckziehpressen mittels verstellbarer Spannbalken oder entsprechender Unterbau-Vorrichtungen

schienen nach Abb. 88—91 bei jeder Streckziehpresse bekannt ist, gibt es eine Anzahl weiterer Verstellmöglichkeiten, die bei den bisherigen Bauarten allerdings nur teilweise und auch dort nur selten vorgesehen sind. Doch kann, insbesondere was die unterschiedliche Einstellung der Spannbalkenhöhe anbelangt, durch Unterbauklötze die erforderliche Lage der Spannbalken erreicht werden. Die 4 Ziehteile der rechten Spalte zu Abb. 102 zeigen unterschnittene Formen, die nur durch eine solche unterschiedliche Spannbalkenhöhe herzustellen sind. Sind die Spannbalken in der horizontalen Ebene schräg verstellbar, können nicht nur Ziehteile mit parallelen Seitenkanten, sondern auch solche mit schräg zueinander laufenden Kanten gefertigt werden. Aber nicht nur in der waagerechten Ebene ist eine Abstand- und Schrägverstellung der Leisten zueinander möglich, sondern auch in der senkrechten Ebene. Es wird hierdurch die Anzahl der möglichen Streckziehformen wesentlich erweitert. Ferner werden die Beschneideverluste, die sonst ohne derartige Verstellmöglichkeiten anfallen, erheblich eingeschränkt. Für den Konstrukteur von Streckziehteilen ist es also wichtig zu wissen, mit welcher Verstellbarkeit der verfügbaren Streckziehpresse er zu rechnen hat.

Bei dem Entwurf der für Streckziehpressen bestimmten Ziehformen ist im allgemeinen der gebogenen und mittig leicht gewölbten Form der Vorzug zu geben. Dies geht aus den Abb. 88—96 für die Streckziehteile genügend hervor. Es gibt daneben aber auch Formen, in die durch einen Gegenstempel eine gegengerichtete Wölbung erzielt werden muß. Hierfür sind Streckziehpressen mit einer zusätzlich

Abb. 103. Streckziehpresse mit Gegendruckstempel

angebauten Gegendruckvorrichtung nötig, wie dies in Abb. 103 dargestellt ist. Gewiß ist diese zusätzliche Einrichtung nicht billig und verteuert die Presse beinahe um das doppelte der Anschaffungskosten. Immerhin lassen sich damit weitere, insbesondere sattelartig geformte Ziehteile, anfertigen, die auf den einfachen Streckziehpressen nach Abb. 88—91 nicht hergestellt werden können. Für den Konstrukteur von Streckziehpressen ist es daher wesentlich, ob einfache oder doppeltwirkende Streckziehpressen zur Verfügung stehen.

4.5 Mittels elastischer Druckmittel hergestellte Ziehteile

Das heute noch am häufigsten angewandte Verfahren für das Schneiden und Umformen von Leichtmetallegierungen mittels Gummi wurde von HENRY A. GUÉRIN in USA im Jahre 1936 zum Patent angemeldet. Zuerst wurde dieses Verfahren in den Douglas-Flugzeugwerken in Santa Monica erprobt und hat während des Krieges auch in anderen Ländern Eingang gefunden. Das in Abb. 104 und 105 dargestellte Verfahren beruht darauf, daß ein Gummikissen (1) in einem rechteckigen Behälter (2), der auch Koffer heißt, meist am Oberteil einer Presse angebracht ist. Auf dem unter dem Gummikissen befindlichen oft als Tauchplatte bezeichneten Pressentisch (3) liegen der oder die Kernstempel (4), über die das Blech gelegt wird. Beim Niedergang des Oberteiles greifen die vorstehenden Ränder des Koffers (2) über die Tischplatte (3), und der Gummiblock (1) drückt das Blech fest gegen den auf dem Tisch liegenden Kernstempel (4). An abgerundeten Stellen (B) der Form schmiegt sich das Blech an, an scharf vorspringenden Kanten (A) wird es abgeschert. Die Gestalt der Schnitt- (A) und Biegekante (B) ist in Abb. 106 näher erläutert. In vielen Kreisen ist die Ansicht vertreten, das Gummiziehen und Gummischneiden seien zwei ganz verschiedene Verfahren. Sie werden auch vielfach getrennt angewandt. Doch lassen sie sich — und das ist gerade der besondere Vorzug dieses Gummiziehens —, bequem vereinen, so daß bei einer sinnreichen Gestaltung des Ziehteiles das zu formende Stück so ausgebildet wird, daß es unmittelbar nach dem Umformen am Rande beschnitten wird. Das bedeutet eine ganz erhebliche Ersparnis an Werkzeugkosten. Denn erstens fällt das Zuschneidwerkzeug

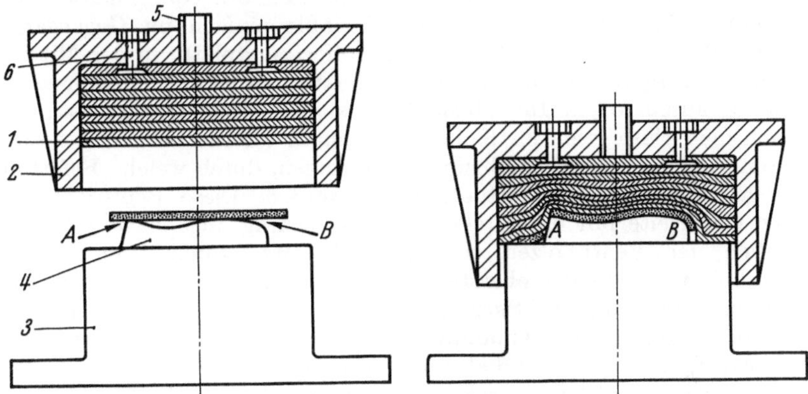

Abb. 104—105. Gummizugschnitt

weg, zweitens entfällt das Fertigbeschneidewerkzeug und drittens bedarf es an Stelle eines dreiteiligen Ziehwerkzeugsatzes aus Ziehstempel, Niederhalter und Ziehring nur eines einzigen Kernstempels, der nicht einmal aus gehärtetem Werkzeugstahl hergestellt werden braucht. Freilich ist das Verfahren nur für flache Formen und auch dort nur beschränkt anwendbar. Wirtschaftlich ist es nur bei verhältnismäßig kleinen Herstellungsmengen, wo sonst hohe anteilige Werkzeugkosten in Frage kommen, und bei Bereitstellung des Werkzeuges in kürzester Zeit.

Die Gummikissen werden nicht in einem einzigen Block hergestellt, sondern im allgemeinen werden mehrere Lagen von 25—30 mm Dicke aufeinandergelegt und miteinander verkittet. Fünf weitere Lagen werden darunter aufgeklebt. Die unterste Lage ist die Arbeitsschicht, deren Arbeitsfläche nach 2000—3000 Arbeitsgängen soweit verschlissen ist, daß sie ausgewechselt werden muß. Durch Wenden und Austausch der 5 Lagen reichen diese für eine Herstellungsmenge von 20000 bis 30000 Pressenhübe. Die Herstellung in einem Block, also in Form eines sehr dicken homogenen Gummipolsters, bereitet außerdem erhebliche Schwierigkeiten. Lunkerbildungen im Innern des Gummikernes können nur durch hohe Vulkanisiertemperaturen vermieden werden. Andererseits bedingen so hohe Temperaturen eine Verschlechterung der äußeren Flächen und somit eine vorzeitige Abnützung. Große Kissen wiegen bis zu 15 t.

Im allgemeinen finden hydraulische Pressen mit hohen Kräften Anwendung. Die Preßkraft ergibt sich aus einem Druck bis zu 350 kp/cm² bezogen auf die gesamte Oberfläche des Gummikissens. Bei höheren Drücken wird der Gummiverschleiß zu groß. Für 1 mm dicke Bleche aus Al w genügen Drücke von etwa 100 kp/cm².

Die Gesamtdicke des Kissens bemißt man für Umformarbeitsgänge mit etwa 250 mm, während für reine Schneidarbeiten 125 mm genügen und man bei weichen Blechen unter 0,6 mm Dicke sogar äußerstenfalls mit nur 75 mm auskommen kann. Die Gesamtdicke des Kissens in mm beträgt etwa $50 \cdot \sqrt{h}$, wobei unter h die größte Tiefe der Umformung in mm verstanden wird. An anderer Stelle wird die Mindestkissendicke auch mit 8 h vorgeschlagen. Es ist zweckvoll, wenn die Höhe des Kissens $^2/_3$ der inneren Höhe des Koffers entspricht, so daß der Koffer um ein Drittel seiner inneren Höhe beim Umformen über die Grundplatte greifen kann. Das Gummikissen (1) Abb. 104 wird in den Koffer (2) fest eingepreßt, wobei es an jeder Seite vor dem Einpressen zunächst um 10 mm übersteht und um dieses Maß zusammengepreßt werden muß. Das Einpressen des Gummikissens in den Koffer ist unter einer Presse also verhältnismäßig einfach im Gegensatz zum Herausziehen. Man hat dafür in der oberen Koffergrundplatte in der Mitte einen Rohrstutzen (5) vorgesehen, um unter das Kissen Druckluft einzupressen und dasselbe damit auszustoßen. Im allgemeinen ist eine besondere Befestigung des Kissens nach dem Einpressen im Koffer nicht mehr erforderlich. Man kann aber in der oberen Kofferdeckplatte Bohrungen anbringen, durch welche Befestigungsbolzen (6) gesteckt und dort festgeschraubt werden. Diese Befestigungsbolzen sind an der Unterseite mit einer tellerförmigen, schräg abgephasten Platte versehen, ähnlich den Ventilbolzen von Kraftfahrzeugmotoren, und sind mittels einer Kautschukmasse auf der obersten Deckschicht des Kissens aufvulkanisiert. Es hat sich im Laufe des praktischen Betriebes herausgestellt, daß rechteckige Hohlräume zur Aufnahme der Gummipolster, ganz abgesehen von dem größeren Kautschukbedarf, ungünstiger sind als muldenförmige, die in der Mitte eine größere elastische Verformung des Gummipolsters als an den Rändern erlauben.

In großen Koffern können rechteckige Einsatzrahmen angebracht werden, um Kissen kleineren Formates zu verwenden. Ebenso ist es möglich, mehrere Kissen nebeneinander unter Zwischeneinsatz eines Füllstückes anzuordnen oder die Kissen ringförmig zu gestalten. Dadurch wird erheblich an Verformungsarbeit im Gummi gespart. Bei der Anordnung von mehreren Formstempeln (4) auf ein und derselben Tafel (3) ist folgendes zu beachten:

1. Es sind möglichst Schnitte zu vermeiden, um die Abnutzung des Gummikissens herabzusetzen.

2. Beim Schneiden von Gummi ist zu beachten, daß die verschiedenen Werkzeuge untereinander möglichst die gleiche Höhe haben und daß nur Blech der gleichen Dicke geschnitten wird. Zwischen den Werkzeugen lege man Rundstäbe, um ein nur einseitiges Trennen zu verhindern.

3. Beim Anordnen von Formteilen auf der Platte ist zu beachten, daß sich die Formen der benachbarten Teile einander anpassen, damit das Gummikissen beim Druck nicht ungleichmäßig verzerrt wird.

4. Die Höhen der Werkzeuge sollen untereinander möglichst gleich groß sein oder wenigstens nicht allzusehr voneinander abweichen.

5. Teile, die einer hohen Beanspruchung unterworfen werden, also insbesondere auch Schnittwerkzeuge, sind möglichst in der Mitte des Tisches anzuordnen. Werkzeuge, die eine geringe Beanspruchung des Bleches bedingen, insbesondere Biegewerkzeuge, können an den Rand gelegt werden.

6. Bei Schnitten sind nach Abb. 106 A die Schnittkeilwinkel nicht mit 90°, sondern möglichst mit 97° zwecks leichter Herausnahme der Teile zu bemessen.

7. Umgebogene Blechränder sollen nach Abb. 106 B etwa 10 mm über der Tischoberfläche liegen. Der dort angegebene Rückfederungswinkel ist zu beachten.

Die unter Gummiwerkzeugen zu formenden Bleche werden über das oder die Werkzeuge gelegt. Es besteht dabei die Gefahr, daß nach der ersten Berührung des Gummikissens sich das Blech verschiebt und infolgedessen das Erzeugnis von der gewünschten Form abweicht. Dies gilt insbesondere von solchen Teilen, die unter dem Gummikissen einseitig beschnitten werden. Wenn nicht ganze Blechtafeln, sondern bereits im Formschnitt zugeschnittene Bleche auf die Werkzeuge gelegt werden, so ist es mitunter möglich, beim Zuschnitt gleichzeitig das Blech an einigen Stellen zu lochen. Es wird dann das Werkzeug mit einer entsprechend angeordneten Bohrung versehen und in diese Bohrung und durch das Blech ein Steckbolzen eingeführt, der an der dem Gummi zugekehrten Seite eine flache pilz-förmige Abrundung auf-weist, so daß der Gummi sich an keinen scharfen Kanten reiben und dort beschädigt werden kann. Der Konstrukteur solcher Ziehteile wird also nur für diesen Zweck zuweilen Lö-cher anordnen, soweit die

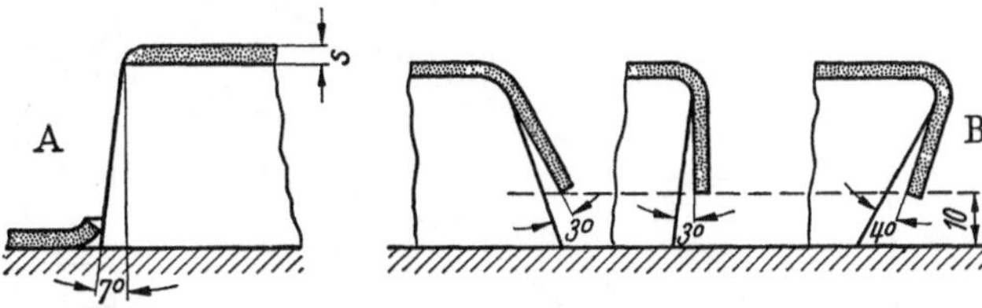

Abb. 106. A = Schnitt-, B = Biegekante beim Gummizugschnitt

gestellte Aufgabe ihm dies gestattet. Handelt es sich um solche Werkstücke, die all-seitig beschnitten werden, so ordnet man neben den Werkzeugen Abfallschneider an, die aus scharfkantigen, dreieckigen Profilstahl mit 60° Keilwinkel hergestellt sind.

Beim Ausschneiden muß der über die Schnittplatte überstehende Rand des Ble-ches (Platine) eine Breite von mindestens der 3fachen Dicke der Schnittplatte haben, also gewöhnlich 20—25 mm. Werden mehrere Werkzeuge auf einen Tisch nebenein-ander gelegt, die allseitig beschnitten werden, so empfiehlt es sich, außer den Abfall-schneidern Rohr- oder Rundprofilabschnitte zwischen die Werkzeuge zu legen, da dabei der abgescherte Werkstoff sich über diese legt und die Lappen der Abfallstrei-fen beiderseits herunterklappen. Ist dies nicht der Fall, so besteht die Gefahr, daß an der einen Seite die Abtrennung zuerst erfolgt und sich dann der abgetrennte Werk-stoff an die Seite des daneben stehenden Werkzeugs anschmiegt und nicht ab-gerissen wird. Dieser Grundsatz ist bei allen Locharbeiten zu beachten. Abb. 107 zeigt eine Lochung des Bleches derart, daß der Werkstoff über den Schnitt-

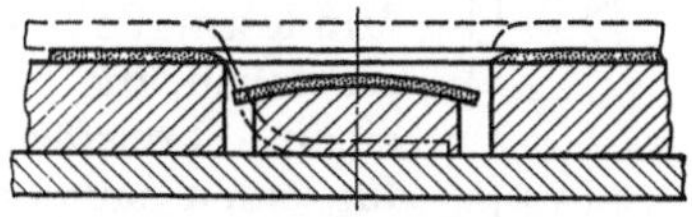

Abb. 107. Schnittring-Lochung

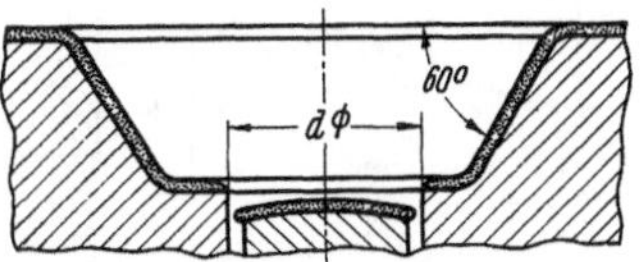

Abb. 108. Anwendungsbeispiel zu Abb. 107

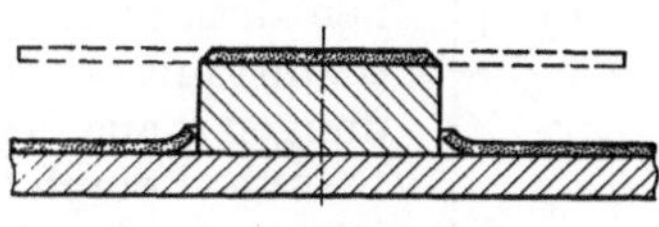

Abb. 109. Schnittstempel-Lochung

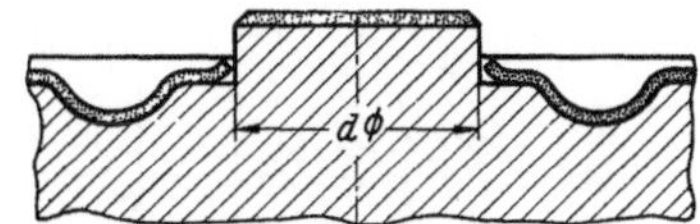

Abb. 110. Anwendungsbeispiel zu Abb. 109

kanten des Loches abgetrennt wird und auf ein gewölbtes Mittelteil fällt. Ohne ein solches Mittelteil — in der Fachsprache auch Pilz genannt — würde bei einer ein-seitigen Abtrennung rechts der Werkstoff die durch die stark strichpunktierte Linie gezeichnete Lage einnehmen und links nicht abgeschnitten werden. Eine praktische Anwendung dieses Verfahrens zeigt Abb. 108. Eine andere Möglichkeit besteht darin, daß man den Lochbutzen nicht gemäß Abb. 107 nach unten drückt, sondern ihn auf dem Lochstempel oben läßt und das Werkstück nach unten außerhalb des Loch-stempels durchdrückt. Für dieses in Abb. 109 dargestellte Verfahren wird in Abb. 110 ein Anwendungsbeispiel gezeigt. Es empfiehlt sich dabei, den in Abb. 108 mit 60° angegebenen Winkel keinesfalls größer, sondern eher kleiner zu halten. Im allgemeinen wird die Lochung nach dem zuerst genannten Verfahren gemäß Abb.107

sauberer ausfallen und daher auch vorgezogen. Allerdings ist nicht zu verkennen, daß der Werkstoff in Nähe des Lochrandes abgequetscht und die Blechkante daher dort — soweit sie dem Gummi zugekehrt ist — stark abgerundet wird, wie dies auch in Abb. 106 *A* erkennbar ist. Man kann dies dadurch einschränken, indem man über das Blech eine in Abb. 107 gestrichelt angedeutete und am Rande der Bohrung stark abgerundete Platte legt, soweit die Form des Werkstückes die Möglichkeit dafür zuläßt. Denn eine solche zusätzliche Deckplatte muß irgendwie, am besten durch Einsteckstifte, mit dem Werkstück so verbunden werden, daß die Lochungen der Deckplatte den Lochungen des Werkzeuges genau gegenüberstehen. Für die Bemessung des Loches sind in Abhängigkeit von der Blechdicke Mindestmaße vorgeschrieben, die sich für einen kreisförmigen, für einen langlochförmigen, für einen quadratischen und für einen dreieckigen Querschnitt mit den Abrundungen r aus dem von GAUVRY[1] empfohlenen Diagramm in Abb. 111 ergeben.

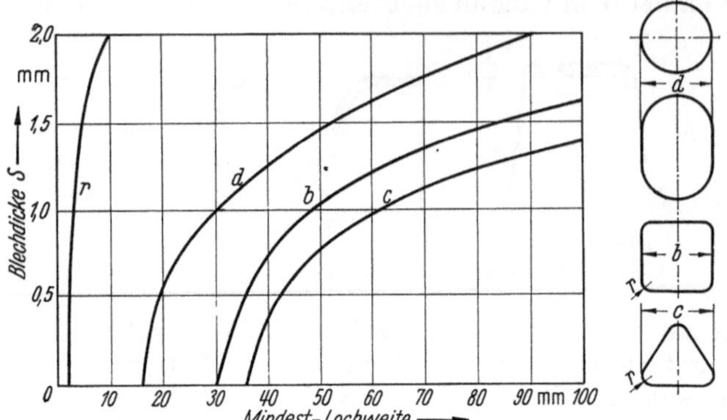

Abb. 111. Mindestzulässige Lochweiten nach GAUVRY

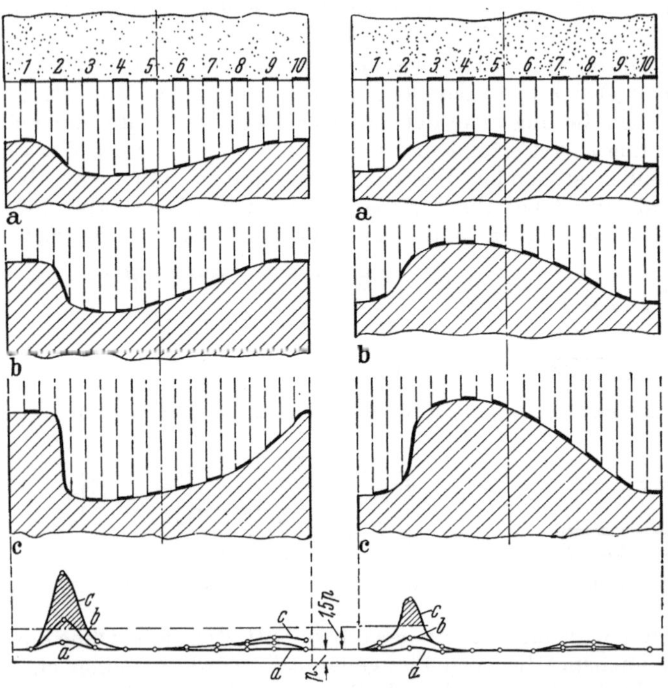

Abb. 112. Beanspruchung des Ziehkissens durch zu tiefe Gesenke

Der Konstrukteur von Ziehteilen, die nach diesem Verfahren hergestellt werden, muß sich stets darüber klar sein, daß den Beanspruchungen des Ziehkissens eine praktische Grenze gesetzt ist. Es sind deshalb nur flache Formen für dieses Verfahren geeignet, was in den Diagrammen zu Abb. 112 erläutert wird. In dieser Abbildung sei links ein schalenförmiges Ziehteil, also eine konkave Gestalt des

---

[1] GAUVRY, R.: L'emploi du caoutchouc dans le découpage et le formage des métaux légers. Revue Générale de Mécanique Bd. 33 (1949), Nr. 7, S. 271—281.

Werkzeuges, rechts eine gewölbte bzw. konvexe Form dargestellt. Die 10 gleichbreiten Streifenbereiche des Gummikissens 1—10 werden nach Aufsitzen des Gummikissens auf das Werkzeug auseinandergezerrt. Während die Formen a flach sind, so daß die gleichgroßen Breitenbereiche des Gummikissens 1—10 nur unerheblich verbreitert werden, sind die Unterschiede bei den tieferen Formen b und c wesentlich größer. Am Fuß dieser Abbildung sind die Breitenzunahmen angegeben. Die Breitenzunahme beträgt im Maximum im linken Diagramm etwa das 6fache, im rechten etwa das 4fache der ursprünglichen Breite p. Es ist bis heute noch unerforscht, eine wie hohe Beanspruchung man dem Gummikissen zumuten kann. Eine zusätzliche Verbreiterung bis zu 1,5 p entsprechend der strichpunktierten Horizontalen mag etwa die zulässige Grenze kennzeichnen. In dem darüber hinausreichenden schraffiert gekennzeichneten Bereich wird die Oberfläche des Gummikissens unzulässig stark beansprucht. Dabei ist zu berücksichtigen, daß der hier angenommene Breitenbereich p natürlich nicht willkürlich angenommen werden darf und daß die benachbarten Bereiche an der Beanspruchung teilnehmen. Genaue Werte für die Begrenzung der zulässigen Höchstbeanspruchung sind nicht bekannt, es ist aber bestimmt so, daß infolge solcher Überbeanspruchungen die Lebensdauer des Gummikissens stark herabgesetzt wird. Da gerade die Lebensdauer der Gummikissen das Kriterium für die Wirtschaftlichkeit des ganzen Verfahrens ist, so muß der Konstrukteur von Ziehteilen dieser Art tiefe Formen nach Möglichkeit meiden. Insoweit geben die in den folgenden Abb. 113—116 gezeigten Anwendungsbeispiele weitere Anregungen.

Abb. 113 stellt eine kreisförmige tellerartige Platte dar, die sich leicht nach dem Gummi-Zug-Schnitt-Verfahren umformen und an den Rändern beschneiden läßt. Ebensowenig bietet das Eindrükken der Lochwandungen und das Ausschneiden des Loches Schwierigkeiten. Allerdings ist darauf zu achten, daß erstens die Lochachse $a—a$ senkrecht und nicht schräg nach $b—b$ steht. Der gestrichelt angedeutete Fortsatz wäre konstruktiv falsch und praktisch nicht herstellbar. Gewiß könnte man in den Fällen, wo eine schräge Achse $b—b$ unbedingt notwendig ist, entweder das fertige Teil schräg seitlich ausheben oder dies durch eine schräge

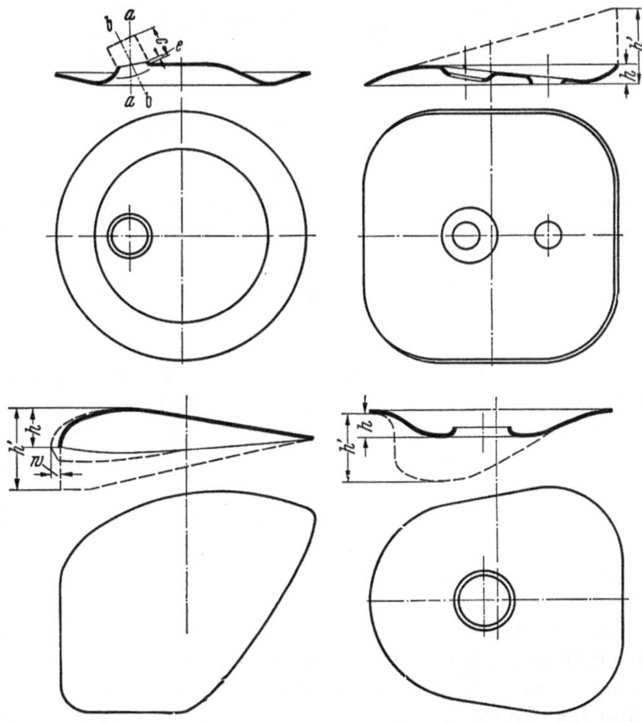

Abb. 113—116. Nach dem Hochdruck-Gummipreßverfahren hergestellte Ziehteile

Anordnung des Werkzeugtisches und eine entsprechend schräge Anordnung der Kissenfläche erreichen. Hingegen ist eine Länge c des Lochmantels entsprechend der gestrichelt angedeuteten Form unerreichbar. Es können bestenfalls Längen e angezogen werden, die etwa dem 5. Teil des Lochdurchmessers entsprechen.

Abb. 114 zeigt ein viereckiges Blech mit starken Abrundungen und Einwölbungen von unten an der linken und von oben an der rechten Seite. Auch hierbei müssen die Lochachsen der beiden Löcher senkrecht stehen. Abb. 115 stellt eine völlig unsymmetrische Schale und Abb. 116 ein gelochtes Teil dar. Die hier gezeigten flachen Formen der Höhe h lassen sich unter Gummiwerkzeugen leicht anfertigen und sind für diese Fertigung sogar typisch. Es sind außerdem noch tiefere Ergänzungsformen einer Höhe h' gestrichelt angedeutet, die zwar zur äußersten Not erreichbar sein mögen aber die Arbeitsfläche des Gummis so übermäßig

Abb. 117. Herdabdeckblech

stark beanspruchen, daß derartige Konstruktionen unter allen Umständen vermieden werden müssen. Dies wurde bereits in Verbindung mit Abb. 112 erörtert. Hingegen sind leichte Ausbauchungen, wie sie mit w in Abb. 115 gestrichelt angedeutet sind, unter Gummiwerkzeugen zuweilen möglich. Hierbei muß der Konstrukteur allerdings scharfe Kanten vermeiden. Es besteht dabei die große Gefahr, daß die Arbeitsfläche des Gummikissens sich gegen eine scharfe Blechkante anlehnt und an dieser Stelle Beschädigungen des Kissens eintreten.

Abb. 117 zeigt ein Herdabdeckblech (Senkingwerke Hildesheim) aus 1 mm dickem Stahlblech einer Größe 530 × 400 mm, das gleichfalls nach dem geschilderten Verfahren hergestellt wird; dies zum Beweis dafür, daß das Gummischneidzugverfahren nicht nur Aluminium- und aushärtbaren Leichtmetallblechen allein vorbehalten ist.

Außer dem meist verbreiteten und daher hier ausführlich beschriebenen Guérin-Gummiziehverfahren, das nur für unzylindrische flachförmige Teile in Betracht kommt, sind in den letzten 15 Jahren weitere Gummiumformverfahren bekannt geworden, die sich sowohl für zylindrische als auch unzylindrische Formen eignen und in Tab. 10 kurz erläutert sind. Ihnen wird sogar die Erreichung eines höheren Ziehverhältnisses gegenüber den herkömmlichen Tiefziehverfahren und außerdem eine geringere Schwächung der Bodenkante nachgesagt. Diese Verfahren wurden ausnahmslos ebenso wie das Guérin-Verfahren in Werken der Flugzeugindustrie entwickelt und sind auch heute meist nur in diesem Industriezweig zu finden. Es sind dies das Marform- das Hidraw-, das Hydroform- das Wheelon- und das SAAB- oder Fluidformverfahren. Die hierbei erforderlichen hohen Drücke bedingen kostspielige Anlagen und eine Beschränkung auf leicht umformbare Werkstoffe, wie sie in der

Tabelle 10. *Umformverfahren mittels elastischer Druckmittel*

	Bezeichnung des Verfahrens (Hersteller)	Während der Umformung				erreichbare Form-Beispiele
		Rahmen bzw. Koffer	Gummikissen bzw. Gummisack	Werk-zeug	Tisch bzw. Tauchplatte	
I 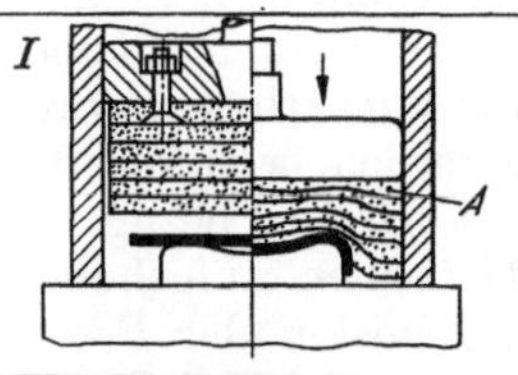	Älteres Verfahren ohne Tauchplatte (heute kaum noch gebräuchlich)	fest	beweg-lich	fest	fest	flache Formen 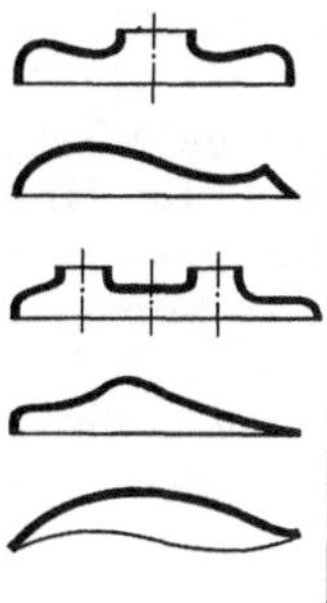
II 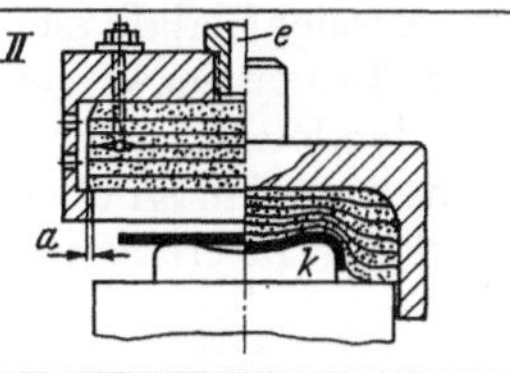	Guérin-Verfahren (Deutsche Firmen BECKER u. VAN HÜLLEN sowie SIEMPELKAMP, beide in Krefeld. F. MÜLLER, Eßlingen)	beweg-lich	beweg-lich	fest	fest	
III 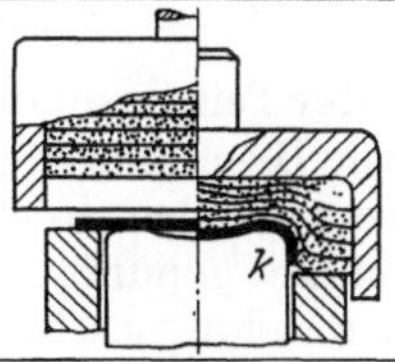	Marform-Verfahren (GLENN-MARTIN Corp. in Baltimore sowie LOEWY-Hydro-Press in New York)	beweg-lich	beweg-lich	fest	beweg-lich	beliebige Formen 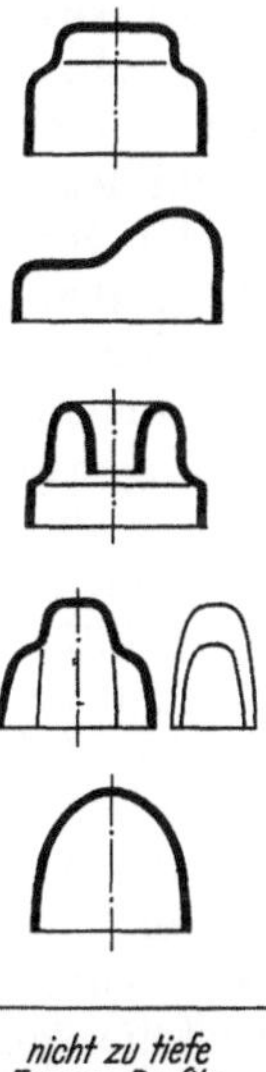
IV 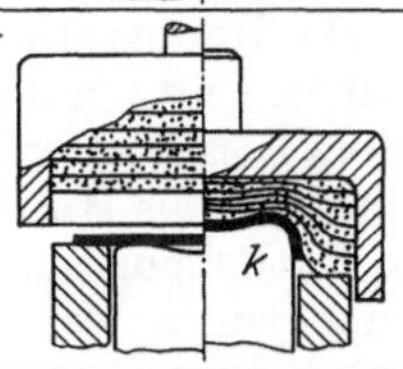	Hidraw-Verfahren (VULTEE Aircraft Corp. und Hydraulic Press. Man. Mount Gilead)	beweg-lich	beweg-lich	beweg-lich	beweg-lich	
V 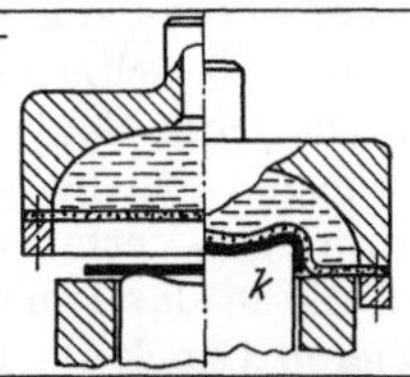	Hydroform-Verfahren (CINCINNATI Milling Machine Co CINCINNATI-Ohio; F. MÜLLER, Eßlingen)	fest	fest	beweg-lich	fest	
VI 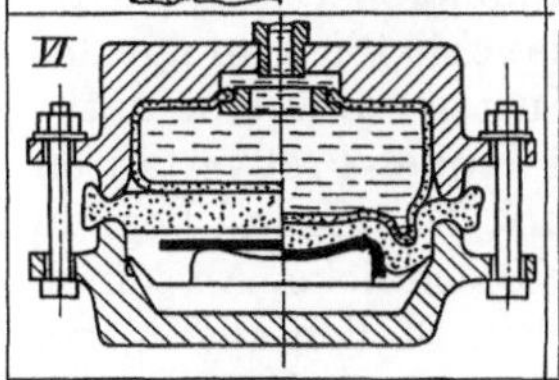	Wheelon-Verfahren (VERSON Chicago-Ill, F. MÜLLER, Eßlingen)	fest	fest	fest	fest	nicht zu tiefe Formen, Profile 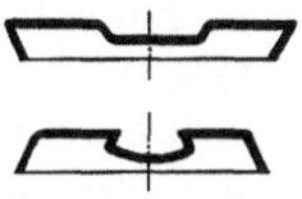
VII 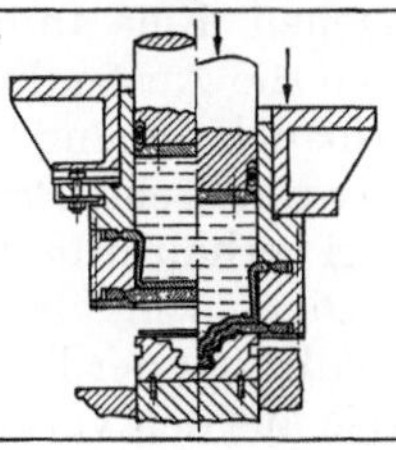	Fluidform- oder SAAB-Verfahren (Svenska Aeroplan A.B. Linköping)	beweg-lich	beweg-lich	fest oder beweg-lich	fest	auch unterschnittene Formen 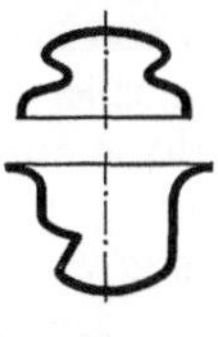

Druckwasser

Leichtmetallbleche verarbeitenden Flugzeugindustrie vorherrschen. Gewiß lassen sich mit den hier beschriebenen Sonderverfahren nicht nur Flachformen, sondern auch tiefe, zylindrische und steilschräge Formen erzielen, soweit es die Umformfähigkeit des Werkstoffes erlaubt. Sogar unterschnittene Formen sind insbesondere nach dem Wheelon- und dem SAAB-Verfahren möglich, wo nicht mit Gummikissen, sondern mit einer unter Flüssigkeitsdruck stehenden Membran gearbeitet wird. Aber dafür sind dann schon kostspielige Vorrichtungen erforderlich, wodurch der bei den Gummiumformverfahren bestehende wirtschaftliche Vorteil in bezug auf geringe Werkzeugkosten gegenüber dem herkömmlichen Tiefziehen aufgehoben wird. Im Hinblick auf die hohen Anlage- und Unterhaltungskosten der Presse einerseits, den Gummiverschleiß andererseits besteht wenig Aussicht, daß sich diese Sonderverfahren mit elastischen Druckmitteln in anderen Industriezweigen außerhalb des Flugzeugbaus einführen werden. Gewiß wurden in den letzten Jahren verschleißfestere jedoch auch teurere elastische Stoffe entwickelt, so daß möglicherweise diese Verfahren für die Blech verarbeitende Industrie in Zukunft interessanter werden.

4.6 Ausbauchformen

4.61 Ausbauchen mittels Dehnung. Die Herstellung ausgebauchter Teile geschieht auf verschiedenem Wege. Man hat versucht, zu Näpfen vorgezogene Blechteile in die geteilte Ausbauchform einzusetzen und durch einen Stempel zu verschließen. In den so gebildeten inneren Hohlraum wird Flüssigkeit durch den Stempel gepumpt, so daß sich der Blechnapf aufweitet und der Innenwand des Futters anschmiegt. Nach dem Ausbauchen wird das Futter in zwei oder mehr Stücke zwecks Herausnahme des geformten Teiles zerlegt oder auseinandergeklappt. Dabei muß die Luft vor dem Ausbauchen zwischen dem vorgezogenen Napf und der ausgehöhlten Form entfernt, evtl. sogar abgesaugt werden. Dieses Verfahren ist ziemlich alt und wird als Huber-Preßverfahren bezeichnet. Daneben haben auch Versuche ohne Entlüftung stattgefunden. An Stelle von Flüssigkeiten, wozu häufig Öl verwendet wurde, werden auch zähflüssige Stoffe, wie z.B. Fett und Mipolam für ähnliche Verfahren benutzt. Oft wird das Preßmittel nach Einsatz des Blechteiles in die Form in dasselbe eingefüllt und der niedergehende Stempel bewirkt das Ausbauchen. Die große Schwierigkeit liegt in der ausreichenden Abdichtung des Zargenhalses gegen den herabgehenden Stempel. Nach dem von Kranenberg entwickelten Hydroriegat-Verfahren wird ein unterschiedliches Druckgefälle derart angewendet, daß die in das Innere des auszubauchenden Gefäßes eingepreßte Flüssigkeit einen höheren Druck als die Druckflüssigkeit zwischen Futter und Werkstück aufweist, die schließlich infolge des im Innern des Gefäßes befindlichen Überdruckes aus dem Futter durch eine dafür vorgesehene Leitung entweicht. Alle diese Verfahren — das Huber-Preßverfahren ist etwa 60 Jahre alt —, haben sich nirgends recht eingeführt. Der Grund liegt in den nun einmal nicht zu vermeidenden Unterschieden in der Blechdicke. An seinen dünnen Stellen weitet sich das Blech rascher als an den dicken Stellen aus, wobei schon Dickenunterschiede von wenigen Prozent sehr viel ausmachen. Eine an der geschwächten Stelle sich bildende Beule wächst infolge der durch die Ausbeulung entstehende zusätzliche Schwächung noch weiter, so daß der Ausbauchvorgang unregelmäßig erfolgt und dann leicht Risse entstehen. Dieses hydraulische Preßverfahren zum Ausbauchen von Hohlkörpern hat sich daher nur bei verhältnismäßig dicken Kupfer- oder Messingblechen bewährt, welche in ihrer Dicke sehr gleichmäßig gewalzt sind. Auch bei anderen Werkstoffen ist die Gleichmäßigkeit der Dicke und der Dehnung innerhalb der Tafel bzw. der Zarge wichtig. Wie aus den vorausgegangenen Ausführungen zu S. 15 sich ergibt, ist die Zarge am Boden am dünnsten.

Hier wird also der Werkstoff zunächst zur Ausbauchung neigen und hier ist auch die gefährlichste Stelle. Es ist daher kein Fehler, wenn der Konstrukteur von Ziehteilen unter Berücksichtigung dieser Gefahr die Ausbauchformen derartig gestaltet, daß dieselben nicht bereits am Boden beginnen. Freilich läßt sich dies der jeweiligen Aufgabe entsprechend nicht immer einrichten. Von den in den folgenden Bildern gezeigten Ausbauchteilen ist das in Abb. 118 dargestellte wesentlich ungünstiger als die Formen nach Abb. 119 und 120. Bei den Ausbauchungen nach Abb. 118, 119 und

 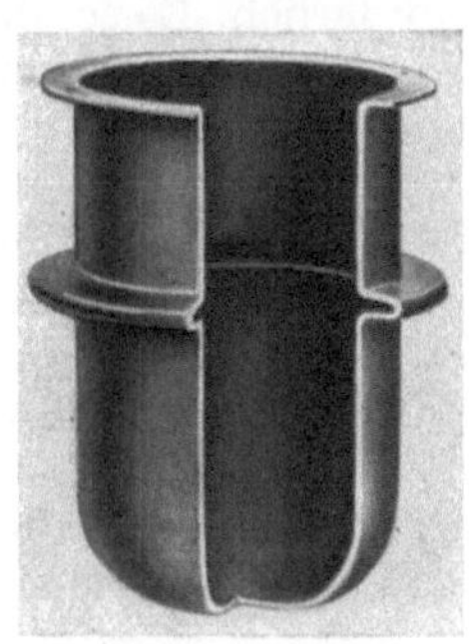 

Abb. 118. Hülse mit axial eingedrückter Ausbauchung am Boden

Abb. 119. Ziehteil mit Randflansch und axial eingedrückter Ausbauchung in Zargenmitte

Abb. 120. Ziehteil mit starker Mittenausbauchung

122 werden die Teile zunächst höher ausgebaucht und dann auf einen schmalen Schlitz mittels eines Stempels, der das Teil an oberen Zargenrand faßt und das Innere des Hohlteiles ausfüllt und somit unerwünschtes Einknicken der Zarge nach innen ausschließt, zusammengedrückt.

Etwas günstiger als bei Druckflüssigkeiten sind die Verhältnisse bei Gummi. Gewiß wird auch hier der Gummi versuchen, an den schwächsten Stellen des auszubauchenden Blechkörpers zuerst durchzudrücken. Immerhin ist der zusammenhängende Gummiblock kein Element wie eine Flüssigkeit, die keine elastische Bindung an die benachbarten Stoffteile besitzt. Im Gegensatz zu dem im vorausgegangenen Abschnitt behandelten Gummischnittzugverfahren haben sich Vollgummipreßkörper bewährt. Da in den Kittschichten eine geringere Elastizität vorherrscht als zwischen den Klebeflächen, so wird der Druck von Gummipolstern, die aus aufeinander gekitteten Lagen bestehen, gegen die Wandung ungleich. Größere Vollgummipreßkörper lassen sich andererseits schlecht herstellen, so daß die Anwendung des Verfahrens sich größenmäßig auf Teile bis zu etwa 500 mm Durchmesser beschränkt. Bei dem Ausbauchen mit Gummipolstern, die im allgemeinen aus Kautschuk einer Härte von DVM 50 angefertigt werden, beträgt die Lebensdauer etwa 2000 Pressungen.

Ein Verfahren, das zwischen dem Gummiausbauchen und Flüssigkeitsausbauchen steht, ist das Verfahren mittels unter Flüssigkeitsdruck stehenden Gummisäcken, die für feinmechanische Teile natürlich auch sehr klein sein können. Das zu Fußnote 1 auf S. 73 erläuterte Verfahren hat sich für die letztgenannten Teile kleinerer Abmessungen nach Erfahrungen der Praxis besser bewährt als für große Abmessungen, da dort der Verschleiß der Gummisäcke zu groß und daher dies Verfahren unwirtschaftlich ist. Schließlich wäre noch ein, wenn auch selten angewendetes Ausbauchverfahren unter Verwendung von Gummikugeln zu nennen. Doch werden diese Gummikugeln sehr bald schmierig, und das Ergebnis ist nicht allenthalben zufriedenstellend.

Es läßt sich zu den bereits geschilderten Abb. 118, 119, 120 und 122 nicht ohne weiteres sagen, ob sie nach einem der oben erwähnten Verfahren oder durch Drücken auf der Drückbank hergestellt sind. Für kleine Serien ist letzteres Verfahren bestimmt vorzuziehen. Wenn jedenfalls der Konstrukteur von Ziehteilen in der Lage ist, solche Konstruktionen, wie sie die in diesem Abschnitt enthaltenen Teile zeigen, zu vermeiden, so leistet er damit seiner Firma bestimmt einen Dienst, denn die dafür erforderlichen Werkzeuge sind nicht billig und bis zum endgültigen Gelingen sind häufig kostspielige Versuche erforderlich. Es sei daher empfohlen, insbesondere bei kleinen Serien Teile dieser Art nach Möglichkeit aus verschiedenen Stücken zusammenzusetzen, wozu die Abb. 176—191 auf S. 126—130 dem Konstrukteur von Blechteilen manche Anregungen geben.

Das in Abb. 121 dargestellte Teil dürfte zunächst als zylindrisches Tiefziehteil ohne Ansatz im ersten Zug hergestellt sein. Erst im zweiten Zug wurde unter einem Bockstanzenwerkzeug die Warze ausgezogen und gleichzeitig gelocht. Hierbei wird der Werkstoff außerordentlich stark beansprucht und der Konstrukteur sollte darauf bedacht sein, die Ansatzfläche einer solchen Warze möglichst niedrig und dicht an die Zarge zu verlegen. Ein solches Teil mag in der Herstellung

Abb. 121. Einfacher Rundzug
mit ausgebauchtem Ansatz

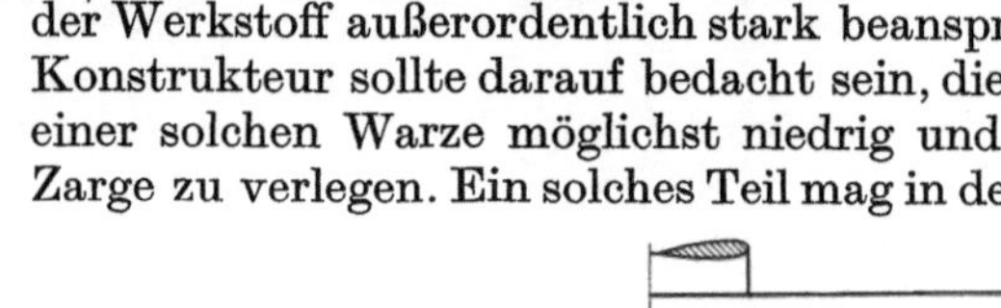

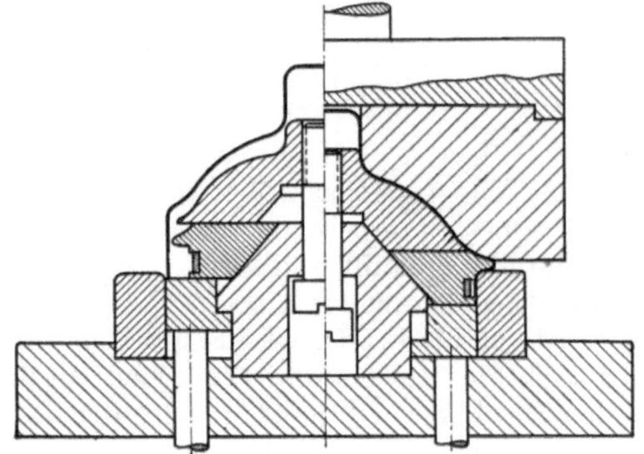

Abb. 122. Rotationskörper für
Zentrifuge mit axial eingedrückter Ausbauchung am Rand

Abb. 123. Ausbauchen eines Kaffeekannendeckels mittels Spreizstempel

viel einfacher als die in Abb. 118, 119, 120 und 122 gezeigten Blechteile sein, da es ohne Anwendung von druckelastischen Mitteln herzustellen ist. Zuweilen findet man auch Ausbauchwerkzeuge mit verschiebbaren Segmenten. Abb. 123 zeigt ein solches für die Herstellung von Kaffeekannendeckeln. Doch besteht der Nachteil von Werkzeugen dieser Art darin, daß beim Vorschub der Segmentstempel nach außen sich zwischen denselben Abstände bilden, so daß sich die äußeren Kanten der Segmentstücke in das Werkstück sichtbar einprägen. In Abb. 123 ist das Werkzeug links ohne Oberstempel dargestellt und zeigt nur das dort aufgesetzte vorgeformte Blechteil. Beim Herabgehen des rechts gezeigten Oberstempels wird das vorgeformte Blechteil zunächst nach unten gedrückt, wobei gleichzeitig das Innenfutterstück nach unten mitgeht und dabei die darunter befindlichen Segmentstempel, welche gegen das kegelige Mittelstück anliegen, nach außen drückt. Dadurch erfolgt ein Herausstoßen des gestauchten Bleches und die Umformung des Teiles zum Kannendeckel mit dem vorspringenden Falz. Durch ein in der Zeichnung angedeutetes, um die Segmentstempel außen herumgelegtes Gummiband werden dieselben zusammengehalten und nach innen gedrückt. An Stelle eines solchen Gummibandes kann dies auch durch herumgelegte Spiralfedern oder durch federnde Elemente besorgt werden. Die die Bodenplatte des Werkzeuges durchlaufenden Stößelbolzen bewirken ein Anheben des Auswerferringes und stehen unter dem Druck eines Ziehkissens oder eines Federdruckapparates.

Es gibt eine ganze Anzahl sehr stark ausgebauchter Teile, wie z. B. die Feldflasche, die erst in mehreren Zügen zu einem zylindrischen Ziehteil vorgeformt und auf der Drückbank im Außenfutter gefaßt angehalst wird. In diesem Zustand erhalten die Feldflaschen meistens ihre Verschraubung. Sie werden mit Sand gefüllt, verschraubt und unter einer Presse flachgedrückt. In welchem Umfange dabei Zwischenglühen notwendig ist, hängt von der Verwendung des jeweiligen Werkstoffes ab.

4.62 Ausbauchen mittels Stauchung. Es wurde bereits in den vorausgehenden Abschnitten hervorgehoben, daß das Stauchen des Werkstoffes im allgemeinen für die Werkstatt eine schwierigere Aufgabe als ein Ziehen bzw. Ausdehnen bedeutet. Man kann an Stelle einer durch Innendruck ausgebauchten bzw. in der Zargenmitte ausgedehnten Form die gleiche oder eine ähnliche Gestalt erhalten, indem man dasselbe Teil mit seinem größten Durchmesser vorzieht und dann an den Enden, d. h. am oberen Rand und am Boden von außen nach innen zusammengedrückt bzw. staucht. Ein solches Verfahren wird infolge der besonderen Schwierigkeit, auf die im Rahmen dieses Buches nicht näher eingegangen werden kann, nur sehr selten angewendet, kann aber zuweilen zum Erfolg führen, wie dies im folgenden Beispiel für die Fertigung von Bierfässern aus Leichtmetallblechen geschildert wird[1].

Das Leichtmetallbierfaß wird ebenso wie dasjenige nach Abb. 67 aus einer 4 mm dicken Zuschnittsscheibe hergestellt, jedoch das ganze Faß und nicht nur die Faßhälfte. Diese Scheibe von 960 mm Durchmesser wird im 1. Zug auf 600 mm ($\beta_1 = 1{,}6$), im 2. Zug auf 480 mm ($\beta_2 = 1{,}25$) und im 3. Zug, der in Abb. 124 links an erster Stelle gezeigt ist, auf 390 mm ($\beta_3 = 1{,}23$) gezogen. Durch beiderseitiges Stauchen — nicht Ziehen — wird das Faß erhöht und an beiden Enden auf 301 mm Durchmesser eingezogen. Hierdurch werden die Wanddicken verstärkt, was für die Festigkeit des Fasses sehr günstig ist, zumal es an den Stirnseiten beim Transport am meisten beansprucht wird. Ein in diesem Arbeitsgang gestauchtes Teil ist in Abb. 124 an zweiter Stelle zu sehen. Nach Ausschneiden des Bodens werden die Zargenränder angebördelt um

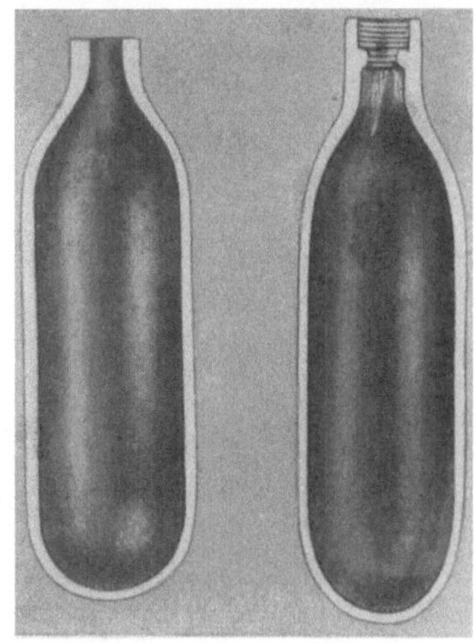

Abb. 124. Gestauchtes Leichtmetallbierfaß

Abb. 125. Eingehalste Atomiseur-Bomben

später mit den dort eingesetzten geprägten Faßdeckeln verbördelt zu werden. Neben diesem an dritter Stelle in Abb. 124 dargestellten Faß steht an vierter und letzter Stelle das fertig bandagierte Bierfaß mit angeschweißter Laufringverstärkung.

Abb. 125 zeigt als weitere gestauchte Ausbauchformen aus 1 mm dickem Stahl-

---

[1] Das hier geschilderte Verfahren wurde von den Senking-Werken in Hildesheim entwickelt.

blech hergestellte kleine Gasdruckbehälter, wie sie an den Atomiseurapparaten für Zahnärzte und als Flaschensyphons über den Verschlüssen von Sodaflaschen angebracht werden. Die Teile werden in vier Zügen zunächst auf einen Durchmesser von etwa 18 mm und eine Tiefe von 70 mm gezogen und in vier weiteren Stauchzügen wird der Hals auf 7 mm verjüngt. Bei dem linken aufgeschnittenen Teil ist deutlich die Verdickung der Wand infolge des Stauchvorgangs zu sehen. Das rechte Teil zeigt ein fertig bearbeitetes Gefäß, wobei die Querschnittverengung unter dem Gewinde durch eine zusammengestauchte Sicke erzeugt wurde[1]. Es sind auch Versuche gemacht worden, Teile dieser Art durch Fließpressen herzustellen. Doch fielen für den hier geschilderten Zweck bei diesen Teilen die Böden zu dick und somit die kleinen Behälter zu schwer aus, so daß dem Tiefziehen der Vorzug gegeben wurde. Es ist dies ein Beispiel dafür, daß gerade für den Leichtbau von kleinen Behältern das Tiefziehen mitunter das geeignetere Fertigungsverfahren ist.

4.7 Schlagtiefziehen

Beim Schlagtiefziehen wird das Teil zunächst in herkömmlicher Form tiefgezogen. Anschließend fährt der Pressenstößel mit dem Stempel nach oben und fällt aus einer vorher eingestellten Höhe durch Eigengewicht nach Lösung der Halterung oder durch zusätzliche ölhydraulisch gesteuerte Stöße nach unten und schlägt den Stempel gegen das vorgeformte Blech. Diese Schläge können in kurzer Zeitfolge ohne Unterbrechungen wiederholt werden. Es hat sich gezeigt, daß eine größere Anzahl derartiger Nachschläge aus geringer Höhe für die Festigkeit des Werkstückes

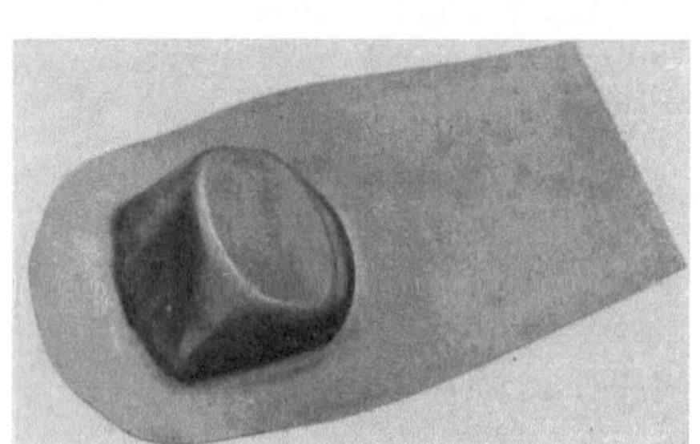

Abb. 126 Vorform
Abb. 127 Fertigform

Abb. 126 und 127. Unter einer Schlagziehpresse hergestellter Armaturenträger

günstiger ist als wenige Schläge aus großer Höhe. Der Vorteil des Schlagziehens beruht auf der Einhaltung genauer Maße und der Beseitigung von sich im ersten Zug bildender Falten. Weiterhin lassen sich sonst schwer ziehbare unsymmetrische Formen hiernach leichter herstellen. Abb. 126 zeigt ein auf einer Schlagziehpresse im ersten Zug nicht auf Endtiefe vorgezogenes und Abb. 127 das gleiche mit einem zweiten Werkzeug und einem Nachschlag fertig gezogene Teil[2], wodurch ein dritter Arbeitsgang gespart wurde. Die Falten des Vorzuges sind im zweiten Zug sauber ausgeschlagen, und die Kanten des Armaturenträgers treten infolge des Nachschlages sauberer hervor.

---

[1] Das vorstehende Verfahren wurde von der Firma Kortenbach & Rauh in Solingen-Weyer entwickelt und ist im Buch von OEHLER-KAISER: Schnitt-, Stanz- u. Ziehwerkz. 5. Aufl., Berlin/Heidelberg/New York: Springer 1966 auf S. 461 beschrieben.

[2] Hergestellt unter Lasco-Schlagziehpresse.

4.8 Hydraulisches Tiefziehen

Über die unmittelbar hydraulisch beaufschlagenden Umformverfahren — nämlich das Huber- und das Hydroriegatverfahren —, wurde in Verbindung mit den Ausbauchverfahren zu S. 94 berichtet und auf ihre Nachteile in bezug auf Stellen geringer Festigkeit und Blechdicke hingewiesen. Weniger empfindlich diesen Einflüssen gegenüber ist das von Bürk[1] entwickelte hydromechanische Tiefziehen, auf das auch bereits Panknin[2] als membranloses Hydroformverfahren hinwies. Im Gegensatz zu den oben bezeichneten Verfahren, wo die Druckflüssigkeit das Blech gegen ein Gesenk drückt, wird hier das Blech gegen den herabgehenden Stempel gepreßt und schmiegt sich an denselben an. So sind bei zylindrischen Zügen bis um 50% höhere Ziehverhältnisse unter ·Einsparung der Zwischenstufen erreichbar. Besonders konische Formen und solche unregelmäßiger Gestalt lassen sich hiernach leicht herstellen. Insofern bietet dieses Verfahren zahlreiche Möglichkeiten, von denen 9 verschiedene Formen und ihre Werkzeuganordnung hier kurz erläutert werden. So zeigt Abb. 128 die Herstellung einer konischen Form unter einer einfach wirkenden Presse. Gerade für derartige unzylindrische Teile, die beim herkömmlichen Tiefziehen infolge Faltenbildung mitunter Schwierigkeiten machen, ist das hydromechanische Tiefziehen außerordentlich günstig. Über dem Ziehring s wird der Blechhaltering b aufgesetzt und mittels konischer Stifte t mit diesem beiderseits verriegelt. An Stelle der hier gezeichneten konischen Stifte können auch Exzenterspannhebel verwendet werden, wie sie im Vorrichtungsbau üblich sind. Im allgemeinen werden solche Werkzeuge selten verwendet, sie eignen sich auch nur für verhältnismäßig niedrige Züge.

Wesentlich günstiger ist das Arbeiten unter von oben zweifach wirkenden Pressen, wofür auch die weiteren hier abgebildeten Werkzeuge vorgesehen sind. Dabei kann man sich die vorteilhaften Eigenschaften, wie sie beim Einfließwulst bekannt sind, zunutze machen, indem, wie in Abb. 129 links dargestellt, der Blechhalter mit einer Aussparung versehen ist, die gewissermaßen einen nach oben begrenzten Stülpzug gestattet. Im linken Teil der Abb. 129 ist diese für den Blechhalter angedeutet, im rechten Teil hingegen liegt das Blech gegen einen gesteuerten Blechhalterschieber n an, der zunächst bis zur gestrichelt angedeuteten Lage vorgeschoben und erst während des Tiefziehens von der schrägen Fläche des Stempels zurückgedrückt wird. Bei Werkzeugen mit begrenztem Stülpzug werden mitunter erheblich höhere Ziehverhältnisse erreicht, als dies sonst möglich ist. Demgegenüber findet der unbegrenzte Stülpzug nach Abb. 130, welcher einen hydraulischen Kreislauf mit Pumpe voraussetzt, seltener Anwendung. Es muß hier nämlich die Zulaufmenge genau dosiert werden, damit nicht das Blechteil nach oben herausgestoßen, sondern noch im Bereich der Dichtung bei stehenbleibendem Blechflansch gehalten wird. Weiterhin wird sich in der Mitte des hochgestülpten Blechteiles Luft ansammeln, die durch ein in seiner Höhe verschiebliches Entlüftungsrohr q abgeführt werden muß.

In den meisten Fällen wird das hydromechanische Tiefziehen für Anschlagzüge, d. h. in einem Zug hergestellte Ziehteile eingesetzt. Doch ist es durchaus möglich, auch bereits vorgezogene Teile hydromechanisch weiterzubearbeiten, wozu die Weiterschlagwerkzeuge zu Abb. 131 Anwendungsbeispiele darstellen. In Abb. 131 links wird der Vorzug, wie beim Weiterschlagziehen üblich, auf den rohrförmigen

---

[1] Bürk, E.: Das hydromechanische Ziehverfahren. Mitt. Forsch. Blechverarb. 1963, Nr. 15, S. 217—224, — Oehler-Kaiser: Schnitt-, Stanz- u. Ziehwerkz. 5. Aufl. Berlin/Heidelberg/New York: Springer 1966, S. 507—513.

[2] Panknin, W.: Werkzeuge zur Anwendung des Hydroformverfahrens. Mitt. Forsch. Blechverarb. 1956, Nr. 11, S. 130, Abb. 8 u. 9.

Blechhalter aufgesetzt bzw. der Blechhalter stößt nach unten in den vorgezogenen Napf. Selbstverständlich wäre es bei diesem Teil günstig, wenn das vorgezogene Teil im Bereich der Blechhaltung unter einer Einlaufschräge von 40° in das mit Wasser gefüllte Unterwerkzeug gezogen würde. Im Fall der Abb. 131 rechts wofür das gleiche Werkzeug mitunter verwendet werden kann, wird der vorgezogene Napf über den Ziehring aufgesteckt und gewissermaßen im Stülpzug fertiggezogen.

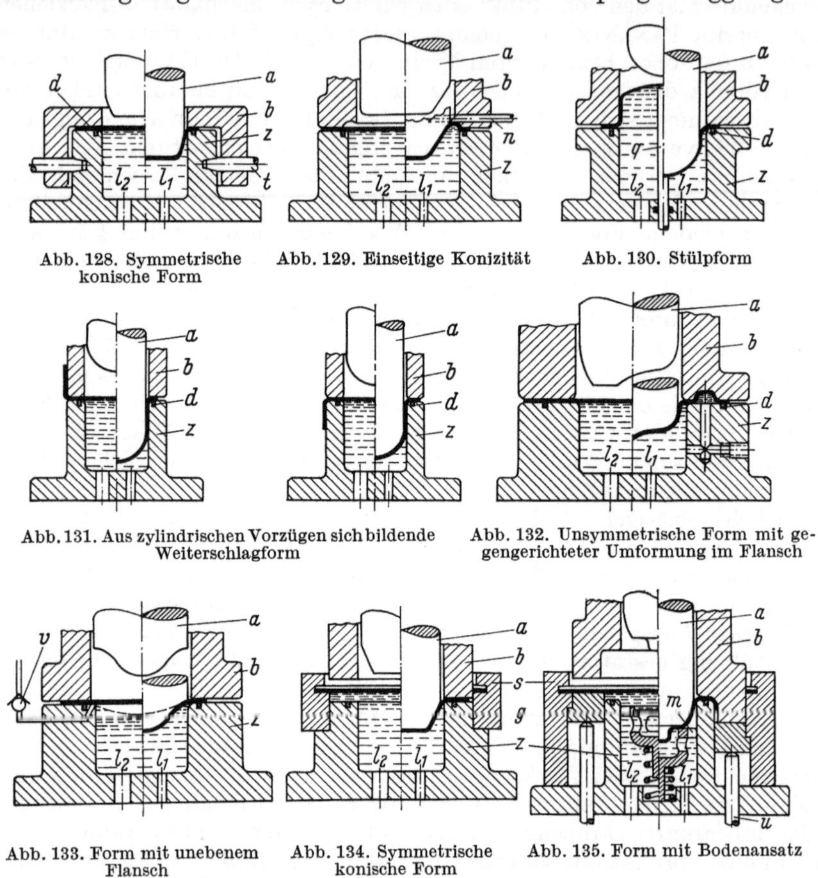

Abb. 128. Symmetrische konische Form

Abb. 129. Einseitige Konizität

Abb. 130. Stülpform

Abb. 131. Aus zylindrischen Vorzügen sich bildende Weiterschlagform

Abb. 132. Unsymmetrische Form mit gegengerichteter Umformung im Flansch

Abb. 133. Form mit unebenem Flansch

Abb. 134. Symmetrische konische Form

Abb. 135. Form mit Bodenansatz

Abb. 128—135. Werkzeuge für hydromechanisches Tiefziehen (nach BÜRK); a Stempel, b Blechhalter, d Dichtung, g Gegenhalter, l_1 Ablauf-, l_2 Zulaufleitung, m mittiger Einsatz, n Schieber, q Entlüftungsrohr, v Entlüftungsventil, z Ziehring

Es kann Fälle geben, wo ein Ziehteil derart gestaltet ist, daß die Umformung nicht nur unterhalb, sondern auch oberhalb des Blechflansches vollzogen werden soll, eine Aufgabe, die im herkömmlichen Ziehverfahren meist nur schwierig zu lösen ist. Hier beim hydromechanischen Tiefziehen kann man sich derart helfen, indem gemäß Abb. 132 vom Wasserbehälter des Unterwerkzeuges Kanäle gebohrt werden, die Druckwasser zu Aussparungen des Oberwerkzeuges führen. Selbstverständlich müssen diese Aussparungen innerhalb der umlaufenden Dichtung liegen.

Im allgemeinen ist stets von einer ebenen Blechfläche auszugehen und auch die Zuschnitte sind eben auszuführen. Nun mag es jedoch Teile geben, die eine ebene Ausführung der Ziehringoberfläche nicht gestatten, wie dies das Ziehwerkzeug in

Abb. 133 für Teile mit unebenem Flansch veranschaulicht. Selbstverständlich würde bei offenen Werkzeugen das Wasser an der niedrigsten Randstelle des Ziehringes ablaufen und erst nach Schließen des Werkzeuges läßt sich der Wasserspiegel bis zur Unterfläche des eingelegten Blechzuschnittes erhöhen. Die dabei eingeschlossene Luft muß an der höchsten Stelle, d. h. unmittelbar unter dem eingelegten Blech an der Ziehkante entweichen können, dafür sind Kanäle zu bohren. Am Austritt dieser Entlüftungskanäle sind Rückschlagventile v derart anzuordnen, daß dort Luft abblasen kann, hingegen anschließend austretendes Wasser abgesperrt wird.

Der Anbau von Schnittringen an derartigen Werkzeugen bildet grundsätzlich keine Schwierigkeit. In diesem Fall arbeitet die Außenkante des Blechhalters als innerer Schnittring und ist mit gehärtetem Stahleinsatz zu bestücken, was hier in Abb. 134 und 135 nicht besonders hervorgehoben wird. Ebenso besteht der äußere Schnittring nicht, wie hier dargestellt, aus einem Stück, vielmehr werden die Streifenführung und der Abstreifring auf den Schnittring aufgeschraubt. Abb. 134 zeigt in Anlehnung an Abb. 128 ein einfaches Schnittzugwerkzeug. Es läßt sich nicht verhindern, daß das Preßwasser zunächst über den Ziehring tritt und zwischen einzuschiebenden Blechstreifen und Streifenein- und -ausführung herausfließt. Bei diesen Schnittzugwerkzeugen ist daher auf eine möglichst gute Vordosierung zu achten, um unnötige Wasserverluste zu vermeiden und die Arbeit an der Presse nicht zu stören. Ein wesentlich komplizierteres Teil zeigt das gleichfalls als Schnittzug ausgebildete Stülpzugwerkzeug der Abb. 135. Hier wird durch Druckstifte u ein Gegenhaltering unter Vorspannung nach oben gedrückt, der zwischen dem Schnittring s und dem Ziehring z liegt und vom sich senkenden vorstehenden Blechhaltering b abwärts gedrückt wird. Gewiß wird auch hierbei das Preßwasser im Anfang über den Ziehring treten, jedoch ist dies sehr viel weniger Wasser, als wenn der Zwischenraum zwischen Ziehring und Schnittring damit ausgefüllt würde. Unter Wegfall des Gegenhalters würde sich zwischen Ziehring und Schnittring ein Wasserpolster bilden, das einen Stülpzug durch den Blechhalter verhindert. Es müßte dann schon eine Ablaufleitung mit einem Druckregelventil dafür vorgesehen werden. Das hier dargestellte Werkstück ist insofern etwas schwierig, als sich außer dem umgestülpten Rand auch noch ein mittlerer Ansatz daran befindet. Wenn dieser, wie hier gezeigt, im Durchmesser verhältnismäßig klein ist und eine Vorstülpung dafür nicht in Frage kommt, so ist ein besonderer Blechhaltedruck von unten gegen die Kante vorgesehen, was durch einen mittigen unter Federdruck stehenden Blechhalter m geschieht, der seinerseits innerhalb des Ziehringes geführt ist und Durchbrüche aufweist, damit das Preßwasser zugeführt werden kann. Die Größe der Durchbrüche, wie überhaupt die Durchtrittsquerschnitte für das Preßwasser sind für den Ausfall derartiger Teile wichtig. Ihre richtige Größe ist mitunter durch Versuche zu ermitteln. In diesem Fall wird es zweckvoll sein, möglichst große Durchtrittsquerschnitte für den Innenraum des auf Federn ruhenden Einsatzes m vorzusehen, damit gerade die

Abb. 136. Hydromechanisch tiefgezogene Blechteile

kritischsten Stellen durch Preßwasser gegenüber anderen stärker beaufschlagt werden. In seiner unteren Endstellung stößt das mittlere Einsatzstück gegen den Boden auf und drückt die äußere Kante nach, soweit es auf deren genaue Abmessung besonders ankommt. Es ist auch möglich, auf diese Art und Weise Hohlprägungen am Boden des Ziehteiles durchzuführen, wobei dann allerdings der Einsatz am besten massiv auszubilden ist. Dabei darf die Möglichkeit des Entweichens von Preßwasser aus der Form nicht übersehen werden. Drei in einem Zug hydromechanisch tiefgezogene Teile sind in Abb. 136 dargestellt, Dem linken zylindrischen Napf entspricht ein Ziehverhältnis $\beta = 2{,}4$, das selbst bei höchster Tiefziehgüte im herkömmlichen Verfahren niemals erreicht werden kann. Ebenso lassen sich die beiden anderen Teile sonst nur in mehreren Ziehstufen herstellen. Die Teile sind etwa 120 bis 200 mm hoch, ihre Blechdicke beträgt 1 bis 2 mm.

4.9 Hochenergie- und Hochgeschwindigkeitsumformung

In jüngster Zeit ist viel von den Hochenergie- und Hochgeschwindigkeitsumformverfahren die Rede. Die Entwicklung läßt sich zur Zeit noch nicht absehen, das Schrifttum dieses Gebietes ist gewaltig angewachsen und kaum noch übersehbar. Auf dem Markt befinden sich zur Zeit etwa 10 verschiedene Bauarten von Pressen und Hämmern, die zumeist mittels komprimierten Gases, teils mittels Sprengstoff betätigt werden. Außerdem bestehen die ohne Presse frei arbeitenden Explosivumform- und Unterwasserblitz (Hydrospark-) sowie die Magneformverfahren. Dabei handelt es sich keineswegs um typische Blechumformverfahren, sondern viel eher um Aufgaben, die bisher dem Schmieden- und Warmpressen, sowie der Massivkaltumformung und dem Fließpressen oblagen. Immerhin verdienen diese zumeist noch in der Entwicklung befindlichen Verfahren die Aufmerksamkeit des Blechverarbeiters und somit auch des Konstrukteurs von Blechteilen, soweit sein Betrieb über entsprechende Einrichtungen verfügt.

Von allen diesen Verfahren dürfte das Magneformverfahren in seiner Entwicklung einen gewissen Abschluß erreicht haben, wenn auch anzunehmen ist, daß in absehbarer Zeit noch stärkere Einheiten geliefert werden. Zur Zeit lassen sich mit den vorhandenen Einrichtungen nur dünne Bleche zu flachförmigen Teilen umformen. Eine ideale Aufgabe ist beispielsweise die Herstellung von Milchkühlerlamellen, dünnen Leichtmetallblechen mit eingeprägten Rillen für die durchströmende zu kühlende Flüssigkeit nach Abb. 137. Die Wirkungsweise dieses Verfahrens beruht darauf, daß die für die Umformung erforderliche elektrische Energie in Kondensatorenbatterien gespeichert und stoßweise über eine Spule entladen wird, welche zwischen sich und dem Werkstück ein magnetisches Feld aufbaut und in dem leitenden Werkstück Wirbelströme induziert. Infolge der bei den hohen Beschleunigungen auftretenden Trägheitskräften besteht die Gefahr, daß nur wenig Werkstoff über die Ziehkanten fließt, und dort der Werkstoff erheblich gedehnt bzw. geschwächt wird. Das eigentliche Anwendungsgebiet des Magneformverfahrens liegt daher weniger in der Blechumformung, sondern mehr auf dem Gebiet des Aufweitens

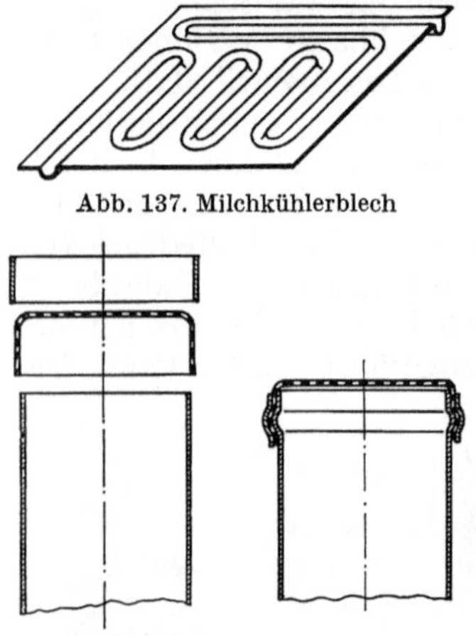

Abb. 137. Milchkühlerblech

Abb. 138. Siebverschluß

oder Einschnürens dünner Rohre oder Hohlprofile in Verbindung mit anderen Teilen. Ein Beispiel dafür zeigt der Siebverschluß an einem Rohr nach Abb. 138. Über das Rohrende werden das napfartig vorgezogene Siebgewebe und darüber ein Außenhaltering geschoben. Diese drei Teile werden im zusammengesteckten Zustand in eine Werkzeugform eingespannt und nach Einführen einer Spule in das Rohr vom anderen Ende aus durch deren Stoßentladung aufgeweitet. Die Außenform ist zwecks Herausnahme des Fertigteiles zu öffnen. Hohlgesenke und Dorne müssen zwecks Abziehen des fertigen Werkstückes meist geteilt ausgeführt werden, unterliegen aber nicht allzu hohen Festigkeitsbeanspruchungen, so daß dafür Formen aus einfachen Stählen, aber auch aus isolierenden Stoffen wie beispielsweise Hartholz, Bakelit, Plastik oder anderen Kunststoffen hergestellt werden können.

Bei den Schockwellenverfahren, worunter die Explosiv- und die Unterwasser-blitzverfahren verstanden werden, ist im allgemeinen mit höheren Werkzeug-beanspruchungen zu rechnen, obwohl selbst für große Teile Behelfswerkzeuge aus Beton oder gar nur aus Eis mitunter ausreichen. Das Explosivverfahren erfordert strenge Vorsichtsmaßnahmen, erfahrene Sprengmeister und einen Arbeitsplatz abseits von bewohnten Gegenden. Sonst sind jedoch die Werkzeug- und Anlagekosten gering. Wahrscheinlich wird sich dieses Verfahren auf Einzelfertigung und Klein-serien beschränken im Gegensatz zum Funken-entladeverfahren unter Wasser, wo die Anlage-kosten zwar hoch, jedoch eine Unfallgefahr durch Sicherheitsvorkehrungen weitestgehend einge-

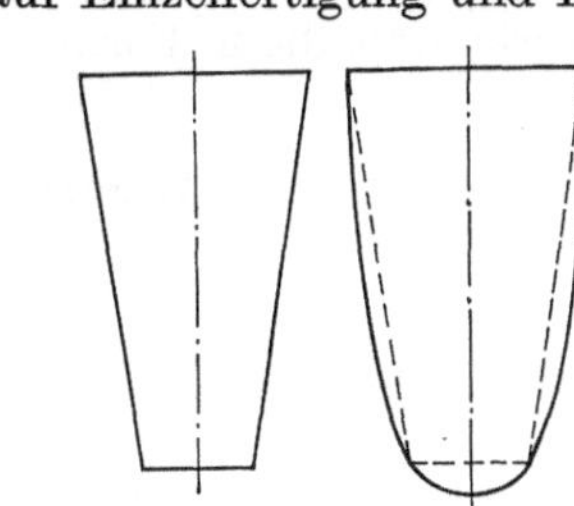

Abb. 141.Paraboloid

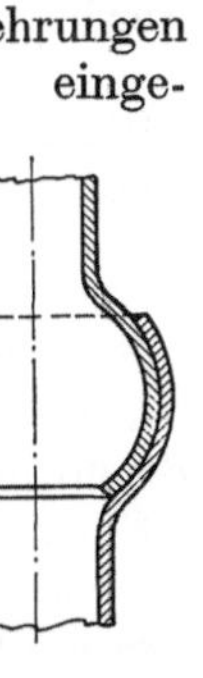

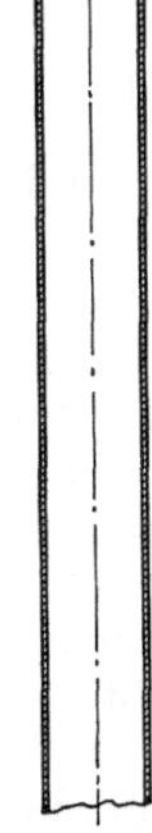
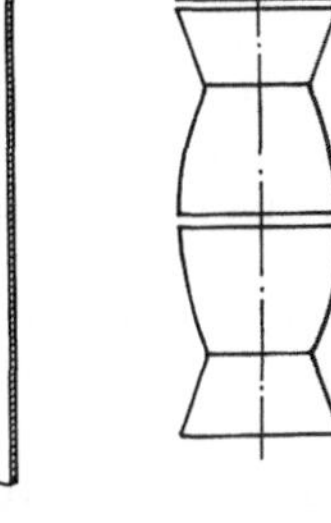
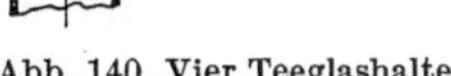
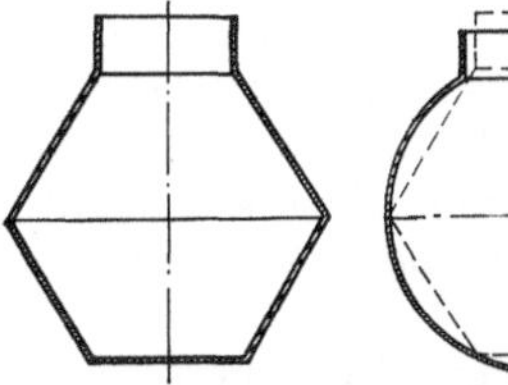

Abb. 139. Kugelgelenk   Abb. 140. Vier Teeglashalter   Abb. 142. Kugelgefäß

schränkt und die Energie sehr viel genauer dosiert und gelenkt werden kann. So ist zu erwarten, daß selbst in automatisierten Straßen Hydrosparkeinrich-tungen untergebracht werden können. Es mögen hier vier Werkstücke kurz beschrieben werden, die mittels Explosivverfahren heute bereits hergestellt und ebenso mittels Funkenentladung unter Wasser gefertigt werden könnten[1]. Auch hier wird viel mit umgeformten Rohren gearbeitet. So zeigt Abb. 139 links zwei ineinander gesteckte Rohre, von denen das innere am einzusteckenden Ende außen mit Graphit eingepudert wird. Nach der Explosion läßt sich aus der ge-teilten Form eine fertige Kugelgelenkverbindung nach Abb. 139 rechts heraus-nehmen. Aus dem dünnen Messingrohr links in Abb. 140, das in eine Form ein-geschoben wird, fallen nach der Explosion vier Teeglashalter an. Durch Querschlitze in der Außenform werden dabei schmale Messingstreifen herausgeschleudert. Es wird also aufgeweitet und getrennt. Der in Abb. 141 links dargestellte etwa 1200 mm hohe oben offene konische Behälter aus 1,5 mm dicken Stahlblech wird durch Schweißen einer konisch gerundeten Geife mit dem Boden hergestellt. Nach Ein-satz in eine Form und sorgfältiger Evakuierung der Luft zwischen Form und oben abgedichteten Behälter wird unter Wasser mittels Explosivstoff der Behälter zum Paraboloid gemäß Abb. 141 rechts aufgeweitet. In entsprechender Weise wird das

---

[1] Die Teile nach Abb. 139, 140 und 142 wurden in der WMF Geislingen, diejenigen nach Abb. 141 von der MAK, Kiel-Friedrichsort hergestellt

vorher aus zwei konischen Mänteln, einem Boden und einem zylindrischen Hals-
mantel geschweißte Teil nach Abb. 142 zum Kugelgefäß aufgeweitet. Die Anzahl
der Beispiele ließe sich beliebig erweitern. Aus ebenen Zuschnitten werden Kinder-
badewannen, Korb- und Klepperböden, schalenförmige Teile der verschiedensten
Form angefertigt. Immerhin kostet das Ausprobieren viel Zeit und Geld, so daß der
Konstrukteur von Blechteilen auf diese Verfahren nur dann zukommen wird, wenn
dies im herkömmlichen Verfahren nicht möglich ist. Dies gilt insbesondere für Blechformteile aus Werkstoffen, die sich in herkömmlichen Verfahren kaum oder gar
nicht bearbeiten lassen. Hierzu gehören beispielsweise die hochchromhaltigen sowie
Titan- und Zirkoniumhaltigen Legierungen, die in der Flugzeugtechnik zu Strahl-
triebwerken und in der Raketentechnik verwendet werden. Es sind dies hochwarm-
feste Werkstoffe, die in Form von Blechen ausgewalzt und verarbeitet werden.

5. Besonderheiten von Ziehteilen

5.1 Gebördelte Ziehteile

Sowohl zylindrische als auch unzylindrische Ziehteile werden am Rand gern
mit einem Bördel versehen, da sich die scharfe oder schartige Schnittkante sonst
schlecht anfassen läßt. Das gilt insbesondere von solchen Behältern, die häufig
in dauernden Gebrauch genommen werden, z. B. Haushaltgeräte, Verpackungs-
behälter. Bei dünnwandigen ist ein solches Bördeln notwendiger als bei Ziehteilen
aus dickem Blech, da der dicke Rand durch Abdrehen, Abschleifen oder ein anderes Verfahren gerundet werden kann und die scharfen Kanten verbrochen werden.

Der Außenbördel ist beliebter als der Innenbördel. Dies liegt daran, daß sich
im allgemeinen Blech viel leichter ausdehnen, also ziehen und schwieriger stauchen,
also zusammendrücken läßt. Im letzteren Falle gibt es oft Stauungen im Werkstoff und Falten, die bei sehr dicken Blechen sogar zu Einknickungen im Bördel
führen können. Der Querschnittdurchmesser des Bördelwulstes soll möglichst klein
gehalten werden, um nicht allzu großer Stauch- und Ziehbeanspruchung ausgesetzt
zu werden. Der innere Querschnittsdurchmesser eines solchen Rundbördels soll
etwa dem drei- bis fünffachen Mindestbiegehalbmesser entsprechen, über dessen
Größe auf S. 22 bereits berichtet wurde.

Der äußere Rundbördel ist auch in der Fertigung sehr viel leichter als der
Innenrundbörtel nach Abb. 69 und 77. Beim Außenrundbördel zieht man den
letzten Zug nicht völlig durch, sondern läßt einen schmalen Flansch stehen, der
außen dicht am Zargenumfang beschnitten wird. Es bleibt somit eine kleine Rundung des Blechrandes nach außen, wodurch beim Herabdrücken des Werkstückes
in das Bördelwerkzeug der Presse die Umformung viel leichter eingeleitet wird.

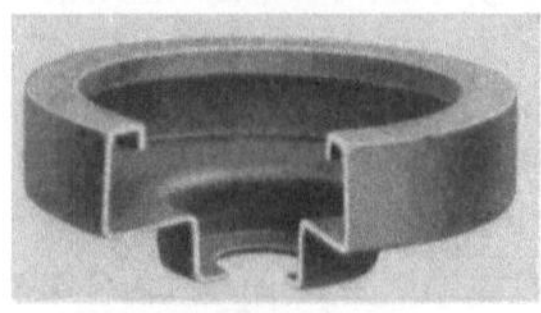

Abb. 143. Ziehteil mit schwierig
herzustellendem Innenbördel am
oberen Rand

Das Bördeln geschieht durchaus nicht immer unter
Ziehpressen, sondern sehr häufig auch unter anderen
Pressen oder auf Drückbänken. Aber auch dort sind
nach innen umgelegte Bördel, wie beispielsweise ein
solcher am Ziehteil oben in Abb. 143 erkennbar ist,
schwierig anzufertigen. Die Herstellung eines solchen,
hier aufgeschnitten gezeigten Teiles ist mit derartigen
Umständen verbunden, daß der Konstrukteur derartige
Formen möglichst vermeiden sollte.

Häufig wird unter Bördeln auch das Hochstellen des Randes von Blechen zu
einer kurzen Zarge verstanden, wie es beispielsweise die Teile in Abb. 43 und 44
zeigen. Zur Herstellung von Ziehteilen einer so geringen Zargenhöhe genügen

Ziehstempel und Ziehring, der Blechhalter kann dort fortfallen. Dies bedingt eine erhebliche Verbilligung des Werkzeuges. Der Konstrukteur von Ziehteilen geringer Zargenhöhe sollte daher wissen, bis zu welcher Zargenhöhe er gehen kann, um den Fortfall des Niederhalters auszunutzen. Diese ohne Niederhalter erreichbare Zargenhöhe h in mm ist abhängig von der Blechdicke s und dem Ziehdurchmesser d; beide sind in mm in folgende empirische Gleichung einzusetzen:

$$h \leqq 0{,}3 \; \sqrt[3]{d^2} \cdot \sqrt{s} \,. \tag{29}$$

Bei nicht runden Böden ist an Stelle von $d = 2\,r$ einzusetzen, wobei man unter r den kleinsten Eckenrundungshalbmesser der Form in mm versteht.

5.2 Versteifte Ziehteile

An sich sind die weitaus meisten Ziehteile derartig in sich steif, daß eine zusätzliche Verrippung nicht notwendig ist. An all den Stellen, wo der Werkstoff die Fließgrenze überschritten hat und eine gewölbte Form erzeugt wird, bedarf es einer zusätzlichen Verrippung durch Sicken nur in ganz seltenen Fällen. Es gibt die verschiedensten Arten der Versteifung. Beliebt ist besonders im Flugzeugzellen- und Karosseriebau eine Stabilitätsverbesserung von Blechkonstruktionen mittels des Schalenbaues, d. h. mittels eines mit dem zu versteifenden Teil näherungsweise konzentrischen anderen Teiles.

Soweit ebene Blechflächen Knickbeanspruchungen unterworfen werden, haben Versuche des Verfassers ergeben, daß der Widerstand gegen Knicken wächst, wenn an den gegenüberliegenden Seiten der Sinn der Einbugrichtung umgekehrt wird. Diese kann man bei ebenen Flächen selbstverständlich nicht voraussehen. Es läßt sich jedoch durch flache Hohlprägung in verschiedener Richtung an den gegenüberliegenden Stellen die Neigung der Einbugrichtung beim Knicken gemäß Abb. 144 vorbereiten, wodurch eine viel bessere Versteifung gegen Knickbeanspruchung gewährleistet wird. Jedenfalls gilt bei Versteifungsproblemen ebener Flächen, daß oft der Versuch ganz andere Ergebnisse zeitigt als die Berechnung. Überall dort, wo von einer richtigen Versteifung sehr viel abhängt, sollte auf Modellversuche nicht verzichtet werden, zumal es einfach ist, unter Aushaucheren solche durch Sicken versteifte Modelle billig herzustellen.

Oft werden Blechteile auch dadurch versteift, daß man Rippenversteifungsbleche auflegt und anschweißt. Teilweise werden aus dem Blech selbst Versteifungsrippen

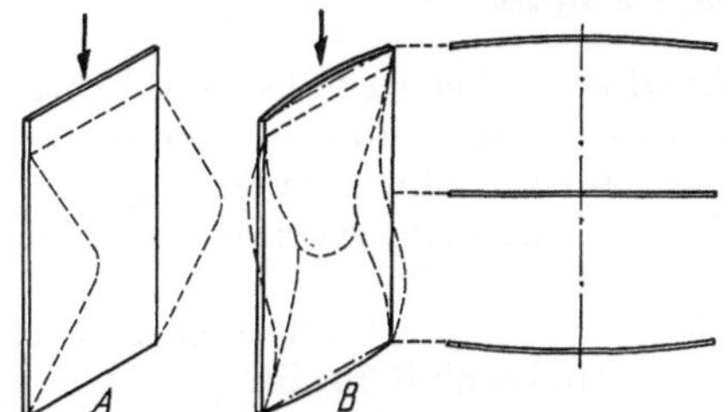

Abb. 144. Knickumformung ebener und beiderseits umgekehrt gekrümmter Flächen

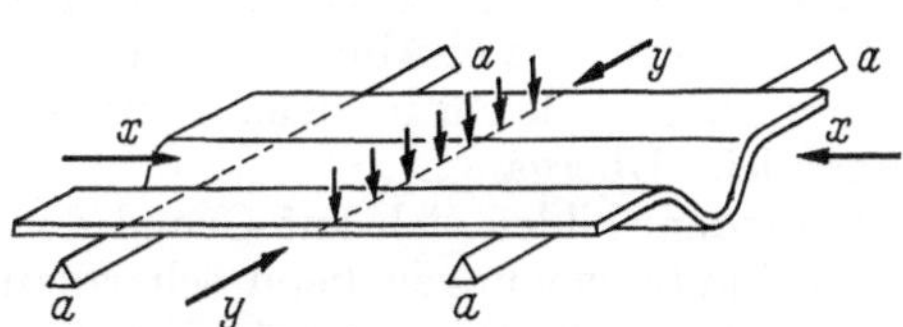

Abb. 145. Beanspruchungsrichtungen an einer eingeprägten Sicke

herausgeprägt. Bei diesem Verfahren kann man zwar das Verhältnis einer Versteifungsverbesserung gegenüber dem unversteiften Zustand errechnen; sobald man jedoch die Teile einer Knickbeanspruchung unterwirft, ändert sich sehr schnell das Bild, und es ist durchaus nicht so, daß die mit ausgeprägten Sicken versehene Platte sich steifer bzw. gegen Umformbeanspruchung geschützter verhält als andere. Die

Gründe, weshalb mit Sickenmustern versehene Platten sich nicht so günstig verhalten, wie nach der Berechnung angenommen werden könnte, beruhen wahrscheinlich auf der Schwächung des Werkstoffes beim Einprägen der Sicken; denn hier wird innerhalb eines verhältnismäßig kleinen Gebietes wenig Material einer sehr starken Streckbeanspruchung unterworfen. Dadurch wird der ursprüngliche Gefügezusammenhang gestört, und bei der Einwirkung äußerer Kräfte geben diese Stellen zuerst nach. Soweit es sich um geringere Beanspruchungen bis zur Elastizitätsgrenze handelt, mag die Einprägung von Sickenversteifungsmustern gegenüber der ungeprägten Ausführung Vorteile aufweisen. Die Verhältnisse ändern sich aber sofort, sobald die Umformbeanspruchung ins plastische Gebiet übergreift. Gerade bei Biege- und Knickversuchen unter der Materialprüfmaschine kann man feststellen, wie schnell sich eine Versteifungssicke der Ursprungsebene bei Einwirkung von Biegestempeln anpaßt. Die eingeprägte Sicke, von der Abb. 145 nur einen Ausschnitt zeigt, erhöht die Biegefestigkeit gemäß der dort eingezeichneten senkrechten Pfeile zwischen den Auflagelinien $a-a$ quer zur Sickenrichtung und erhöht auch erheblich die Knicksteifigkeit gemäß der dort waagerecht eingezeichneten Pfeile y in Sickenrichtung. Umgekehrt würde senkrecht hierzu entsprechend der Pfeile y die Knickfestigkeit stark herabgesetzt und erst recht die Biegefestigkeit vermindert, wenn die Belastung und die Richtung der Auflageschiene parallel zu den y-Pfeilen läge, sich also parallel zur Sicke befände. Mit anderen Worten, es muß in jedem Fall bei Anordnung geradliniger Sicken beachtet werden, inwieweit eine Verbesserung der Steifigkeit in der einen Richtung nicht mit einer Verschlechterung in der anderen Richtung erkauft wird. Insoweit lassen zahlreiche Konstruktionen entsprechende Rücksichten vermissen.

Was die Ausbildung der eingeprägten Sicken selbst anbelangt, so ist eine scharfkantig ausgeprägte Form gemäß Abb. 146 links zu vermeiden. Eine flache Wölbung bei gleicher Tiefe und Breite bringt gemäß Abb. 146 rechts eine bessere Versteifung,

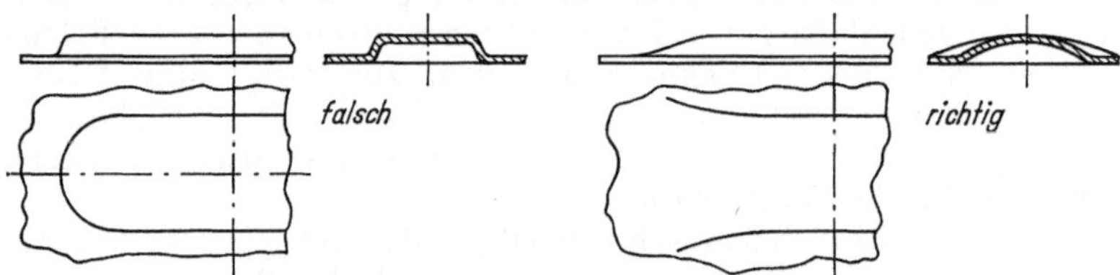

Abb. 146. Gestaltung von Versteifungssicken

da hierbei der Werkstoff nicht derart geschwächt wird, wie bei der links gezeichneten scharfkantigen Prägung. Besonders wichtig ist aber das allmähliche Auslaufen des Sickenendes, wie es in Abb. 146 rechts vorgeschlagen wird. Eine scharfkantige Ausprägung mag vielleicht in vielen Fällen eine Faltenbildung leichter verdecken als der allmähliche Übergang.

Trotzdem bilden sich auf Grund der im nächsten Abschnitt 5.3 beschriebenen Reißlackuntersuchungen beim scharfkantigen Sickenabschluß Radialspannungen, die in der Grundfläche unerwünschte Spannungen ergeben. Es darf nicht übersehen werden, daß scharfkantige Ausprägungen bei Dauerbeanspruchung eine Rißbildung unterstützen. Als Beispiel dafür zeigt Abb. 147 die Ansicht eines mit einer Batteriemulde versehenen Bodenbleches von unten. Die Anordnung der im gleichen Abstand liegenden gleichgroßen Sicken quer zur Fahrtrichtung begünstigt ein Durchschwingen des Bodens und führt infolge dieser schädlichen Dauerbeanspruchung notwendigerweise zur Rißbildung nicht nur an den durch Umformversprödung schon an sich gefährdeten Muldenrändern, sondern auch an den Quersicken selbst.

Daher sollte das Sickenbild derartiger Bodenbleche gemäß Abb. 148 so gestaltet werden, daß sich keine bevorzugte Trägheitsachsen durch alle möglich auftretenden Schnittebenen ergeben. Daher dürfen sich die schrägen Sicken im Muldenboden nicht kreuzen. Nur eine Sicke läuft durch, die beiden anderen enden in einem Quer-

Abb. 147. Ungünstige Anordnung paralleler Sicken außerhalb der Batteriemulde eines Bodenbleches

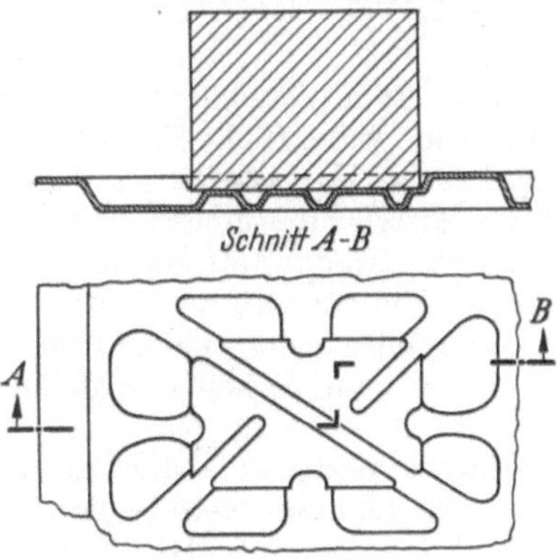

Abb. 148. Zweckvollere Versteifung der Batteriemulde eines Bodenbleches gegenüber Abb. 147

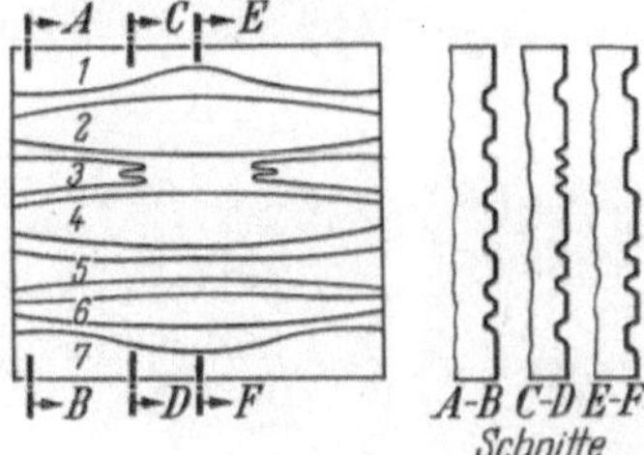

Abb. 149. Versteifte Stirnwand amerikanischer Güterwagen

abstand voneinander kurz davor. Gewiß mag vom rein ästhetischen Gesichtspunkt aus eine in gleichen Abständen parallele Anordnung geradliniger Sicken das Auge mehr befriedigen. Im Hinblick auf eine gute Versteifung jedoch ist dies durchaus nicht zu empfehlen. In diesem Sinne ist die Ausbildung der amerikanischen Güterwagenquerwände nach Abb. 149 richtig. Die Schnittlinien $a-a$, $b-b$ und $c-c$ weisen immer wieder andere Profile nach, geradlinig durchgehende Trägheitsachsen in einer Ebene werden hierdurch vermieden. Die Rippen 2, 4 und 6 verlaufen derart, daß sie vom Rand zur Mitte zu breiter werden. Dazwischen laufen Rippen, die sich gemäß Rippe 5 in der Mitte verjüngen oder überhaupt nicht bis zur Mitte reichen, so daß sie in einem Zipfel, zuweilen sogar gemäß Rippe 3 in 2 Zipfeln zur Mitte endigen. Es ist also keinesfalls erwünscht, daß eine Sicke geradlinig in gleicher Höhe verläuft. Sie kann ganz beliebige Gestalt haben, wie beispielsweise die Sicke in Abb. 150, die an ihren verschiedenen Stellen ungleich hoch ist. Gerade das Ausprägen unerwünschter Falten bedingt oft eine erst nachträgliche Anbringung solcher Sicken, die dann zwecks Wegnahme des überflüssigen Bleches verschieden tief gestaltet werden. So sind im Karosseriebau bei der Herstellung von Bodenblechen häufig Vertiefungen anzuordnen, die beispielsweise zur äußeren Verschalung bzw. zur Abdeckung des Getriebes, des Motors oder anderer Teile des Chassis dienen.

Bei derartigen grubenförmigen Vertiefungen, wie sie Abb. 151 links zeigt, besteht die große Gefahr einer Rißbildung bei R, da ja hier das Material aus dem Bereich innerhalb der angezogenen Zarge herausgeholt werden muß. Ein kluger Konstrukteur wird daher solche Vertiefungen so früh als möglich und den Übergang vom Boden zur oberen Blechtafel schräg und stark gerundet verlaufend ausbilden. Aber

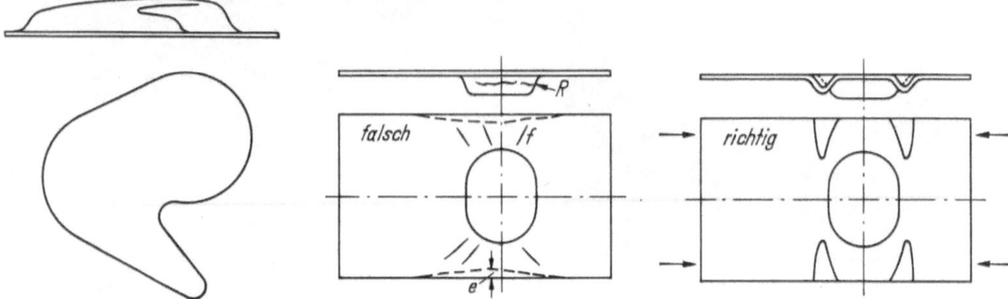

Abb. 150. Unregelmäßige Sicken-
form

Abb. 151. Faltenverhinderung durch zusätzliches Einprägen seitlicher Sicken

auch hier sind, wie im Grundriß dargestellt, Falten f meist unvermeidlich, ebenso wird die Tafel dort um das Maß e seitlich eingezogen. Eine wesentliche Zieherleichterung geschieht dadurch, daß, wie im gleichen Bild rechts dargestellt, im Randbereich der Bodentafel vier einspringende Sicken die Mittelgrube umgeben. Hierdurch wird das Material im gleichen Umfange an den Seiten in der Pfeilrichtung nachgezogen, wie es zum Ziehen der Mittelgrube notwendig wird. Allerdings muß die Tafel dann etwas länger gehalten werden als das Endmaß beträgt. Hier helfen also die vier eingeprägten Sicken, welche nach der Mitte zu ansteigend verlaufend enden, den Ausschuß infolge Reißens zu vermindern. Bei dem Bodenabdeckblech zu Abb. 152 hat der Kon-

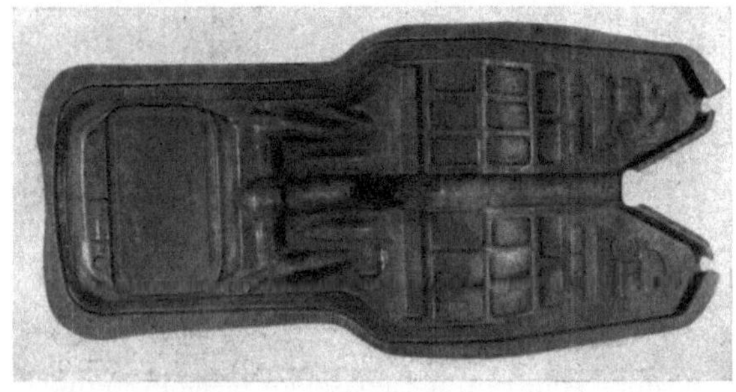

Abb. 152. Kraftwagenunterbau mit eingeprägten Versteifungs-
mustern und -rippen

strukteur parallel der Tunneldurchführung, wo sich der Zuschnitt verbreitert, ebenfalls derartige Ausgleichsicken vorgesehen. Überhaupt hilft das zusätzliche Einprägen von Sickenmustern, Firmenzeichen, Buchstaben usw. in vielen Fällen zur Beseitigung von Falten.

Über die versteifende Wirkung der Sicken an Tafeln und Böden ist man sich heute noch nicht völlig einig. Hier hilft nur der Modellversuch. Grundsätzlich sind trägheitsachsbevorzugte Sickenanordnungen zu vermeiden. Abb. 153 zeigt 5 rechteckige Blechplatten mit verschiedenen Versteifungsbildern. Die Vorschläge der ersten oberen 3 Bilder sind zu verwerfen, da hier die Sicken ganz deutlich trägheitsbevorzugte Achsen in den Richtungen a–a, b–b und c–c bilden. Auf Grund weitestgehender Untersuchungen haben sich beispielsweise die anderen beiden darunter gezeichneten Bilder bewährt, und zwar zeigt das linke Sickenbild die Rückwandversteifung des Frigidaire-Kühlschrankes und daneben die Sickeneinprägung des amerikanischen Kraftstoffbehälters, wie sie in geringer Abwandlung auch am deutschen Armeekraftstoffbehälter zu sehen ist. Gerade die betonte Unterbrechung der einen Schrägsicke bei der Frigidaire-Wand und die Verstärkung durch zwei kurze Sicken parallel zur durchlaufenden Sicke sowie das Umbiegen der Sicken an ihren Enden zu den Ecken zu zeigen, daß mit Absicht die Diagonalsicken nicht in Richtung der Blechbodenecken geführt werden. Das gleiche gilt für die Richtung der 4 sich konisch verjüngenden Sickenenden am Kraftstoffbehälter nach Abb. 153 unten rechts.

Eine weitere Bodenversteifung zeigt die Schalterkappe nach Abb. 154. Links ist sie nach dem 2. Arbeitsgang und rechts nach dem 4. Arbeitsgang dargestellt, wo inzwischen der Rand beschnitten und die Bodenversteifung in Form eines Kreuzes eingeprägt wurde. Eine breite und flache Verrippung dieser oder ähnlicher Form ist nicht nur fertigungsmäßig leichter und billiger herzustellen, sie bietet außerdem einen größeren Widerstand gegenüber von außen wirkenden mechanischen Beanspruchungen als hohe und schmale Rippen. Weiterhin bedarf es bei dem Entwurf derartiger Versteifungsrippen durchaus nicht scharfkantiger Formen. Der durch eine scharfkantige Formgebung der Rippe scheinbar gewonnene Zuwachs an Widerstand wird durch die Werkstoffschwächung und Festigkeitsminderung an jenen Stellen reichlich aufgewogen.

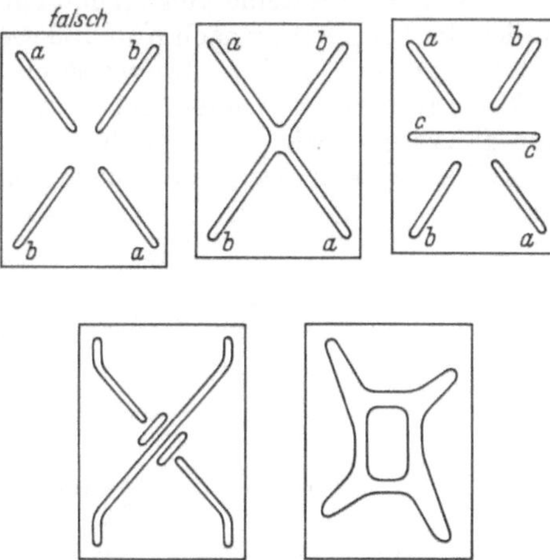

Abb. 153. Anordnung von Versteifungssicken auf rechteckigen Böden

Geradlinige und kreisrunde Sicken sind im Werkzeug viel billiger herstellbar als solche geschwungener Form. Bei quadratischen Böden oder rechteckigen Teilen eines nicht allzu unterschiedlichen Seitenverhältnisses empfiehlt sich die Anbringung einer in Kreisform, bei runden Böden einer quadratisch verlaufenden Sicke. Wenn also in Abb.

Abb. 154. Versteifung des Ziehteilbodens durch Einprägen eines Kreuzes

33 in dem Boden des rechteckigen Ziehteiles an Stelle der dortigen rechteckigen, abgerundeten Bodeneinstülpung eine kreisrunde vorgesehen wäre, so wäre dies auf Gründen der Steifigkeit günstiger und außerdem in der Werkzeugherstellung billiger.

Dort, wo Blechstege eine Abstützaufgabe übernehmen müssen, glaubt man, durch Einprägung von Sicken in den Stegen die Steifigkeit zu erhöhen. Bei wirklicher eintretender Beanspruchung in Richtung des Steges knicken aber sehr oft dieselben gemäß Abb. 155 bei k ab. Es ist gewiß mit einer nicht unerheblichen Verteuerung des Werkzeuges verbunden, wenn an diesem Z-Profil die Sicken so angeordnet werden, wie es in dem Bild rechts dargestellt ist, d. h. daß man wechselweise die Sicken über die Biegekante sowohl der unteren Flanschseite als auch der oberen Flanschseite verlaufen läßt. Wenn auch die hier gezeigte Konstruktion sich nicht auf Ziehteile, sondern ⌐-förmig gebogene Profile bezieht, so lassen sich die

Lehren hieraus durchaus auf gezogene Blechteile anwenden. So zeigt Abb. 156 den
Ausschnitt eines selbsttragenden Fahrzeugaufbaus[1] in Form eines aus drei Teilen a,
b und c zusammengesetzten Hohlprofils. Im Falle einer durch Pfeile gekennzeichneten Belastung geraten b und c in die links gestrichelt angedeutete Lage. Wie in
diesem Bild rechts dargestellt, wird dieses zusammengesetzte Profil, das durch
Schweißpunkte p miteinander verbunden ist,
ähnlich der Einprägung nach Abb. 155 rechts
derart abgesteift, daß wechselweise einmal
bei Teil c Rippen im Winkel nach innen eingeprägt werden, während zwischenliegende
Versteifungssicken das Teil c nach außen

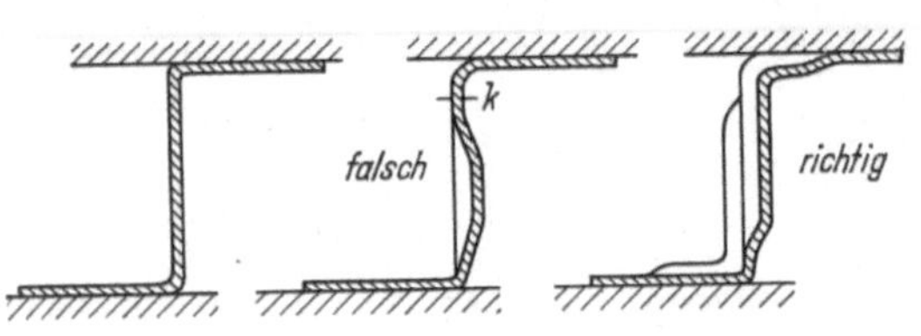

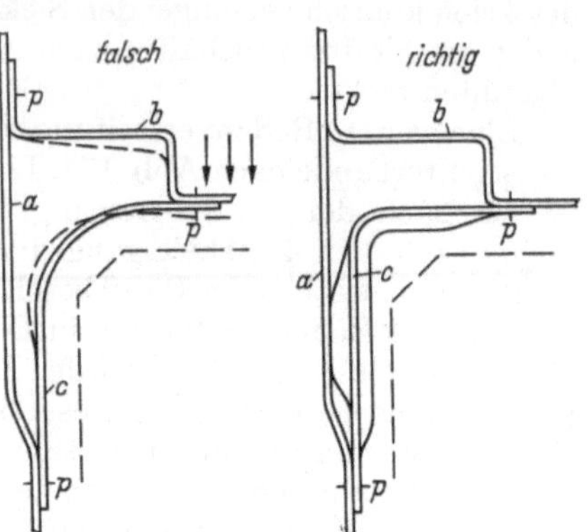

Abb. 155. Abstützung eines Profiles durch Versteifungssicken

Abb. 156. Abstützung einer waagerecht belasteten
Traverse gegen die Karosserie-Außenhaut

gegen das Teil a abstützen. Derartige Abstützsicken in geringen Abständen
sind auch im Schalenbau beliebt. Es soll aber daran gedacht werden, daß eine
Verpunktung der Abstützsicken von c mit der Außenschale a nicht stattfindet.
Vielmehr soll im Hinblick auf Erschütterungen und Temperaturunterschiede ein
Gleiten möglich sein. Grundsätzlich sind natürlich derartige Abstützsicken nur bei
ebenflächigen Blechkonstruktionen von Bedeutung. Bei Wölbungen, wie beispielsweise bei Karosseriedächern und auch bei -türen, sind sie im allgemeinen nicht erforderlich und daher auch nicht anwendbar. In diesem
Zusammenhang verdient unterstrichen zu werden, daß
gewölbte Blechteile, wo die Beanspruchung des Bleches die Streckgrenze überschritten hat, keiner Versteifung durch Sicken bedürfen, es sei denn, daß ganz
eindeutig ein Belastungsfall auftritt, der eine direkte
Absteifung erforderlich macht. Ein solcher ist beispielsweise für die schmale eingeprägte Tragleiste unterhalb des Scheinwerferkreises an der halben Front-
verkleidung zu Abb. 157 gegeben. Scharf vorspringende Sickeneinprägungen, die diesen Zweck erfüllen,
finden sich an Frontverkleidungen, inneren Rad-
wannen und Motorverschalungen, die zur Abstützung
oder zur Aufnahme irgendwelcher belasteter Rahmen

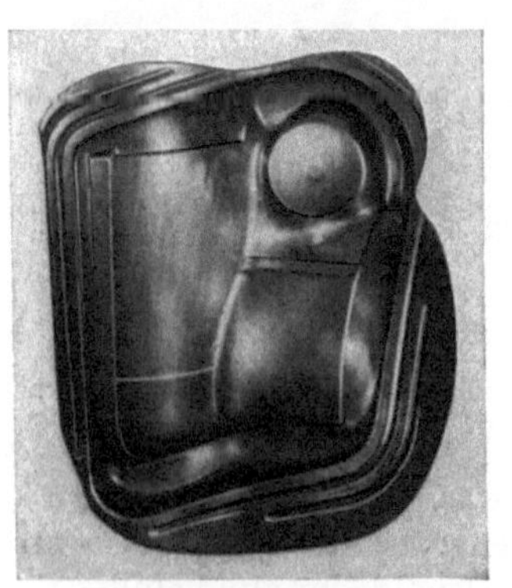

Abb. 157. Abstützsicke unter dem
Scheinwerfer einer halben Frontver-
kleidung

dienen. Hier mag das wiederholt werden, was bereits
zu Abb. 146 gesagt wurde. Es sind scharfe Kanten zu
vermeiden und höchstens dort anzubringen, wo man
sie unbedingt braucht. Es ist daher richtig, wenn in Abb. 158 rechts der Übergang
der Sicken nach unten weit geschweift und nach außen abgerundet und nicht wie in
Abb. 157 und 158 links ⎍-förmig und scharfkantig gestaltet wird.

---

[1] BRENNER, P.: Entwicklung von Fahrzeugen mit tragender Außenhaut unter besonderer
Berücksichtigung der Leichtmetallbauweise, Konstruktion 17 (1965) H. 7, S. 245–257. Dort
finden sich zahlreiche weitere Schrifttumsangaben.

Bei Einprägen von Mustern zur Flächenversteifung muß man sich davor hüten, daß dabei widerstandsschwache, geradlinige sogenannte trägheitsbevorzugte Achsen entstehen, da dies oft schlechter ist, als wenn gar keine Versteifung vorhanden ist.Es ist also das Einprägen eines regelmäßigen, einfachen Warzenmusters tunlichst zu vermeiden, bei dem solche Gefahren sehr leicht auftreten. Insofern zeigt die in Abb. 159 dargestellte Riffelblech-ausbildung nach Art einer Korb-flechtung durch senkrecht zuein-ander liegende, längliche Tiefun-gen eine glückliche Lösung. Diese Art der Einprägung von kurzen Versteifungssicken, die jeweils kreuzweise zueinander liegen, ha-ben sich im Schiffsbau, als Boden-beblechungen für Kräne und Kraftmaschinenhäuser sowie zu Abstellregalen für Werkzeuge und sonstigen belasteten Plattformen

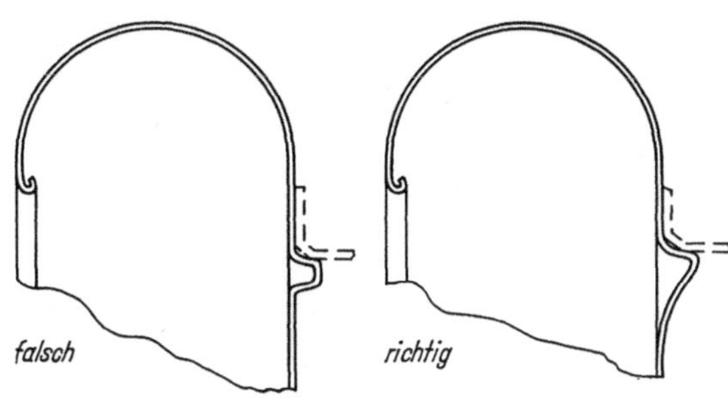

Abb. 158. Zur Abstützung dienende Sicke eines Kotflügels

bestens bewährt. Eine andere Versteifungsart besteht durch Eintreiben mittels Hammer oder durch Einpressen von runden flachen Vertiefungen, wobei dies

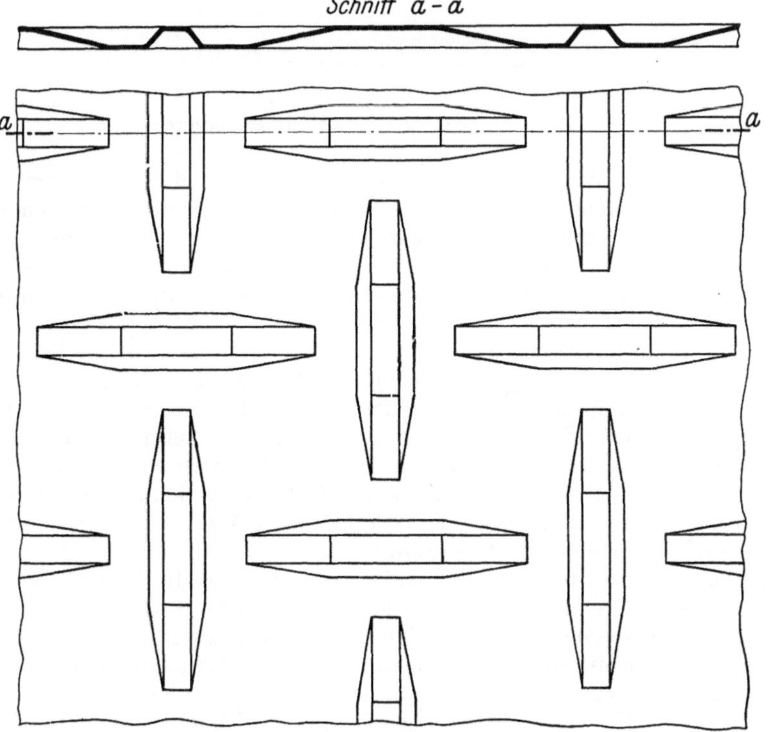

Abb. 159. Versteifungsmuster für Ziehteilböden

bewußt nicht nach einem festgelegten Muster, sondern ganz willkürlich in von einander abweichenden und unregelmäßigen Zickzacklinien geschieht. Die Zwischen-räume der Einbeulungen entsprechen etwa der Hälfte deren Durchmessers. Diese

Art der Versteifung ist insbesondere bei dünnwandigen Glühgeräten[1] aus hochhitzebeständigen Stahlblechen beliebt und an Glühhauben und Durchlaufmuffeln zu finden. Das Einprägen eines solchen Musters kann also auch für nicht bis zur Fließgrenze beanspruchte flache Böden von großen Ziehteilen mit verhältnismäßig niedriger Zarge empfohlen werden, besonders dort, wo solche Behälter stark be-

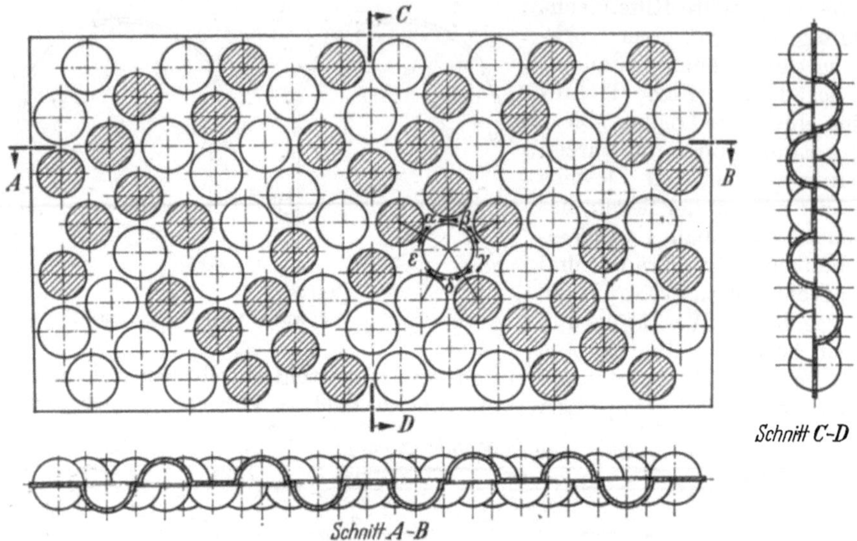

Abb. 160. Buckelblech ohne bevorzugte Trägheitsachsen

lastet werden und ein Ausklappen des Bodens unerwünscht ist. Es darf nie vergessen werden, daß solche Versteifungen die Verwendung eines dünneren Bleches bei gleicher Festigkeit ermöglichen, was in vielen Fällen eine sehr wünschenswerte Gewichtsersparnis neben einer Herabsetzung des Anteiles an Werkstoff bedeutet. Insofern wirken die mittels des sogenannten Calottanverfahrens[2] einzuprägenden Blechflächen besonders versteifend, da diese keine bevorzugten Trägheitsachsen aufweisen und keine unverformten geraden Linien entstehen, für die lediglich das Widerstands- bzw. Trägheitsmoment der ebenen Platte gelten. In Abb. 160 ist das Schema der Verformung einer solchen Platte dargestellt. Nach einem bestimmten Verteilungsplan werden Platinen mit kuppelförmigen, zweidimensional gewölbten Zellenwänden — vorzugsweise konkav/konvex — mit definierten Kugeldurchmessern und Prägetiefen versehen. Die Einprägungen stehen zur Erreichung des Steifigkeitsoptimums in bestimmten Relationen zu den jeweiligen Werkstoffeigenschaften und -dicken; sie sind so verteilt, daß kein Schnitt durch das Bauelement gelegt werden kann, ohne gekrümmte Stellen zu schneiden, und daß auf die Plattenebene projizierte Verbindungslinien der Scheitelpunkte benachbarter Calotten vorzugsweise bei jeder dieser Calotten einen Winkel bilden. Bei dieser Anordnung sind alle denkbaren Geraden verformt, und da keine unverformten Geraden mehr verbleiben, sind auch keine bevorzugten Trägheitssachen mehr vorhanden. Damit erhält das Bauelement eine vielfach größere Steifigkeit als die bisher untersuchten Modelle.

Neben der Vergrößerung der statischen Höhe durch die Formgebung wird beim

---

[1] Kalvers: Dünnwandige Glühgeräte aus hochhitzebeständigem Stahlblech. Ind.-Anz. Essen Bd. 71 (1949), Nr. 93 v. 22. 11. 1949, S. 5.

[2] Entwickelt von der Fa. Calottan-Technik, Frankfurt a. M.

kaltcalottierten Blech eine zusätzliche Kaltverfestigung erreicht, die weitere Festigkeitsgewinne bringt. Bei punkt- oder linienförmigem Kraftangriff kommen infolge
des Ineinandergreifens der zellenförmigen Verformungen weit größere Flächen und
Querschnitte zum Tragen. Selbst Zugbeanspruchungen, die die Normaldehnung des
verwendeten Werkstoffes um ein Mehrfaches überschreiten, werden ohne Bruch oder

Riß von der umgeformten
Platte selbst aufgenommen. Abb. 161 zeigt ein
einschichtiges Buckelblech oder calottiertes
Blech nach dem in Abb. 160
gezeichneten Verformungsschema. Die dort scheinbar auftretende Unregelmäßigkeit wiederholt sich
in periodischer Ordnung,

Abb. 161. Ansicht des Buckelbleches nach Abb. 160

wie auch der Vergleich der linken mit der rechten Hälfte der in Abb. 161 oben
gezeichneten Draufsicht zeigt, wo die erhabenen nach oben gerichteten Buckel durch
runde Leerkreise, die nach unten durchgedrückten Buckel durch schraffierte Kreise
gekennzeichnet sind. Infolge dieser periodischen Wiederholung lassen sich zwei

oder mehr Bleche dieser
Art übereinander anordnen, wodurch ein fachwerkartiges Hohlraumsystem entsteht. Dabei werden die Scheitelpunkte
sich berührender Calotten

Abb. 162. 4schichtiges Calottanblech nach Abb. 160 und 161

zweier übereinanderliegender Platten so orientiert, daß sie sich schemagerecht in
einigen oder allen Berührungspunkten fest miteinander verbinden lassen, beispielsweise durch Schweißen oder Nieten. Die sich in periodischer Ordnung wiederholende
Unregelmäßigkeit der Anordnung der Calotten bringt bei überlappter fester und
dichter Verbindung der Praxis weitere Vorteile, weil solche Verbindungselemente
ausschließlich auf reinen Zug beansprucht sind. Demzufolge kann der Summenquerschnitt der Verbindungselemente wesentlich verringert werden.

Solche Verbundelemente — Abb. 162 zeigt eine solche 4schichtige Calottanplatte
— besitzen neben anderen besonderen pyhsikalischen Eigenschaften im Verhältnis
zu ihrem Gewicht ein hohes Widerstandsmoment; Einzelplatten zeichnen sich durch
extrem hohe Werte der Biege- und Knicksteifigkeit aus. Einzel- und Verbundplatten

sind trotzdem hochelastisch und
können bis zur Faltung verbogen
werden, ohne daß sich bruchprädestinierte Stellen abzeichnen. Die mögliche plastische Verformbarkeit innerhalb der Verbundplatten ist sogar so groß, daß
nicht einmal die Punktschweißungen zum Bruch kommen.

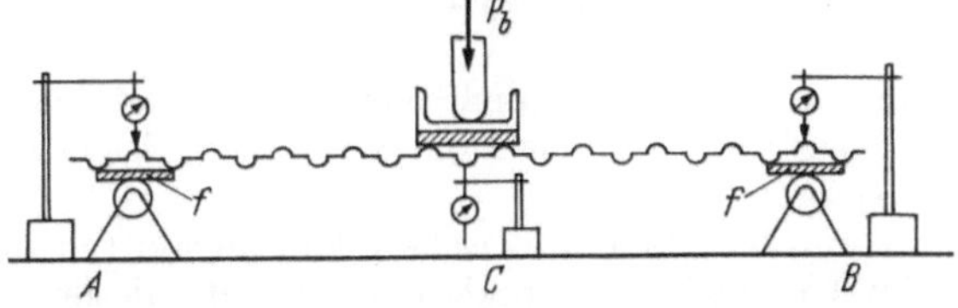

Abb. 163. Schema der Versuchsanordnung für den Biegeversuch
zu Abb. 164 und 165 *f* Hartfaser, *A B C* Meßstellen

In der Staatlichen Materialprüfungsanstalt an der Technischen Hochschule
Darmstadt wurden verschiedene Biegeversuche und Knickversuche an derartigen
Blechen durchgeführt. Gemäß Abb. 163 wurde zur Vermeidung des Flachdrückens
einzelner Calotten an den Auflage- und Belastungsstellen eine Zwischenlage von

Hartfaserplatten angebracht. Aus dem gleichen Grunde wurde bei den 3- und 4schichtigen Calottanblechen unter dem Belastungsstempel ein C-Schiene NP 10 von 4,6 kg Eigengewicht vorgesehen. An den Meßstellen A und B wurde die Zusammendrückung der Unterlage berücksichtigt und nach Mittelung von dem Durchbiegungswert an Meßstelle C in Abzug gebracht.

Außerdem wurde durch mehrmaliges Be- und Entlasten die Biegelast ermittelt, bei der der Biegepfeil $\varphi = \dfrac{t}{L} \cdot 100$ (%) eine bleibende Durchbiegung von 0,2 bzw. 0,5% erreichte. Die Auflageentfernung betrug bei den Versuchen zu Abb. 164 800 mm, zu Abb. 165 300 mm. Abb. 164 zeigt eine vergleichende Gegenüberstellung zwischen einem 0,9 mm dicken uncalottierten Blech und einem 0,9 mm dicken calottierten Blech, die beide der Güteklasse U St 12 03 entsprechen. Infolge des durch Eigengewicht bedingten Durchhanges beginnt die Biegelast beim uncalottierten Blech erst nach einer Durchbiegung von 16 mm. Die Biegecharakteri-

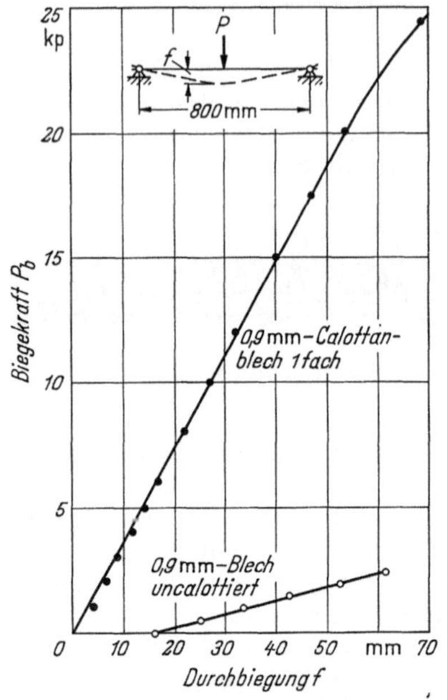

Abb. 164. Vergleich des ebenen unkalottierten Bleches mit dem Calottanblech nach Abb. 160 und 161 durch den Biegeversuch nach Abb. 163
U St 12 03. $s = 0,9$ mm, $b = 500$ mm, $w = 800$ mm

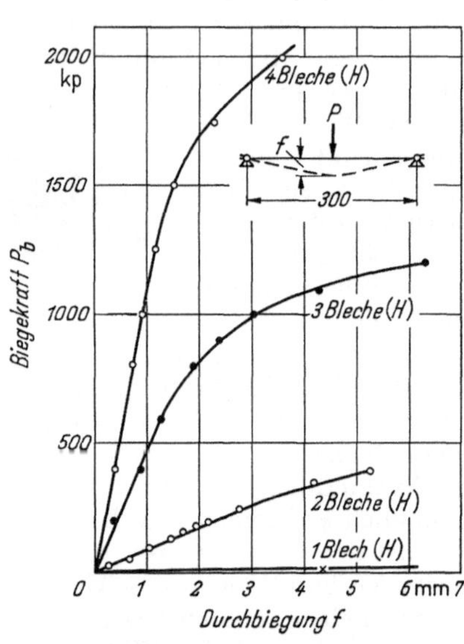

Abb. 165. Vergleich der Biegekräfte für das 1-, 2-, 3- und 4schichtig kalottierte Stahlblech
U St 12 03. $s = 0,9$ mm, $b = 215$ mm, $w = 300$ mm

stiken verlaufen ziemlich geradlinig ansteigend. Nur im letzten Bereich der Biegelastkurve für das calottierte Blech ist eine leichte Abbiegung nach rechts zu beobachten.

Wenn bereits hier zwischen dem uncalottierten und calottierten Blech ein erheblicher Unterschied zu finden ist, so tritt dieser noch viel auffälliger zutage bei den Mehrfachverbindungen von 2-, 3- und 4schichtig miteinander verschweißten Calottanblechen; ein solches Verbundelement ist in Abb. 162 dargestellt. Die in Abb. 165 aufgezeichneten Kurven beweisen, daß insbesondere im Durchbiegungsbereich bis zu 5 mm durch eine geradlinig steigende Tendenz die Steifigkeitserhöhung der Mehrfachverbindung gegenüber dem einschichtig calottierten Blech erheblich hervortritt. Im weiteren Verlauf biegen die Kurven nach unten ab.

In Abb. 166. ist die Versuchsanordnung für die Knickversuche an Calottanblechen schematisch dargestellt. Infolge der Auflage starker Flacheisen auf Druckrollen ist der Knickfall 2 (beide Enden frei und in der ursprünglichen Probeachse geführt) gegeben. Es wurde die Ausknickung und die Zusammendrückung in Abhängigkeit von der Knicklast bestimmt. Infolge der Nachgiebigkeit der Einzelbleche zwischen Auflagefläche und den ersten Schweißpunkten weichen die aus den

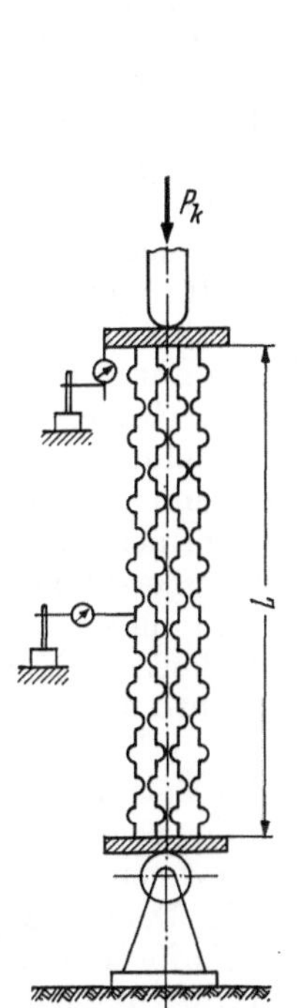

Abb. 166. Schema der Versuchsanordnung für den Knickversuch

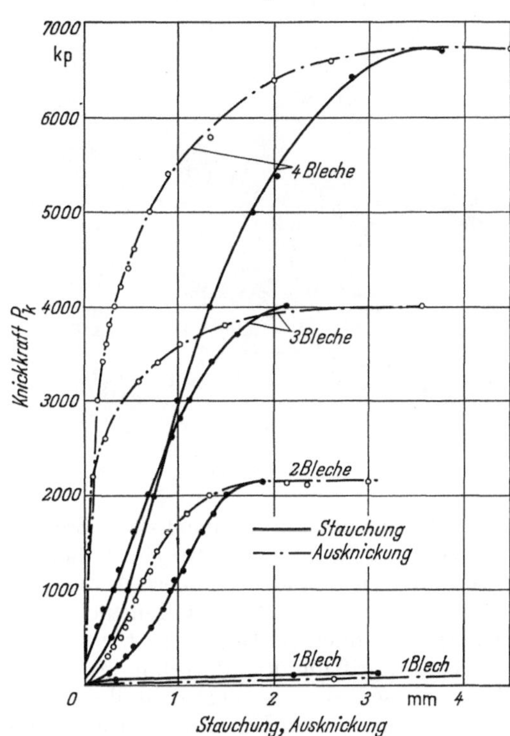

Abb. 167. Vergleich der Knickkräfte für das 1-, 2-, 3- und 4schichtig kolottierte Stahlblech

$U\,St\,12\,03$. $s = 0{,}9$ mm, $b = 235$ mm, $l = 410$ mm

Meßwerten gezeichneten Kurven im Anfang etwas von der zu erwartenden Geradlinigkeit ab. Bei einer Knicklänge L von 410 mm und einer Probenbreite von 235 mm wurde sowohl die Ausknickung wie die Stauchung für die calottierten Bleche gemessen. Gerade hier zeigt sich die große Überlegenheit der 4fach verschweißten Calottanplatte nach Abb. 162 gegenüber den 1-, 2- und 3schichtig verbundenen Blechen. Die Charakteristiken für Stauchung und Ausknickung sind in Abb. 167 dargestellt.

Im Hinblick auf die wachsende Bedeutung versteifter Bleche im Leichtbau sind diese von der Staatlichen Materialprüfungsanstalt an der Technischen Hochschule Darmstadt durchgeführten Untersuchungen recht aufschlußreich.

5.3 Das Festigkeitsverhalten von Ziehteilen

Mittels der das elastische Gebiet umfassenden Festigkeitslehre läßt sich für plastisch umgeformte Teile nicht allzuviel anfangen. Gewiß wurden für die Umformkräfte sowohl beim Biegen wie beim Tiefziehen hierauf basierende theoretische

8*

Überlegungen zugrunde gelegt, deren Richtigkeit durch den Versuch bestätigt
wurde. Der heterogene Werkstoff Blech zeigt eine derartig weite Streubreite, daß
mehrere Berechnungsverfahren nebeneinander bestehen können, die zwar zu verschiedenen Ergebnissen führen, aber größtenteils noch in den Streubereich ein-
bezogen werden können. Die im Tiefziehverfahren hergestellten Teile erfahren
durch die Umformung Spannungen, zu denen weitere Beanspruchungen während

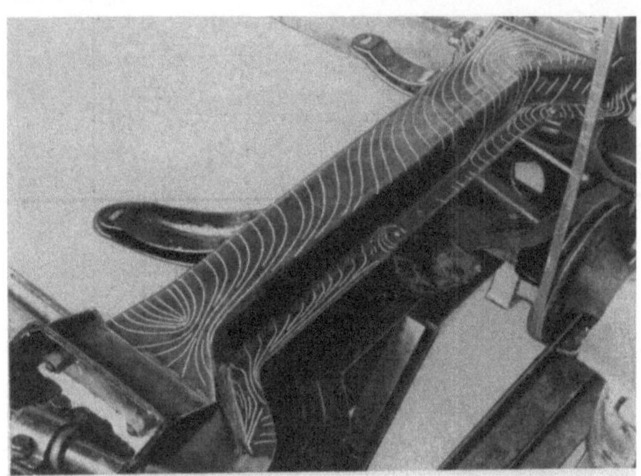

Abb. 168. Vorderachsträger unter Verwindungsbeanspruchungen

des späteren Gebrauchs des
Ziehteiles eintreten. Für den
Flugzeugbau wurden bei-
spielsweise von SCHAPITZ[1]
und anderen Berechnungs-
grundlagen aufgestellt. Diese
theoretischen Erwägungen
gelten aber letzten Endes
immer nur für eine ganz bestimmte Form und lassen sich
schon kaum auf gleiche Formen anderer Größenverhält-
nisse reproduzieren, ge-
schweige denn auf bereits
ähnliche Formen beziehen.
Man kann äußerstenfalls ein
Blechziehteil auf seine zulässige Festigkeit rechnerisch

nachprüfen, wenn es einer rein einachsigen Zugbeanspruchung unterworfen wird.
Dieser Fall tritt aber praktisch kaum ein. Knickbeanspruchungen, selbst wenn sie
einachsig verlaufen, lassen sich rechnerisch nicht erfassen, da die Eulerschen Gleichungen nur für schmale Stäbe, dagegen nicht für Flächen gelten. Gewiß hat die
Festigkeitslehre, besonders im Bauwesen, für verschiedene Plattenformen und unterschiedliche Kraftangriffspunkte Berechnungsmethoden entwickelt. Doch damit ist
nicht viel anzufangen, da das Blechziehteil schon während der Umformung Spannungen empfängt und außerdem seine Form von der ebenen Platte abweicht. Alle
diese Schwierigkeiten wurden bereits von THUM erkannt.

KLOTH[2] und seine Mitarbeiter BERGMANN, THIEL und SPANGENBERG bauten
darauf weiter auf und schufen in dem Atlas der Spannungsfelder in technischen
Bauteilen zumindest eine Sammlung interessanter Beispiele von belasteten Blechformteilen. Diese Untersuchungen an umgeformten Blechteilen, wie sie in der Praxis
zum Einsatz kommen, beziehen sich auf das Reißlackverfahren in Verbindung mit
Feindehnungsmessungen. Die bei der Belastung entstehenden Risse im Lack geben
die Richtung der Dehnungen an und die Feinmessungen ihre Größe. In den Abb.
168—170 sind einige reißlackbehandelte Blechteile dargestellt, die während des
vorausgegangenen Versuches belastet wurden[3]. Die hierbei auftretenden Lackrisse
liegen zumeist sehr dicht nebeneinander und werden für das Auge erst durch Re-
flektion des Lichtes sichtbar. Un die Risse auch fotografisch erfassen und festhalten
zu können, zeichnet man einzelne mit weißer Farbe nach. Man wählt den Abstand

---

[1] SCHAPITZ, E.: Festigkeitslehre für den Leichtbau. Düsseldorf 1951.
[2] KLOTH, W.: Zur Verausbestimmung der Festigkeit technischer Bauteile. Z. VDI 107
(1965), Nr. 19, S. 813—820.
[3] Abb. 168—170 sind den S. 521, 527 und 529 des von W. KLOTH zusammengestellten Atlas
der Spannungsfelder in technischen Bauteilen, Verlag Stahleisen, Düsseldorf (1961), entnommen.
Dort finden sich die zugehörigen Auswertungs-Schaubilder zur Ermittlung der Spannungen.

bei gleichmäßigem Verlauf der Risse etwa 10—20 mm, im Bereich der starken Richtungsänderung dagegen etwas enger. Abb. 168 zeigt den Vorderachsträger eines Fahrzeuges, bestehend aus hutprofilförmigen Preßteilen, die oben und unten auf die Flansche der Längsträger genietet sind. Bei Verwindung des Rahmens verwinden sich auch die Querträger. Die Verwindungslinien treten etwa unter 45° in Trägermitte auf und biegen sich außerdem in der Rahmenebene S-förmig durch.

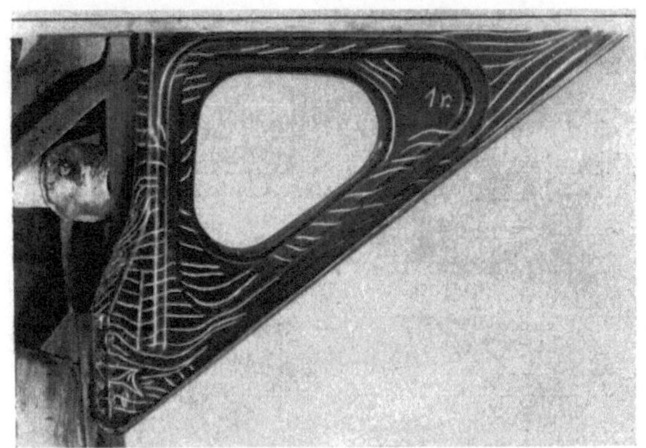

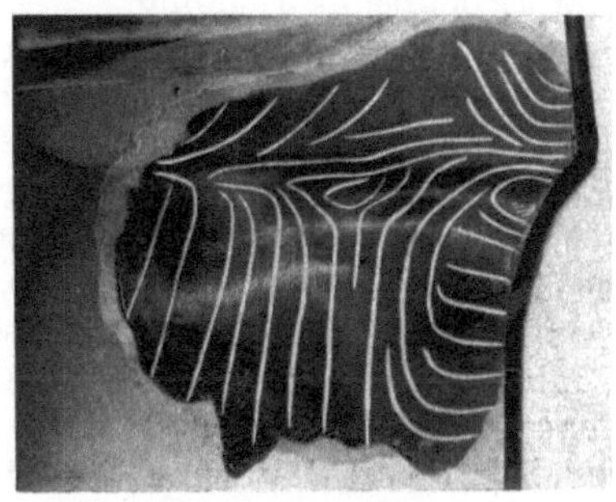

Abb. 169. An einem Rahmenlängsträger angeschraubte Konsole unter Verwindungsbeanspruchungen

Abb. 170. Ausspringende Ecke an der Führerhaus-Seitenwand eines Lastkraftwagens

Die Biegelinien an den Trägerenden verlaufen in entgegengesetzter Richtung. Da die Träger außerhalb der Verwindungsebene des Rahmens, d. h. seiner Mittelebene, liegen, ist die Verformung hier besonders stark. Am Beginn der beiderseitigen Verbreiterung wurden hohe Dehnungen gemessen, die in Spannungen von 60 kp/mm² nach dem Hookeschen Gesetz ohne Berücksichtigung des Fließens umgerechnet wurden. An diesen Stellen traten auch bei einem Dauerverwindungsversuch die ersten Risse auf. Die dadurch erfolgte Entlastung verlagerte die Spannungsspitzen auf die Nietverbindung zwischen Quer- und Längsträger, die dann im weiteren Verlauf des Dauerversuches abrissen. In Abb. 169 ist eine an einem Rahmenlängsträger angeschraubte Konsole zur Abstützung der Pritsche dargestellt. Das Preßteil zeigt bei Verwindung des Rahmens ein recht unruhiges Dehnlinienfeld, was durch die verwickelte Form mit Abkantungen, Sicken, Aussparungen und Verstärkungen verursacht wird. Die für einige Stellen ermittelten Spannungsverteilungen ergaben verhältnismäßig hohe Spannungen bis zu 16 kp/mm². Durch sanftere Übergänge ließen sie sich vielleicht abbauen. Bei einem Dauerverwindungsversuch traten in der Konsole Risse auf. Schließlich zeigt Abb. 170 die Ecke über dem Türgriff am Fahrerhaus eines Lastkraftwagens. Auch hier ist das Dehnlinienfeld unruhig und läßt Spannungsspitzen erwarten. Während an der rechten Kante Zuglinien vorhanden sind, biegen sie bald in eine Richtung senkrecht dazu ab. Das Spannungsfeld zeigt an der ausspringenden Ecke eine ziemlich hohe Spitze von Zugspannungen, bei denen auch die zweite Hauptspannung gewisse Beträge im Druckgebiet hat. Bei einer Abrundung der Ecke würden die Spannungen gleichmäßiger werden. Das Reißlackverfahren[1], auch Stress-Coat-Verfahren genannt, bedarf einer sehr sorgfältigen Vorbereitung und langer Erfahrungen, um Fehlschlüsse aus den Ergebnissen zu vermeiden. Für die Auswertung muß ein Vergleichsstab mit Reißlack unter gleichen Bedingungen wie das Ziehteil bespritzt werden. Es können sowohl im

---

[1] CRITES, N. A.: Spannungsanalyse mit Reißlack. Techn. Rundschau Bern Nr. 45 v. 26. 10. 1962, S. 57—61.

Lack selbst als auch durch den Abkühlungsprozeß die Rißlinienbilder auf den Teilen
sehr beeinflußt werden. Rißlinienuntersuchungen an mehreren gleichartigen Ziehteilen führten teilweise zu erheblichen Abweichungen. Auch wenn am Teil selbst
der Lack entfernt wurde, passierte es, daß nach einer Neulackierung nicht die
gleichen Rißlinienbilder wieder entstanden. Es läßt sich auch in manchen Fällen
nicht entscheiden, ob das untersuchte Feld Spannungslinien im Druck- oder Zug-
bereich aufweist. In Zweifelsfällen müssen die Teile angebohrt werden. Zeigen sich
nach dem Bohren radial von Bohrlochmitte ausgehende Risse, so zeugt dies von
einer Zugspannung, hingegen bei konzentrisch das Loch umgebenden Kreisen von
einer Druckbeanspruchung.

Neben dem Reißlackverfahren sind auch röntgenographische Spannungs-
messungen nach dem Rückstrahlverfahren bekannt, wozu das Erescop insbesondere
für derartige Blechteile entwickelt wurde. Die röntgenographische Spannungsmessung ist wie jede Spannungsmessung eine Dehnungsmessung, wobei beim
Röntgenverfahren die Atomabstände als Meßmarken dienen. Die beiden Größen,
Dehnung und Spannung, sind über das Hookesche Gesetz miteinander verknüpft.
Das Braggsche Gesetz andrerseits gibt bei bekannter Wellenlänge der Röntgen-
strahlung den Netzebenenabstand und damit die Dehnung gegenüber dem ent-
spannten Zustand, so daß aus der Zusammenfassung beider Gleichungen — bei bekannter Wellenlänge und bekannter Linienverschiebung — auf die Spannung geschlossen werden kann. Da grundsätzlich nur das Rückstrahlgebiet für eine solche
Messung in Betracht kommt, muß eine Wellenlänge der Röntgenstrahlen verwendet
werden, die dort einen intensitätsstarken Debye-Scherrer-Ring erzeugt. Der in die
halbkreisförmige Kammer eingespannte Film wird zunächst an der unteren Hälfte
abgedeckt und nur an der oberen Seite belichtet. Anschließend wird die Kammer
um 180° geschwenkt und die bisher unbelichtete Seite belichtet, während die erste
Aufnahme während der zweiten abgedeckt bleibt. Der Debye-Scherrer-Ring besteht also aus 2 Halbkreisen, die für den Fall, daß sie sich genau zu einem Kreis
treffen, die Spannung Null anzeigen. Je mehr sich aber die beiden Halbkreise
gegenseitig verschieben, wobei je nach Versuchsanordnung die Verschieberichtung
Zug- oder Druckspannung anzeigt, um so größer ist die Spannung. Da dieser Ring
äußerst unscharf ist, d. h. er ist an sich ziemlich breit, wobei von den äußeren Be-
reichen die Schwärzung zur Mitte des Ringes zu immer stärker zunimmt, so hängt
das Maß der Verschiebung weitestgehend von subjektiven Ablesefehlern ab. Bei
diesen Ringen von etwa 40—50 mm Durchmesser bedeutet eine gegenseitige Verschiebung der Halbkreise um 0,1 mm bereits 7,1 kp/mm² Spannungsunterschied.
Hiernach wäre bei 0,4—0,5 mm die Fließgrenzspannung erreicht. Man hat versucht, durch das Goniometer von BERTHOLD diese subjektiven Ablesefehler zu
eliminieren. Aber auch Messungen unter Zusatz des Goniometers ergeben immer
noch so breite Streubereiche, daß diesem Verfahren gegenüber dem Reißlackverfahren kaum ein Vorteil eingeräumt werden kann. Beide Verfahren — sowohl
das Reißlackverfahren als auch das Erescopverfahren — erfordern tatsächlich lang-
jährige Erfahrungen, um einigermaßen zuverlässige Ergebnisse zu erhalten. In
allen Fällen handelt es sich hier aber nur um die Ermittlung der Oberflächen-
spannungen. Schon dicht unter der Oberfläche ist der Spannungszustand ein anderer, wovon man sich durch Abätzung der Oberfläche überzeugen kann. So interessant die Arbeiten von KLOTH und BERGMANN sind, so können sie doch nicht mehr
als für irgendwelche Sonderfälle Erklärungen geben. Im übrigen haben die sehr
systematisch durchgeführten Versuche an Anschlüssen von Profilstählen und Rohren verschiedenen Querschnitts, versteiften Blechwänden sowie Niet- und Punkt-
schweißverbindungen vieles geklärt und geben auf diesem Gebiet dem Konstruk-

teur bestimmt wertvolle Hinweise. Hingegen wird man bei der Konstruktion von Tiefziehteilen schlechthin nur in Schadensfällen zur Klärung der Spannungsverhältnisse sich zu derartigen Untersuchungen entschließen. Da, wie eingangs dieses Kapitels erwähnt, Berechnungsverfahren für Tiefziehteile praktisch ausscheiden, ist der Konstrukteur in erster Linie auf sein Gefühl und seine Erfahrungen angewiesen.

5.4 Oberflächenbehandelte Ziehteile

Der Konstrukteur, der oberflächenbehandelnde Blechteile zu entwerfen hat, muß auf die Besonderheiten der Oberflächenbehandlung Rücksicht nehmen. Es bestehen heute derart zahlreiche Oberflächenbehandlungsverfahren — und mit ihrer Erweiterung ist in allernächster Zeit außerdem zu rechnen — daß es keine einfache Aufgabe bedeutet, im Rahmen dieser Ausführungen alle Fertigungsbedingungen zu erfassen. Vielmehr beschränkt sich diese Erläuterung nur auf die drei wichtigsten Verfahren, nämlich auf das Galvanisieren, das Feuerverzinken und das Emaillieren.

5.41 Galvanisiergerechtes Konstruieren. Beim Galvanisieren werden die Teile in verschiedene Bäder getaucht, deren Reste nicht haften bleiben dürfen, und die sich leicht spülen lassen.

Es muß dabei auch von vornherein besonders bei größeren Teilen beachtet werden, daß diese sich bequem in Hängevorrichtungen einbringen lassen, evtl. sind nur zu diesem Zweck Einhängelöcher vorzusehen. In der Tab. 11 sind einige Beispiele für ungünstige und bessere Formgebung dargestellt. Es wird selbstverständlich in sehr vielen Fällen die Formgebung durch den Zweck diktiert, so daß die hier gegebenen Vorschläge leider nicht immer befolgt werden können. In Bild 1 zu Tab. 11 ist links eine zylindrische Ausbuchtung dargestellt, in der sich sehr leicht beim Eintauchen Luftblasen bilden. Die infolgedessen nicht benetzte Stelle unterliegt einer späteren Korrosion. Ebenso fließt aus derartigen Sacklöchern die Badlösung nicht genügend schnell ab, so daß unnötig viel Badreste in die folgenden Spülbecken geraten und somit für die weitere Fertigung verloren

Tabelle 11. *Galvanisiergerechtes Konstruieren*

Merkmal	Bild	ungünstige	bessere Formgebung
Ausschleppverluste und Luftblasen werden vermieden a) durch entsprechende Formgebung	1	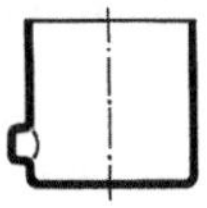	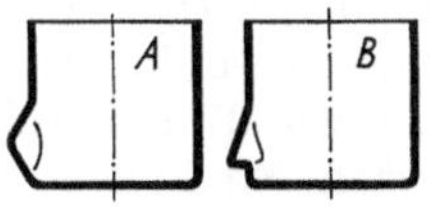 A B
b) durch Bohrungen zwecks besseren Durchflusses	2	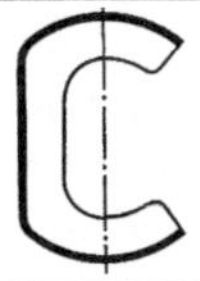	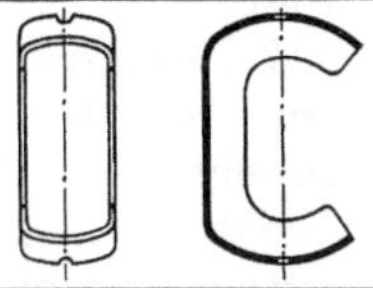
Badreste werden vermieden in: a) angerollten Bördeln durch eine offene Fuge	3	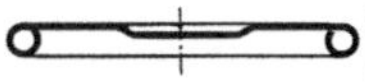	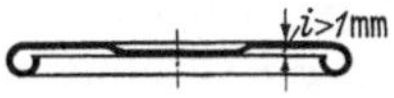 $i > 1$ mm
b) Falzverbindungen durch große Anschlußwinkel β	4	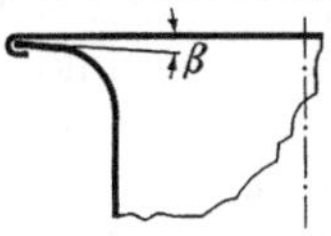 β	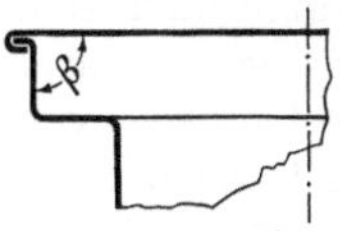
scharfe Kanten und Einschnitte erschweren Bürst- u. Polierarbeiten	5	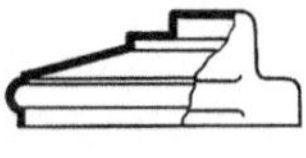	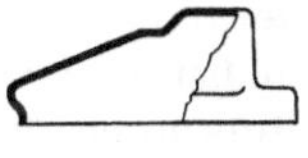
zu schwachwandige Teile werden während des Scheuerns beschädigt, daher Versteifungssicken	6	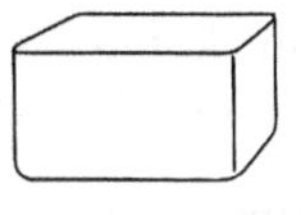	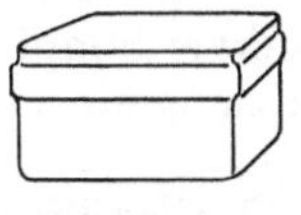

gehen. Bei entsprechend raschem Durchsatz sind derartige Abschleppverluste oft recht kostspielig. Die gleichen Mängel zeigen sich bei dem in Bild 2 dargestellten Teil. Hier erleichtern Bohrungen einen besseren Durchfluß. Die gleichen Schwierigkeiten hinsichtlich der Entfernung von Badresten zeigen sich bei angerollten Bördeln und Falzverbindungen. Für den angerollten Bördel gilt, daß er entweder absolut dicht schließt, was sich nur selten verwirklichen läßt, oder daß er eine entsprechend weite Fuge *i* von größer als 1 mm offen läßt, damit in umgestürzter Lage die Badreste entfernt werden. Natürlich besteht auch trotzdem die Gefahr, daß ebenso wie unter Bild 2 gezeigt, auch im angerollten Bördel nach Bild 3 selbst bei offener Fuge Badreste zurückbleiben. Ebenso sind bei Falzverbindungen nach Bild 4 spitzwinklige Falzräume gefährlich, da von dort mit einem Ausgang einer baldigen Korrosion zu rechnen ist. Im übrigen begünstigen Falzverbindungen immer eine Korrosion und sollten nach Möglichkeit in Konstruktionen fehlen, wo die Teile nach dem Falzen galvanotechnisch veredelt werden.

Es ist aber nicht nur an Luftblasen, Badreste und Ausschleppverluste in den Bädern zu denken, sondern auch an die Nachbehandlung. Die Teile müssen ja nach ihrer Galvanisierung gebürstet und geschwabbelt werden. Je scharfkantiger die Einschnitte sind, ein um so höherer Polierlohn ist aufzuwenden. Im übrigen sind scharfe Kanten und spitze Winkel auch aus einem anderen Grund zu vermeiden, bedingen doch solche scharfe Kanten meist eine geringe Schichtdicke. Da aber im Gebrauch diese Kanten am meisten abgenutzt werden, ist dort eine geringe Schichtdicke besonders unerwünscht. Insofern sind die neuen Elektrophoreseverfahren günstiger, da dort vorspringende Kanten eher dicker und nicht dünner beschichtet werden. In Bild 6 schließlich werden Versteifungssicken am Rand schwachwandiger Teile empfohlen, die nach dem Galvanisieren in Trommeln gescheuert werden. Sind sie zu schwach bemessen, dann werden diese Teile oft erheblich beschädigt.

5.42 Feuerverzinkungsgerechtes Konstruieren. Die für das feuerverzinkungsgerechte Konstruieren geltenden Richtlinien sind etwa die gleichen, wie sie im vorhergehenden Abschnitt beschrieben sind. Nur ist hier zu bedenken, daß wir es anstelle der dünnflüssigen Badlösung mit einer heißen Metallschmelze zu tun haben, die erstens dickflüssiger ist und zweitens bei Temperaturabnahme schnell erstarrt, daher auch nicht so schnell abfließen kann. Angerollte Bördel sind also mit noch größeren Öffnungen zu belassen, als wie dies zu Tab. 11, Bild 3 rechts angegeben ist. Am besten sollte der Bördelquerschnitt nicht weiter als bis zu einem Halbkreis herumgeführt sein. Ein besonderes Problem bildet beim Verzinken geschlossener Behälter, die auch innen verzinkt werden, die Durchflußrichtung. Aus diesem Grund müssen die Behälter so angebohrt sein, daß beim schrägen Eintauchen des Behälters schon im Anfang die Schmelze eindringen und sämtliche Luft verdrängen kann. Besonders bei Behältern mit Kühlmänteln und dergleichen ist zu beachten, daß derartige Durchflußlöcher diagonal angeordnet sein müssen, damit an der Eintauchstelle bereits die Schmelze eindringen und beim völligen Untertauchen des Behälters auch der letzte Luftrest aus dem Behälter noch entweichen kann. Für Tiefziehteile kommt dies allerdings nur gelegentlich — beispielsweise bei Kühlschrankverdampfern und -kondensatoren — vor, da diese Behälter meist größerer Abmessungen sind und aus Mänteln, Ringen, Böden miteinander verschweißt werden.

5.43 Emailliergerechtes Konstruieren. Wesentlicher als das Verzinken ist für Ziehteile das Emaillieren, zumal es viele Stanzwerke in der Koch- und Küchengeräteindustrie gibt, die fast nur emaillierte Ziehteile herstellen. Bevor der Konstrukteur zu emaillierende Teile entwirft, sollte er sich über folgende neun Fragen unterrichten:

1. Besteht das Teil aus einem Stück, oder ist es aus mehreren Teilstücken zusammengefügt (geschweißt, gefalzt od. dgl.)?
2. Wird das Teil gebeizt oder gestrahlt?
3. Wie soll das Grundemail aufgebracht werden (Spritzen, automatisch oder von Hand; Tauchen, Abschlagen oder Ablaufenlassen, Fluten od. dgl.)?
4. Wie wird das Teil maßgerecht gebrannt (Beispiel: an der Kette hängend; auf Spitzen; auf Vorrichtung)?
5. Wie hoch sind die Brenntemperaturen?
6. Ist Warmnachrichten erforderlich?
7. Wie wird das Teil im Gebrauch mechanisch beansprucht?
8. Wird das Teil nur grundemailliert, einseitig oder doppelseitig, weiß oder farbig emailliert?
9. An welchen Stellen und wie muß geputzt werden?

Mit Ausnahme kunstgewerblicher Arbeiten, wo auch kupferhaltige Legierungen und selbst Edelmetalle emailliert werden, kommen zum Emaillieren neben Aluminium und seinen Legierungen überwiegend nur Teile in Betracht, die aus Stahlblechtafeln oder -band hergestellt sind. DIN 1624 für Kaltbänder aus weichen unlegierten Stählen schreibt unter 4.5 vor, daß bei der Bestellung von Stahlbändern eine Eignung zum Emaillieren besonders zu vereinbaren ist. In DIN 1623 Blatt 1 wird unter 2.434 angegeben, daß die Stähle St 12, St 13 und St 14 für die Verzinkung, Verzinnung, Verbleiung und Emaillierung geeignet sind. Bei St 10 ist die Absicht einer solchen Oberflächenbehandlung bei der Bestellung anzugeben, besonders dann, wenn die Eignung für sie gewährleistet werden soll (St.10 entspricht den Gütegruppen 1—3 nach der bisherigen alten Norm DIN 1623, während St 12, St 13 und St 14 sich auf die höheren Güten besserer Umformfähigkeit beziehen). Trotzdem empfiehlt es sich, auch bei Bestellung der Güten St 12—14 die Eignung zum Emaillieren ausdrücklich zu betonen. Bei Mittel- und Grobblechen ist bei der Bestellung auf Emaillierfähigkeit hinzuweisen, ebenso möglichst auf Verwendung von unberuhigten Stählen. Die Blechschnittflächen sind im Hinblick auf mittig liegende Steigerungszonen vor dem Emaillieren abzudecken oder zu überschweißen. Der Kohlenstoffgehalt zu emaillierender Stahlbleche sollte 0,1% nicht überschreiten.

Bei der Konstruktion zu emaillierender Blechteile ist auf die Blechdicke zu achten, damit die notwendige Standfestigkeit in der Einbrennhitze gewährleistet ist. Bei kleinen Teilen etwa von Handgröße sind Dicken bis herab zu 0,2 mm zulässig. Es ist unmöglich, eine feste Regel für die Auswahl der richtigen Blechdicke aufzustellen, da sie nicht nur von der Größe, sondern auch von der Gestalt des Teiles und der Blechqualität abhängt. Je ebenflächiger und je größer die Teile sind, um so dicker sollten sie bemessen werden. Die in Tab. 12 zusammengestellten Bilder 1—7 geben Beispiele für die günstige und ungünstige Gestaltung. Scharfe Kanten und Ecken sind zu vermeiden, insbesondere Schnittgrate. Beispiele hierzu zeigen die Bilder 1 und 2. Der Innenhalbmesser r_i soll möglichst groß und die Höhe h des abgebogenen Schenkels größer als 10 mm sein. Soweit Löcher eingestanzt sind, soll bei Blechdicken $s \leq 1$ mm ihr Randabstand $a \geq 4$ mm, bei größeren Blechdicken entsprechend mehr betragen. Auch der Sickenübergang, wie an der Herdabdeckplatte in Bild 2 dargestellt, ist nicht nach A scharfkantig, sondern rund auszubilden. Ein Übergang entsprechend B ist ungünstig, da sich in der Sickengrube Emailschlicker ansammeln kann. Das in Bild 3 links gezeichnete Teil mag für die Herstellung zwar billig erscheinen, da hierbei meist runde Schnittstempel verwendet werden; die schmalen Abschnitte zwischen den großen Kreisausschnitten bedingen jedoch eine frühzeitige Abkühlung und verursachen dort Risse, denn der

Emailliervorgang ist mit einer starken Erhitzung verbunden, die bei Abkühlung Spannungen verursacht. Insofern ist die Darstellung in Bild 3 rechts erheblich günstiger, zumal dort auch die gegen seitlichen Druck empfindlichen Nutkanten vermieden werden und außerdem der Randbördel eine zusätzliche Versteifung bringt. Bleche ohne eine solche Randversteifung verwerfen sich leicht. An gebogenen Teilen oder an umbördelten Ziehteilen dürfen Ausklinkungen sowie die äußeren Ränder von Lochausschnitten nicht mit der Biegeachse zusammenfallen, wie dies in Bild 4 links dargestellt ist. Es sollte mindestens ein Abstand von $e = 6$ mm nach Bild 4 rechts, jedoch besser ein größerer Abstand eingehalten werden. Große ebene Flächen neigen leicht zum Durchfedern, wie dies in Bild 5 links unten durch die gestrichelten Linien angedeutet ist. Gefäße mit einem einfach nach außen gewölbten Boden wakkeln. Es ist daher besser, wenn der Konstrukteur von vornherein genau ebene Flächen vermeidet und sie zumindest leicht nach innen gewölbt vorsieht. Für größere Deckbleche empfiehlt sich eine gewölbte Form nach Bild 5A, für aufstellbare Böden eine solche mit zurückstehender gewölbter Bodenfläche

Tabelle 12. *Emailliergerechtes Konstruieren*

	Bild	ungünstige	günstige Gestaltung
Vermeide scharfe Kanten, geringe Lochabstände und Randhöhen!	1	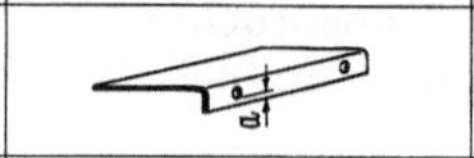	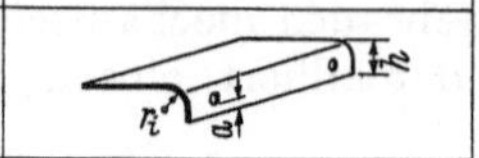
$r_i > 5$ mm $a > 4$ mm $h > 10$ mm	2	A B	
Keine schroffen Querschnittsänderungen. Randversteifung anbringen!	3	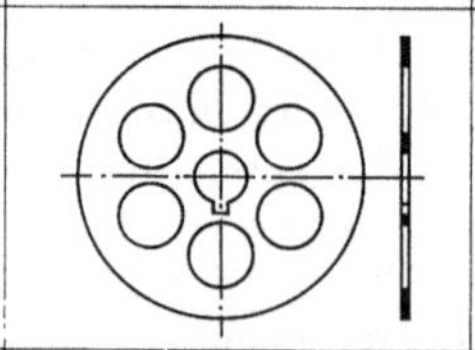	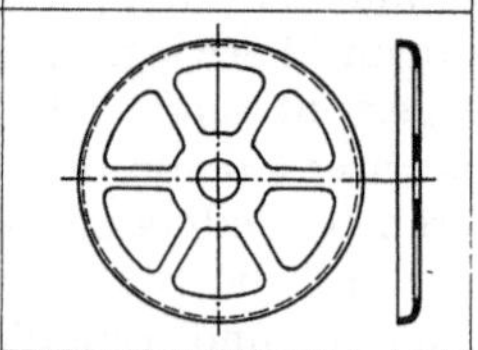
Ausklinkungen und Lochränder nicht in Biegeachse	4	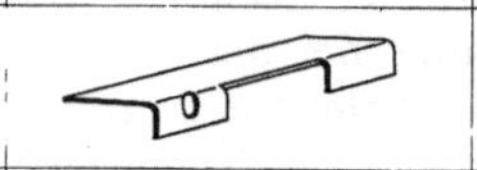	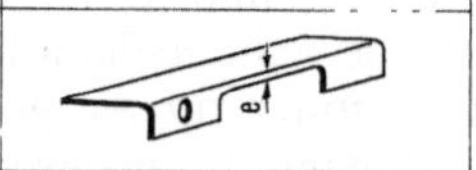
Ebene Böden federn leicht durch	5		A B C
Sicken möglichst nicht bis zum Rand führen	6		Schnitt A–B C–D
Äußere Zargenwand versteifen,	7		A B
dabei möglichst Innenbördel vermeiden	8		Schnitt A–B

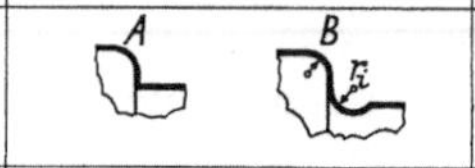

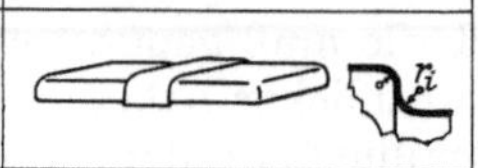

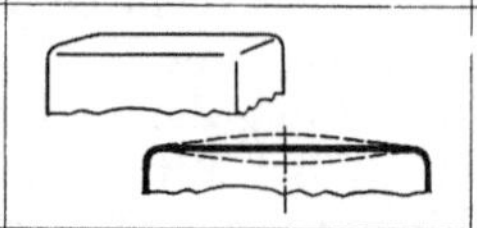

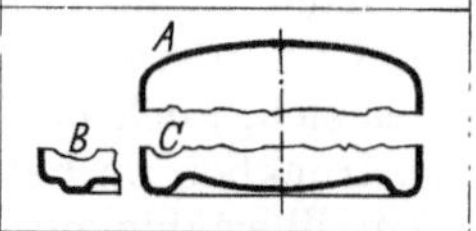

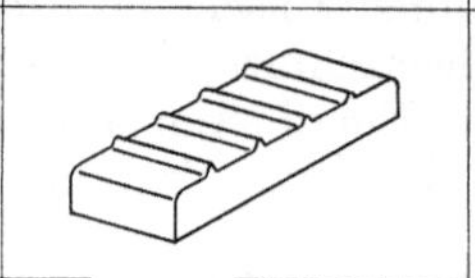

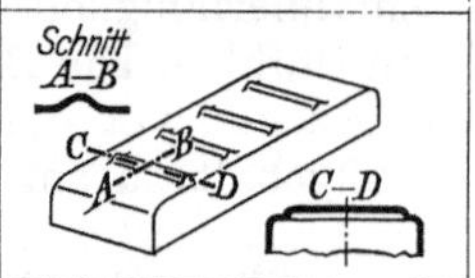

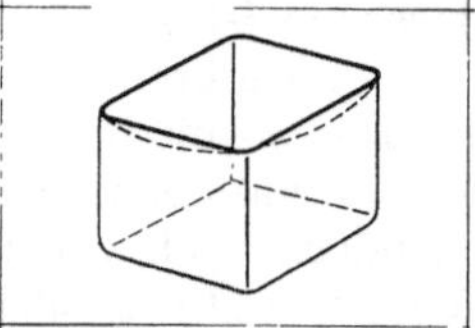

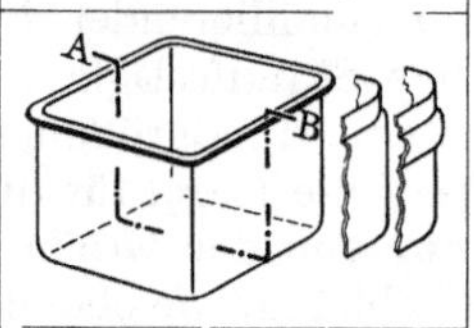

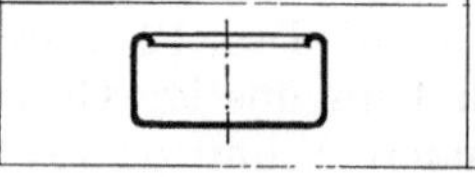

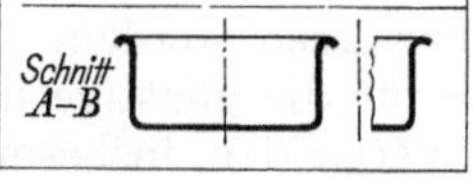

nach Bild 5B bzw. C oder mit anderen eingeprägten Sickenversteifungen. Zur besseren Übersicht sind die Wölbungen in Bild 5 rechts übertrieben dargestellt. Einprägungen wie in Bild 5B und C unten angegeben, sollten möglichst symmetrisch gelegt werden, wie überhaupt symmetrische Formen schlechthin sich zum Emaillieren besser eignen als unsymmetrische. Das Empfehlen der Symmetrie gilt jedoch nicht unbedingt für die Anordnung von eingeprägten Sicken; insoweit sei auf S. 107 Abb. 148—150 und 153 rechts unten verwiesen. Gerade bei emaillierten Blechteilen ist eine Sickenanordnung ohne bevorzugte Trägheitsachsen wichtig. Eine Anordnung von Quersicken sollte nicht in durchlaufender Form nach Bild 6 links geplant werden. Die Sicken sollen vielmehr an ihren Enden vor dem Rand oder der Kante und auch an ihrer seitlichen Begrenzung gerundet auslaufen und einen ausreichenden Abstand sowie einen nur mäßig gewölbten Querschnitt aufweisen, so daß die Sickenhöhe etwa dem dritten Teil ihrer Breite entspricht. Hohle Gefäße verwerfen sich meistens gemäß der in Bild 7 gestrichelt gezeichneten Linie am oberen Rand nach außen, soweit sie nicht in sehr dickem Blech ausgeführt sind. Daher ist dieser Rand an der Gefäßöffnung zu versteifen, wozu ebene Bördel, Randeinzüge oder Randsicken nach Bild 7 rechts oder halbgerundete Bördel nach Bild 8 rechts genügen. Doch dürfen diese Randbördel nicht zu weit nach unten gezogen werden, da hierdurch das Ausfließen nach dem Tauchen verzögert und erschwert wird. Das gleiche gilt von Innenbördeln nach Bild 8 links, die nach Möglichkeit vermieden werden sollten; denn hier entsteht beim Spritzen ein ungleichmäßiger Auftrag, es sei denn, der Innenbördel wird genügend groß ausgeführt.

5.5 Zusammengesetzte Blechteile, insbesondere Ziehteile

In diesem Buch wird die Gestaltung von Blechziehteilen behandelt. Es kann daher nicht die Aufgabe sein, die verschiedenen Fügeverfahren und die Zusammenstellung der Ziehteile in einem baulichen Verband ausführlich zu erläutern. Es soll nur hier der Konstrukteur einige Gesichtspunkte finden, um seine Ziehteile für den Zweck der Montage von vornherein zweckmäßig auszubilden.

5.51 Schraubverbindungen. Bei Blechteilen, die miteinander verschraubt werden, spielt die Frage, ob die Gewinde im Blech halten, eine wichtige Rolle. Im allgemeinen sollten Stahl- und Messingbleche nicht schwächer als der halbe Außendurchmesser des Gewindes bemessen sein, wenn die Schrauben halten sollen. Weiche Bleche, wie z. B. aus Aluminium oder Zink, müssen sogar noch dicker sein. Es empfiehlt sich, dafür die Blechdicke zu $^2/_3$ des äußeren Gewindedurchmessers zu wählen. In sehr vielen Fällen ist diese Forderung nicht ohne weiteres erfüllbar. Es wäre unwirtschaftlich und würde außerdem eine unzulässige Gewichtserhöhung der Konstruktion bedeuten, wenn man unter Berücksichtigung des Gewindes das Blech dicker als sonst erforderlich wählt. Umgekehrt würde bei gegebener Blechdicke die sich nach obigen Gesichtspunkten ergebende Schraubenbolzendicke viel zu gering sein, um den Beanspruchungen zu genügen. Es wäre sinnlos, nur aus diesem Grunde eine Unzahl von kleinen Schrauben zu verwenden.

Das Beste ist natürlich, wenn in solchen Fällen der Konstrukteur das Einschneiden von Gewinde in das Blech überhaupt umgeht und die Befestigung der miteinander zu verbindenden Teile durch Schraube und Mutter oder mittels eines anderen Fügeverfahrens geschieht. Läßt sich dies aber nicht durchführen, so empfiehlt es sich, mittels eines Rundbördels das sonst zu schwache Blech mit einem Kragen zu versehen und somit die verfügbare Gewindetiefe zu vergrößern. Freilich bedingt dies zunächst eine Vorlochung mit einem geringeren Durchmesser d_1 gemäß Abb. 171. In dieses ausgeschnittene Loch drückt ein abgerundeter Stempel, welcher den Werkstoff seitlich umlegt.

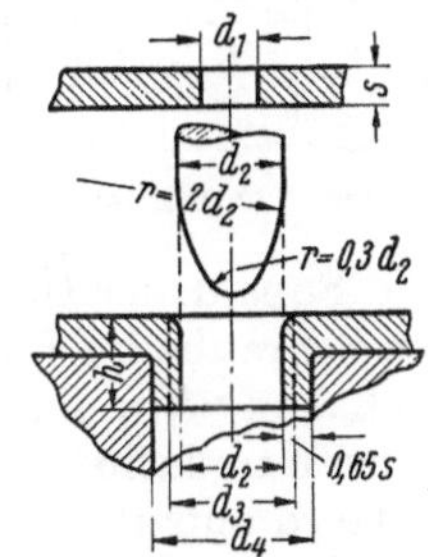

Abb. 171. Ziehen eines Rundbördels an Blechteilen zur Verlängerung des Gewindes

Die Abrundung des Stempels vom äußeren Durchmesser d_2 beträgt etwa an der Spitze $r = 0,3\ d_2$ und verläuft von der Spitze bis zur zylindrischen Ausführung mit $r = 2 \cdot d_2$. Diese Abrundungsmaße gestatten eine gute Umformung des Werkstoffes. Durch den Bördelvorgang, der schon besser als Ziehvorgang zu bezeichnen ist, wird die ursprüngliche Werkstoffdicke s geschwächt, und zwar beträgt die Blechdicke dort etwa $0,65\ s$. Während sich das Maß d_2 aus dem Kerndurchmesser des zu schneidenden Gewindes direkt ergibt, wird der Bohrungsdurchmesser der Matrize d_4 berechnet zu

$$d_4 = d_2 + 1,3\,s. \tag{30}$$

Der äußere Gewindedurchmesser d_3 ist insofern wichtig, als die Tiefe des einzuschneidenden Gewindes die verbleibende Blechdicke des angezogenen Bördels schwächt. Es kann sogar vorkommen, daß bei größerem Gewinde in dünnen Blechen d_3 größer als d_4 ausfallen müßte. In solchen Fällen ist selbstverständlich die Ausführung unmöglich. Wenn das Gewinde halten soll, so darf d_3 nicht näher an d_4 als an d_2 liegen. Der Grenzfall dürfte etwa im Mittelwert zu suchen sein. Der äußere Durchmesser des Gewindes d_3 muß also folgende Bedingung erfüllen:

$$d_3 \leqq \frac{d_4 + d_2}{2}. \tag{31}$$

Für den Vorlochungsdurchmesser d_1 gilt

$$d_1 = 0,45\,d_2. \tag{32}$$

Zur Zeit wird DIN 7952 für Blechdurchzüge auf Grund der VDI-Richtlinie 3359 neu überarbeitet.

Teilweise besteht die Möglichkeit, direkt am Ziehteil eine Blechmutter durch Ausstanzen gewindelos zu erzeugen, indem die Abstützung des Gewindes auf eine geringe Kantenberührung beschränkt wird. Bei dieser Verbindungsart besteht die Mutter nur aus einem meist quadratisch zugeschnittenen Blech, das in der Mitte so gelocht ist, daß in den Raum des Loches zwei gegenüberstehende Zungen vortreten, die im gleichen Stanzarbeitsgang ausgebogen werden, damit das Bolzengewinde beim Einschrauben dort besser faßt. Diese Muttern werden in einem einzigen Werkzeug in mehreren Arbeitsstufen hergestellt, also in einem sogenannten Verbundwerkzeug, wodurch die Teile vom Band fix und fertig anfallen. Es ist aber auch durchaus möglich, — wie oben erwähnt , ohne diese Muttern auszukommen, indem die Zungen an irgendeinem Blechteil ausgestanzt werden. Abb. 172 zeigt eine solche Verbindung. Die Schraube ist vorn mit einem Zapfen oder stark abgerundeten Ende versehen. Beim Ansetzen der Schraube werden die Zungenlappen anfangs noch etwas weiter ausgebogen.

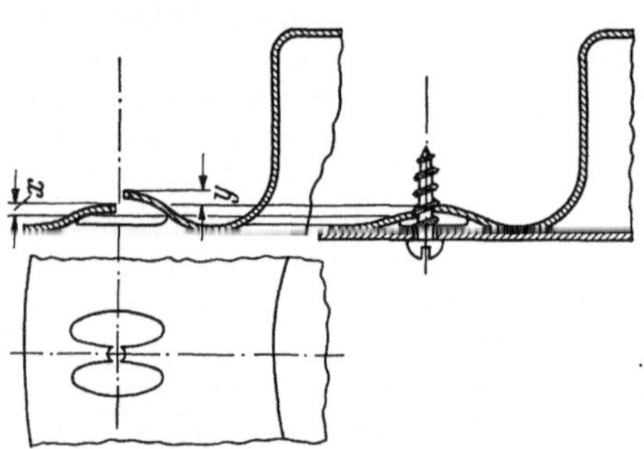

Abb. 172. Eingestanzte Blechmutter (KB 11)

Sobald der Gewindegang zum Eingriff kommt, werden beim weiteren Drehen der Schraube im Einschraubsinn die beiden Lappen um x bzw. y nach unten bzw. nach dem Schraubenkopf zu gedrückt. Der Vorteil einer solchen Verbindung besteht nicht nur darin, daß man kein Gewinde mehr in das Blech einzuschneiden oder Muttern aufzulöten bzw. aufzuschweißen braucht oder man das Blech einzustechen und dann mit Gewinde versehen muß, sondern auch darin, daß man durch einen einzigen Ausstanzvorgang ein Loch mit zwei Klemmzungen erzeugt, daß jedes weitere Einschraubelement ersetzt. Ein weiterer Vorteil besteht darin, daß eine angezogene Verbindung schwerer zu lösen ist, als bei einer üblichen Schraubenmutter, da dort das Mutterngewinde schon nach einem geringen Nachgeben des Werkstoffes elastisch entlastet wird, während hier über einen viel größeren Weg hinaus die elastische Vorspannung erhalten bleibt. Es liegt nahe, daß insbesondere bei rauhem Betrieb sowohl die Gewindeschrauben, als auch die Klemmzungen stark beschunden werden. Doch wird man derartige Muttern nicht für häufiges Lösen und Wiederfestspannen benutzen, sondern für die wirtschaftliche Herstellung fester Verbindungen, die nur für den Notfall lösbar sein sollen.

Noch stärker als die Blechmutter hat sich die Blechschraube eingeführt. In DIN 7970 sind die Gewindeenden für Blechschrauben genormt. Man unterscheidet zwischen der Ausführung mit Spitze und der mit Zapfen. Beide Arten haben ihre Vor- und Nachteile je nach ihrem Anwendungszweck. Bei der Montage großflächiger Bleche erweist es sich als zweckmäßig, Schrauben mit Spitzen zu verwenden, weil sie bei nicht genau übereinstimmenden Löchern an den zu verschraubenden Nahtstellen das Gegenloch leichter finden als Schrauben mit Zapfen. Diese wiederum werden dort gern angewendet, wo ungenaue Passungen der Lochabstände nicht zu erwarten sind, und wo vor allem im Verhältnis zum Schraubendurchmesser dicke Bleche verschraubt werden müssen. Diese Zapfenausführung wirkt zentrierend, so daß ein schiefes Ansetzen der Schraube bei der Montage nicht so leicht möglich ist wie bei Schrauben mit Spitze. Außerdem ist die Zapfenlänge etwas kürzer als die Spitze, so daß die volle Gewindelänge bei Schrauben mit Zapfen größer ist, wodurch unter Umständen kürzere Einbaulängen gewählt werden können. DIN 7971—7983 enthalten weitere Blechschraubenarten, die sich hinsichtlich des Schraubenkopfes unterscheiden. In DIN 7971—7974 sind Blechschrauben mit geschlitzten Köpfen, in DIN 7981—7983 Blechschrauben mit Kreuzschlitzen und in DIN 7976 solche mit Sechskantköpfen genormt. Bei Montage mit Kraftschraub- und automatischen Verschraubungseinrichtungen erweisen sich meist die Schrauben mit Kreuzschlitz- oder Sechskantköpfen als zweckmäßiger, während bei Handverschraubungen solche mit geschlitzten Köpfen am häufigsten angewendet werden. DIN 7971 ist eine Flachkopf-, DIN 7974 und 7981 sind Rundkopf-, DIN 7972 und 7982 sind Senkkopf- und DIN 7973 und 7983 sind Linsenkopfschrauben. Weiterhin ist zu unterscheiden zwischen einfachen Schrauben für vorgelochte Bleche und selbstbohrenden Blechschrauben.

Fester als die zuvor zu Abb. 171 und 172 beschriebenen Verbindungen halten Gewindenieten in Blech. Abb. 173 zeigt die Ausführung eines Niets mit rechteckiger Grundplatte für eine quadratische Lochung des Bleches. Der hier nicht gezeichnete vorstehende Stempel hat vier bogenförmige Lappen, die an den Ecken angreifen. Der Halbmesser der so entstehenden Rundungseinkerbungen r_1, entspricht etwa dem 0,85 bis 0,9fachen der halben Quadratseite des Nietkopfes. Hierdurch wird insbesondere der Werkstoff in den Ecken verdrängt, so daß ein Überstand entsteht, der in Abb. 173 unten angedeutet ist. Daneben finden sich auch andere Einkerbungen mit einem größeren Halbmesser r_2, der etwa dem 0,6fachen einer Quadratseite des Nietkopfes entspricht. Diese Kerbung liegt weiter außen an den Ecken und drückt nur dort den Werkstoff der Nietkopfecke etwas über das Blech. Das Werkzeug ist hier einfacher, da für den Stempel keine vorstehenden Lappen notwendig sind; vielmehr wird das Profil der Einschlagkerbe auf gleicher

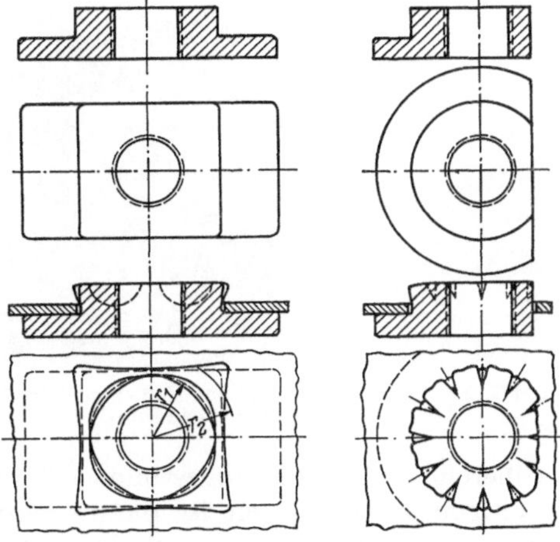

Abb. 173. Gewindeniet mit quadratischem Nietkopf

Abb. 174. Gewindeniet mit rundem Nietkopf

Höhe in den Stempel einfach gedreht. Während die vorstehend beschriebenen
Kerben tangential liegen, sind die Kerben bei dem Niet nach Abb. 174 radial gerichtet. Der Stempel prägt in den äußeren Rand des vorstehenden Nietkopfes
schräg radiale Kerben ein und zentriert sich auf diese Weise von selbst. Allerdings
ist das Niet zur Sicherung gegen Verdrehung an einer Seite (in Abb. 174 an der
rechten Seite) abgeflacht. Eine entspre-
chende Lochform wird auch in das mit dem
Gewindeniet zu versehene Blech gestanzt.
Stapelung und Zuführung sind bei diesem
Teil etwas komplizierter als bei dem in
Abb. 173 beschriebenen; dafür verbraucht
dieses Niet weniger Werkstoff.

Abb. 175. Fahrradrahmen aus gepreßten Ziehteilen

Abb. 176. Motorgehäuse aus miteinander verschraubten Blechziehteilen

Abb. 175 zeigt einen aus zwei Blechhälften gepreßten Fahrradrahmen mit daran
befestigtem Kettenschützer. Die Blechhälften sind miteinander verschraubt oder
vernietet. Das in Abb. 176 dargestellte Motorgehäuse ist aus gebogenen und gezogenen Blechteilen zusammengesetzt, die miteinander meist durch Schraube und
Mutter verbunden sind. Die Verbindung von Blechziehteilen mittels Schrauben
wird in der Großserien-
fabrikation immer selte-
ner. Dies gilt inbesondere
vom Karosseriebau, wo
heute Teile auf Vorrich-
tungen miteinander meist
durch Punktschweißver-
bindungen zusammenge-
heftet werden. Für die
Fertigung der Karosse-
rien mag dieses wirtschaftlich erscheinen, zumal
wenn wie hier in Abb. 177
vom Konstrukteur von

Abb. 177. Dreiteilige Ausführung von Vorder- und Heckteil einer Karosserie (Chausson)

vornherein eine dafür abgestimmte Form gewählt wird. Für die Reparatur bei
einseitigen Blechschäden ist dann allerdings eine solche Ausführung wesentlich
ungünstiger, daher sollte nach Möglichkeit eine Verbindung mittels Schrauben
und zwischenliegendem Köter bestehen bleiben. Eine solche Aufteilung der
Haube mit den Kotblechen sowie des Heckteils in jeweils drei Teile, wie sie in
Abb. 177 zu erkennen ist, läßt beide Möglichkeiten offen, nämlich sowohl eine
Schweißverbindung als auch eine Schraubverbindung. Bei den Schraubverbindun-

gen ist darauf zu achten, daß für auswechselbare Teile nur solche gewählt werden, die sich gleichfalls gut lösen lassen. Es bestehen heute eine ganze Reihe nicht lösbarer Blechschraubverbindungen, die zwar den Vorteil einer leichten und schnellen Montage aufweisen, aber bei späteren Reparaturen kaum oder nur schwer lösbar sind.

5.52 Nietverbindungen. Neben dem Verschrauben spielt das Nieten eine wichtige Rolle. Gerade im Leichtmetallbau sind für das Vernieten von Blechkonstruktionen zahlreiche Verfahren bekannt, wobei die Niete sowohl als Voll- als auch als Hohlniete der verschiedensten Gestalt und für die verschiedensten Zwecke hergestellt werden. Zur Beheizung der D-Zugwagen der Bundesbahn werden Luftansaugekästen nach

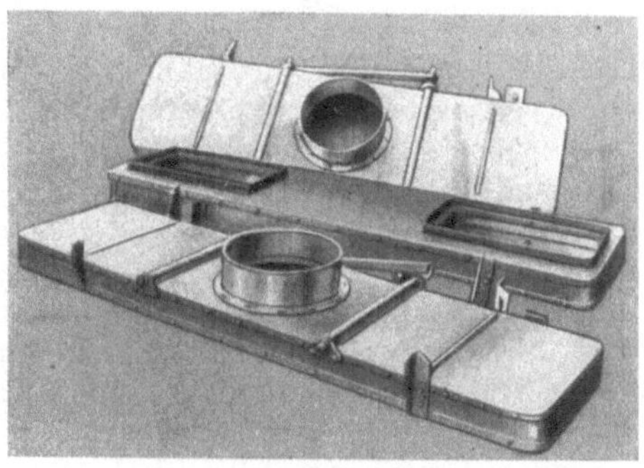

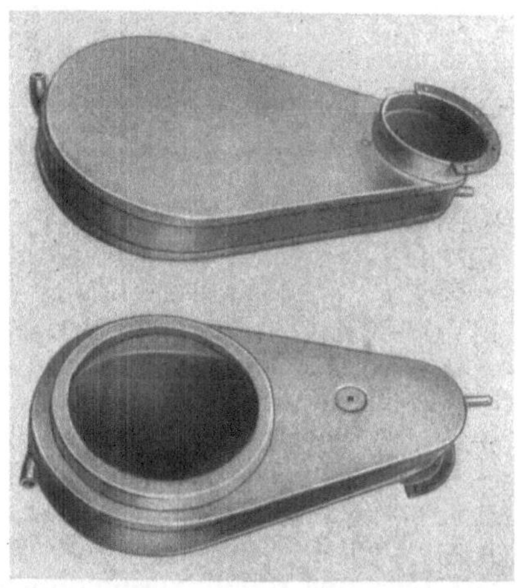

Abb. 178. Luftsaugekasten für D-Zugwagen

Abb. 179. Abteil-Entlüftungskasten für D-Zugwagen

Abb. 178 und Abteilentlüftungskästen nach Abb. 179 aus Leichtmetallblechen gezogen und miteinander vernietet. Zur Verarbeitung gelangen Al-Mn-Bleche. Die Konstruktion dieser Teile ist außerordentlich leicht. Die Al-Mn-Bleche für 0,75 mm Dicke lassen sich fast ebenso gut ziehen wie Reinaluminium und besitzen doch eine um 50% höhere Festigkeit. Die beiden Abb. 178 und 179 zeigen das betreffende Teil in verschiedener Ansicht: von oben und von unten, bzw. von links und von rechts. Die Beschlagteile bestehen gleichfalls aus Rundstangen und Profilmaterial aus Al-Mn.

5.53 Bördelverbindungen. Teilweise lassen sich auch Ziehteile miteinander verbördeln. So zeigt Abb. 180 links zwei Kugelhälften, die ineinander gesteckt und auf einer Planierbank anschließend durch die mit einem halbkugelig ausgesparten Druckstück einer Pinole zusammengepreßt und miteinander verbördelt werden, indem der überstehende obere Rand des in Abb. 180 mittleren Teiles von der Planierrolle einwärts umgelegt wird. Abb. 181 zeigt einen aus 3 mm Stahlblech

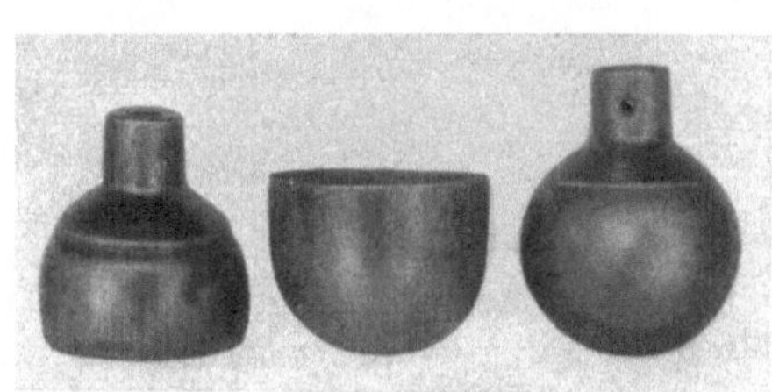

Abb. 180. Zwei Kugelhälften vor (links) und nach (rechts) dem Schließen auf einer Planierbank

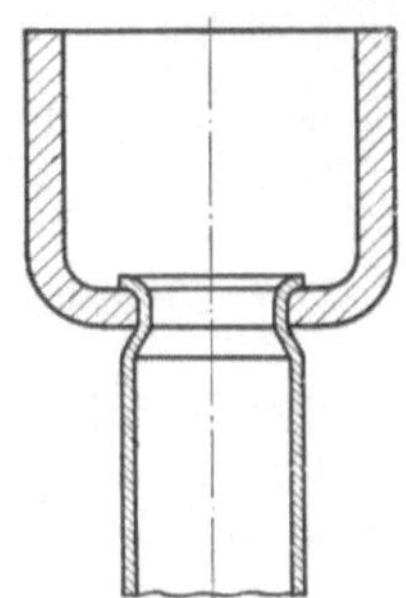

Abb. 181. Lehrdorn für Toleranz IT 11

gezogenen und durch einen zweiten Zug kalibrierten Dorn, der nachher hart verchromt wird. Die Herstellung solcher von KIENZLE[1] entwickelten Lehrdorne erfordert selbstverständlich größte Genauigkeit und eine peinliche Sauberhaltung des Ziehgesenkes. Es kann für diesen Zweck auch nicht jedes Blech verwendet werden, insbesondere kein anisotroper Werkstoff. Das Blech sollte möglichst in verschie-

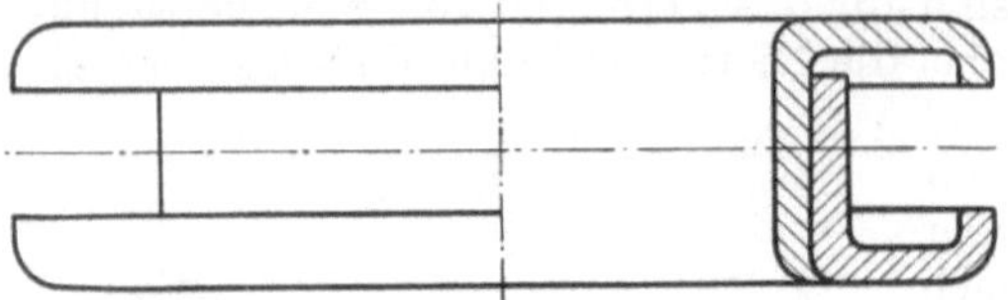

Abb. 182. Lehrring hoher Genauigkeit

denen Richtungen gewalzt werden, bevor es zu Lehrdornen gezogen werden kann, eine Forderung, die sich bei der gegenwärtigen Umstellung auf Bandstraßen kaum verwirklichen läßt. Dabei ist eine geringe Wanddickenänderung während des Zuges unvermeidlich. Die Dorne müssen selbstverständlich nach dem Zug auf Maß geschliffen werden. Als Handgriff dient ein Rohr, das durch Bördeln mit dem Lehrdorn verbunden wird. In entsprechender Weise gilt dies für die Herstellung von tiefgezogenen Lehrringen nach Abb. 182. Zur Versteifung dient ein außen aufgezogener Ring. Nach dem Aufziehen des Außenringes ist der Innenring mit diesem verbördelt. Das Fertigmaß kann durch einen Fertigzug (Kalibrieren) oder bei sehr hoher Genauigkeit durch Ausschleifen erzielt werden. Die Oberflächenhärte gewinnt man durch Hartverchromen. Der Ring ist zugleich leicht und steif, um so mehr als seine Wand die doppelte Blechdicke aufweist. Diese beiden Beispiele zeigen, daß auch Teile hoher Genauigkeit aus Blech durch Tiefziehen hergestellt werden.

5.54 Löt- und Hartlötverbindungen. In großem Umfange werden Blechziehteile miteinander verlötet. Dies gilt insbesondere von verzinnten, verzinkten und den aus

Abb. 183. Transportmilchkanne

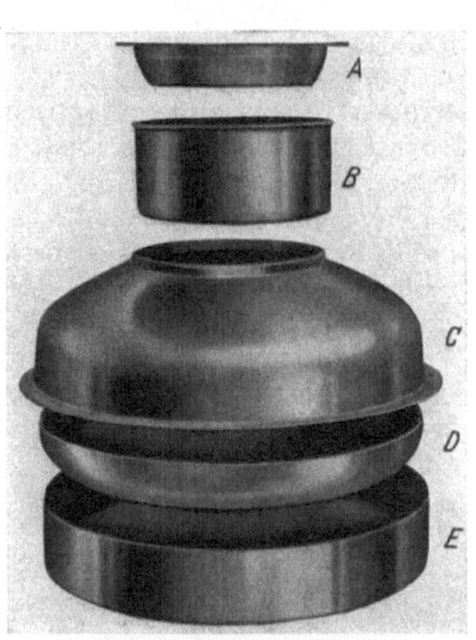

Abb. 184. Die fünf zur Herstellung der Kanne in Abb. 183. notwendigen Ziehteile

Buntmetall hergestellten Blechen. Aber auch andere Bleche sind bei entsprechender Vorbehandlung, insbesondere Verzinnung, leicht lötbar. Abb. 183 zeigt eine Transportmilchkanne, die teilweise aus gerollten Blechzargenabschnitten, zum andern

---

[1] KIENZLE: Vorstoß der Umformtechnik in die Endfertigung. Eisen- u. Metallverarb. Essen 1949, Nr. 10, S. 219.

Teil aus den in Abb. 184 abgebildeten fünf Ziehteilen zusammengesetzt ist. In dieser letzten Abbildung zeigen Teil A die Verschlußkappe, Teil B den Hals, Teil C das Schulterteil, Teil D den inneren Boden und Teil E den Kannenfuß.

Eine ganz besondere Bedeutung, insbesondere für die Verbindung von Stahlblechziehteilen miteinander oder mit anderen Körpern verschieden dicken Querschnittes, hat das Kupferhartlöten gewonnen. Bei diesem noch wenig bekannten Verfahren werden die miteinander zu verbindenden Teile zunächst zusammengesetzt. Wird also das in Abb. 185 A links gezeigte Gußgehäuse aus einem Rohr und zwei Blechziehteilen nach der Ausführung B zusammengesetzt, so bedarf es nur an den Einführungskanten der Umlage eines Ringes aus verhältnismäßig dünnem Kupferdraht. In diesem Zustand gelangt das zusammengesetzte Ventilgehäuse in einem Reduktions-

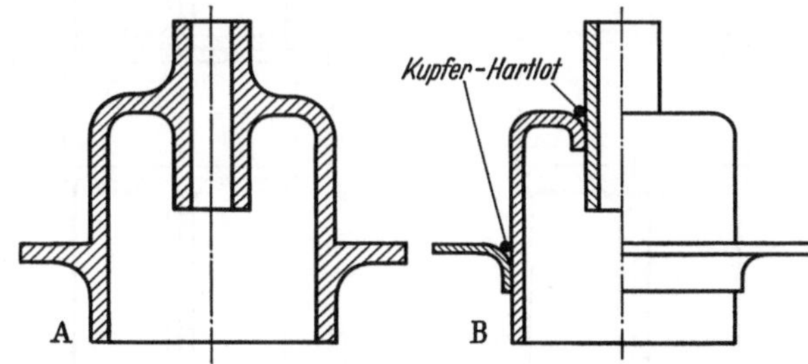

Abb. 185. Ventilgehäuse in gegossener (A) und in aus Ziehteilen (B) gefügter Ausführung

ofen, wo es unter Einwirkung von Schutzgas auf 1050 °C erhitzt wird. Infolge der Kapillarwirkung gelangt das Kupfer diffundierend in die noch so kleinen Zwischenräume, so daß eine innige Verschmelzung der Berührungsflächen stattfindet. Hierdurch werden beide Teile zu einem gemeinsamen Kristallverband verkittet. Es bedarf dabei nicht immer eines Kupferdrahtringes. Zuweilen genügt auch ein Überstreichen der miteinander zu verbindenden Flächen von mit Wasser vermischtem Kupferpulver oder eine Verkupferung in Kupfersulfatlösung. Gewiß besteht bei letzteren Verfahren die Gefahr, daß bei dem Zusammensetzen und Einpressen der inneren Teile in die äußeren ein solcher Überzug weggeschabt wird, weshalb das Umlegen von Drahtringen sicherer erscheint. Auch Induktionshartlötverfahren sind heute bekannt.

Abb. 186 A zeigt einen Hohlkörper mit Innenverzahnung, wie er durch Druckguß oder als Formteil oder im Wege des Fließpreßverfahrens hergestellt wird. In jedem

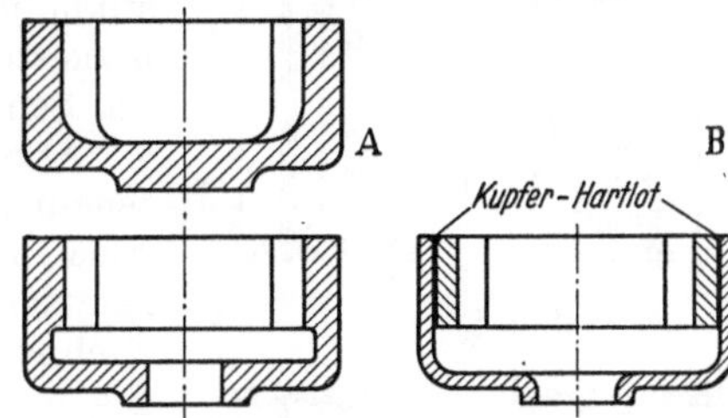

Abb. 186. Innenzahnrad in gegossener oder gepreßter Ausführung (A) und unter Verwendung eines Ziehteiles gefügt (B)

Falle ist eine Nachbearbeitung zwecks Hinterdrehen des Zahnkranzes und Ausdornen der Nabe notwendig. Eine sehr viel billigere Konstruktion nach Abb. 186 B ist durch Verwendung eines Blechziehteils möglich, in das der innen verzahnte Kranz, welcher in größerer Höhe durch Räumwerkzeuge oder von Rohren mittels Knetrundmaschinen hergestellt werden kann und anschließend in schmalere Scheiben aufgeteilt wird, eingepreßt und mittels Kupferhartlot dort befestigt wird. In Abb. 187—189 ist die Herstellung von nicht gegossenen Scheibenrädern dargestellt. Bei kleineren Abmessungen und vorhandenem Rohr in der erforderlichen Größe ist die aus zwei Rohrabschnitten und einer Lochscheibe zusammengebaute Ausführung nach Abb. 187 praktisch und wohl auch am billigsten. Die so zusammengesetzten Teile werden in waagerechter Lage in eine Vorrichtung gestellt, wobei zunächst einmal die Schweißnähte an der linken und nach Wenden die Schweißnähte an der rechten Seite hergestellt werden. Eine Leichtbauweise zeigt die in Abb. 188 dargestellte Ausführung unter Verwendung eines Rohrabschnittes und zweier Ziehteile, die miteinander verschweißt werden. Die dritte Ausführung nach Abb. 189 zeigt schließlich analog zu den vorhergehenden Bildern

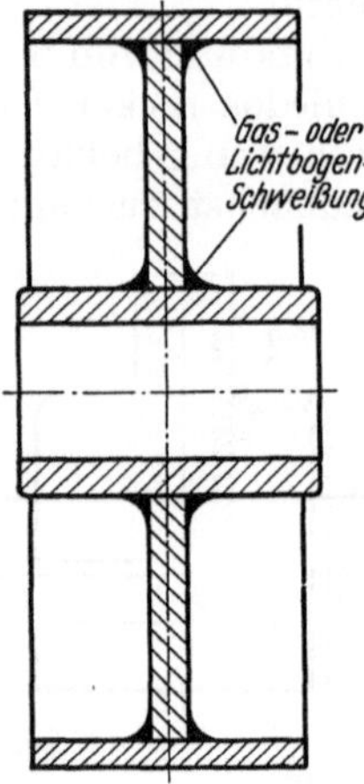

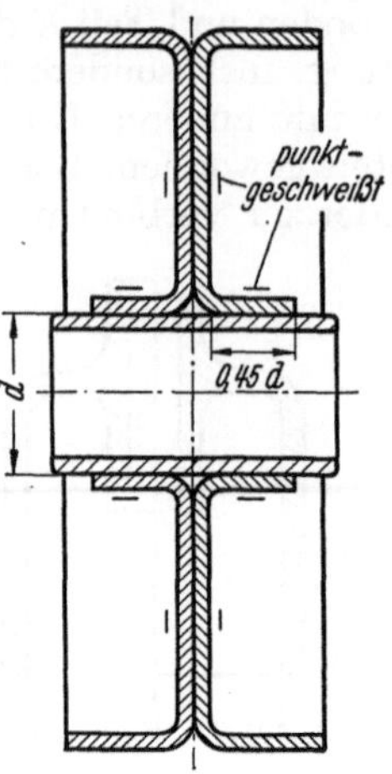

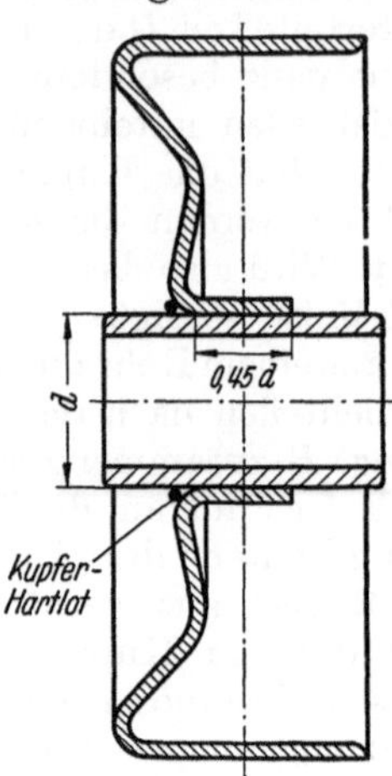

Abb. 187. Scheibenrad aus 2 Rohrabschnitten und 1 Ringscheibe gefügt und geschweißt

Abb. 188. Scheibenrad aus 1 Rohrabschnitt und 2 mittels Punktschweißung verbundenen Ziehteilen

Abb. 189. Scheibenrad aus 1 Rohrabschnitt und 1 mit diesem hartverlöteten Ziehteil

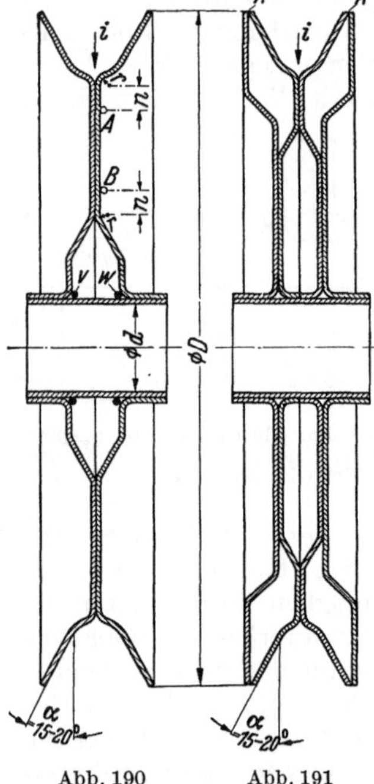

eine Kupferhartlötverbindung, wobei nur ein Ziehteil mit einem mittleren als Nabe dienenden Rohr verbunden ist. Für geringe an der Scheibe wirkende Kräfte ist die letzte Lösung wohl die geeignetste, da sie auch am billigsten ist. Das Teil ist nach dem Stülpverfahren hergestellt und bietet in der Fertigung keine besonderen Schwierigkeiten.

Abb. 190 und 191 zeigen zwei Bauarten von Seilscheiben. In beiden Fällen werden die Scheiben aus Blechziehteilen zusammengesetzt und durch ein Rohr zentriert, das als Nabe dient. Bei der Konstruktion nach Abb. 190 werden zwei gleichartige Blechziehteile gegenseitig aufeinandergelegt und vor der Verbindung durch Eintreiben des mittleren Rohrstückes zentriert. Bei kleinen Scheiben und geringen Beanspruchungen genügt ein einfaches Punktschweißen der aufeinanderliegenden Scheibenfläche zwischen den Punkten A und B. Es ist darauf zu achten, daß der Abstand n zwischen dem Beginn der Abrundung und der Punktschweißung mindestens 4 mm beträgt. Bei größeren Beanspruchungen empfiehlt es sich, außerdem durch Autogen- oder Lichtbogenschweißung die mittlere Kehlnaht in der Seilrinne i zu schließen. Die Seilscheibe nach Abb. 191 ist für größere Beanspruchungen gedacht. Sie besteht nicht aus zwei gleichartigen Ziehteilen wie Abb. 190, sondern aus 4 Ziehteilen, von denen die zwei inneren und die zwei äußeren einander gleichen. Je ein inneres und ein äußeres Teil, also die

Abb. 190   Abb. 191

Abb. 190. Seilscheibe aus 1 Rohrabschnitt und 2 Ziehteilen

Abb. 191. Seilscheibe aus 1 Rohrabschnitt und 4 Ziehteilen

eine Scheibenhälfte, werden unter Beachtung des Abstandes n nach Zentrierung auf einem Dorn punktgeschweißt, wie dieses zu Abb. 190 bereits geschildert wurde.

Dann werden die so hergestellten Scheibenhälften vom Zentrierdorn abgezogen, über die Rohrnabe gezogen und dort zum zweiten Male zentriert, wie dieses bei der einfachen Scheibe nach Abb. 136 gleichfalls geschah. Es folgt dann in gleicher Weise die Verbindung der mittleren Kehlnaht bei i durch Autogen- oder Lichtbogenschweißung sowie eine Stumpfschweißung an den vorspringenden Scheibenrändern bei k. Der Winkel α wird zwischen 15—20° gewählt. So können nach diesem Verfahren Scheiben eines Bohrungsdurchmessers d von 40—300 mm und Außendurchmessers D bis zu 1,5 m hergestellt werden. Bei den größeren Abmessungen werden allerdings an Stelle der hier gezeigten Rohre, die nur für leichte Konstruktionen gedacht sind, gedrehte Naben größerer Wandstärke verwendet. In Abb. 192 sind ein-, zwei- und dreifach gerillte Riemenscheiben zu sehen,

Abb. 192. 2-, 3- und 1fache Riemenscheibe

die auf der KIS-Schau ausgestellt waren. Die rechte Scheibe ist aus zwei tiefgezogenen Hälften zusammengesetzt, die miteinander vernietet sind. Die anderen Scheiben wurden durch Aufweiten hergestellt[1].

Vorstehende aus Blechziehteilen zusammengesetzte Seilscheiben werden vor allen Dingen im Leichtbau häufig verwendet, insbesondere bei Kraftwagen für den Ventilatorantrieb, in Kühlschränken und Waschmaschinen als Antriebsscheiben. Bei einer entsprechenden Prägung der äußeren Radkränze der Ziehteile in Abb. 190 und der inneren Scheiben in Abb. 191 können an Stelle der Seile auch Ketten eingelegt werden, so daß derartige Räder dann als Kettenräder laufen.

Bei Kleinabmessungen, wo schwache Bleche genügen, können an Stelle der Schweißverbindungen auch Hartlötverfahren Anwendung finden, wobei insbesondere die Verwendung von Kupferhartlot, das in diesem Falle in Form eines Kupferdrahtringes bei i sowie bei v und w in Abb. 190 eingelegt wird, möglich ist. Scheiben nach Abb. 191 lassen sich jedoch nach dem genannten Hartlötverfahren kaum herstellen. Im allgemeinen dürfen auch die Scheiben nach Abb. 191 weniger für Klein-, sondern für Großabmessungen in Frage kommen, wo die Anwendung des Kupferhartlötverfahrens sowieso ausscheidet, da derartig große Teile nicht in Reduktionsöfen unter Schutzgas auf 1050 °C erwärmt werden können. Teile dieser Art[2] werden meist aus Stahlblech, jedoch teilweise für Leichtbauzwecke auch aus Aluminiumblech hergestellt.

5.55 Schweißverbindungen. Bei einer gegenseitigen Verbindung von Blechziehteilen mittels Verschweißens ist abgesehen von den Besonderheiten der Schweißbedingungen für die verschiedenen Werkstoffe, auf die im Rahmen dieses Buches nicht eingegangen werden kann, zu beachten, daß überall dort, wo beim Schweißen oder Löten Flußmittel verwendet werden, eine Korrosionsgefahr besteht, wenn das Flußmittel nach der Verlötung oder Verschweißung nicht herausgewaschen werden kann. Die Schweißnaht soll daher gut zugänglich sein. Überlappungen, wie sie wohl zuweilen günstig erscheinen, sind unter diesem Gesichtspunkt daher zu vermeiden. Es schadet durchaus nicht, wenn im Gegenteil Ziehteile mit beschnit-

---

[1] Die Herstellung solcher Seilscheiben unter Mehrstufenpressen ist beschrieben in Oehler/Kaiser: Schnitt-, Stanz- und Ziehwerkzeuge. 5. Aufl. Berlin/Heidelberg/New York: Springer 1966, S. 462, Abb. 458 u. 459.

[2] Solche Scheiben werden beispielsweise von der Firma J. H. Fenner & Co. Ltd. Marfleet, Hull, Yorkshire, hergestellt. Siehe hierzu auch The Machinist (London) 8. 10. 1949, S. 866.

tenem Randflansch gemäß Abb. 193 vor dem Schweißen aufeinander liegen, da nach dem Schweißen die Schweißnaht sowieso in die Mantelebene rückt. Eine solche Schweißung ist auf Biegung günstiger beanspruchbar und außerdem ist

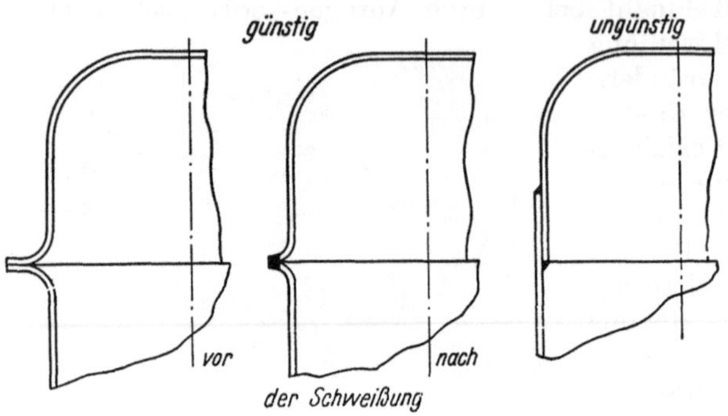

Abb. 193. Ausbildung des Randes miteinander zu verschweißender Ziehteile

sie gut zugänglich. Dieser Hinweis gilt insbesondere für die Schweißverbindungen von Leichtmetallblechen. Hinzu kommt noch in den Fällen, wo beide miteinander zu verbindende Stücke Ziehteile sind, daß ein wirklich guter allseitiger Sitz über den ganzen Umfang praktisch nicht erreicht wird und durch die mit dem Schweißvorgang verbundene Erwärmung über dem Umfang unterschiedliche Spannungen entstehen, die zum nachträglichen Aufplatzen der Naht führen können. Dabei ist noch nicht einmal die Unzugänglichkeit der Innennaht berücksichtigt, wodurch weitere Fehlschweißungen insbesondere bei kleinen Stücken bedingt sind.

Beim Punktschweißen ist insbesondere darauf zu achten, daß die Punktreihe mindestens um 4 mm entfernt vom Beginn der Abrundung liegt, wie dies in Abb. 194

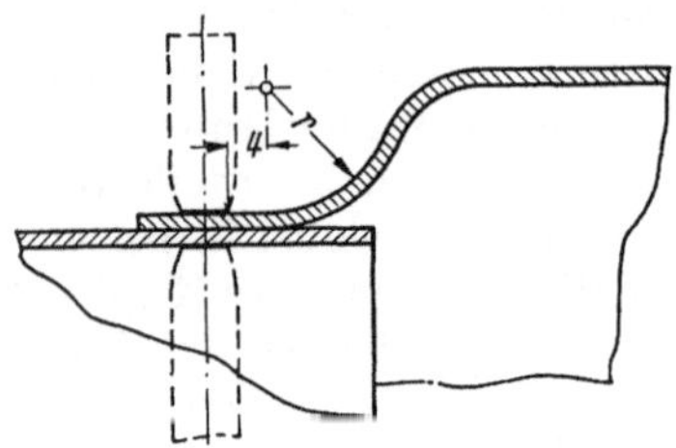

Abb. 194. Punktschweißverbindung an Ziehteilen

dargestellt ist. In der Karosseriefertigung werden Sondermaschinen mit einer großen Anzahl Punktschweißelektroden eingesetzt. So sind für eine einzige Karosserie des Hudson-Monobilt etwa 5300 Punktschweißungen erforderlich. Davon werden z. B. für die Verbindung des Daches mit dem Windschutzscheibenrahmen 84 Punktschweißungen benötigt, die durch eine einzige Maschine in 3 Stufen nacheinander erfolgen. Da es unmöglich ist, die Elektroden in dem notwendigen Abstand von 20 mm anzuordnen, so werden zunächst von den 84 notwendigen Punktschweißungen nur 28 Punktschweißungen im gegenseitigen Abstand von 60 mm ausgeführt. Danach wird das Punktschweißaggregat zweimal um je 20 mm seitlich verschoben, so daß nach dreimaligem Ansetzen der Punktschweißmaschine die 84 Schweißungen durchgeführt sind. Auf ihr können 100 Einheiten pro Stunde angefertigt werden.

Die Gestaltung neuzeitlicher Kraftfahrzeugkarosserien sieht eine vordere Beblechung mit vorragenden Lampenöffnungen vor. Mitunter werden die beiden nach vorn ragenden Scheinwerferbeblechungen so weit tiefgezogene, daß schon nach dem ersten Zug geglüht werden muß, um Weiterzüge zu ermöglichen. Dieser Glühvorgang ist lästig, und außerdem ergeben sich hieraus Verluste an Ausschuß durch Zerreißen, abgesehen von den Kosten des zusätzlichen Glüharbeitsganges. Zahlreiche Tiefziehteile mußten nach dem Ziehen durch Schweißen ausgebessert werden. Daher wurde für dieses tiefgezogene Blechteil eine ganz andere Zuschnittsform gewählt, indem das Blech mit einem von der Lampenöffnung aus nach der Kühlerschürze zu sich konisch erweiternden Schlitz versehen ist. Auf einer pneumatischen Presse wird nun das Blech trichterförmig um die Lampenöffnung herum konisch vorgebogen und in diesem gebogenen Zustand unter eine automatische Schweißmaschine gebracht und dort eingespannt. Durch dieses kegelförmige Biegen und Einspannen wird der ursprüngliche konische Ausschnitt von selbst geschlossen. Die sich hieraus ergebende Schließnaht wird unter Heliumschutzgas und unter Zugabe eines niedrig legierten Schweißdrahtes lichtbogengeschweißt. An sich wäre in bezug auf die Schweißung allein die Zugabe eines Schweißdrahtes nicht einmal erforderlich. Ohne eine solche Schweißung würde jedoch sich auf der Schweißnaht eine kleine Grube bilden und dort die Naht während des anschließenden Tiefzuges reißen. Das auf diese Weise vorgeformte Blech mit der geschweißten Naht wird nun unter eine 2fach wirkende Tiefziehpresse gebracht und in dem betreffenden Werkzeug, dessen Endform sich das kegelig vorgeformte Blech bereits ziemlich anpaßt, fertiggezogen. Die Formänderungen des Bleches sind daher nicht mehr so groß, als wenn das Blech aus der ebenen Tafel gezogen würde. Auf diese Art und Weise kommt man mit einem einzigen Zug aus. Zu bemerken ist hier noch, daß die Schweißnaht etwa 350 mm lang ist und die Schweißzeit bei der früheren Fertigung von Hand 45 sec/Stück dauerte, durch die automatische Schweißvorrichtung jedoch auf 20 sec/Stück herabgesetzt wurde. Zum Schweißen wird gesintertes Hartmetall als Elektrode verwendet. Wenn es sich hierbei auch um ein ausgesprochenes Sondertiefziehteil handelt, an dessen Herstellung nur die Karosserieindustrie interessiert ist, so ist immerhin der hier beschriebene Weg, nämlich ein schwieriges Ziehteil nicht in mehreren Ziehstufen zu erzeugen, sondern erst einmal trichterförmig zu biegen, dann an den Zargenkanten miteinander zu verschweißen und dann in einem Zug fertigzuziehen, insbesondere für Teile, die nicht in großen Serien hergestellt werden, sehr wichtig. Im allgemeinen scheut man sich, Blechteile mit Schweißnähten — zumal wenn diese in der Ziehrichtung liegen —, einer Tiefziehbeanspruchung zu unterwerfen. Besonders häufig platzen solche Stücke parallel zur Naht im Bereiche der Warmsprödigkeit auf. Das vorliegende Arbeitsbeispiel aus den Buick-Werken beweist jedoch, daß sich derartige Fertigungsverfahren wirtschaftlich durchsetzen, wenn beim Schweißen die erforderlichen Vorbereitungen getroffen werden.

Für die Verbindung von Tiefziehteilen ist das Stumpf-Schweißverfahren von sehr großer Bedeutung. Schon seit vielen Jahren wurde in der Massenherstellung von Kraftfahrzeugkarosserien dieses Verfahren mit Vorteil angewendet, obwohl daneben heute auch noch andere Verfahren wie das Punktschweißen und das Nahtschweißen bestehen. Beim elektrischen Stumpfschweißen ist ein Abbrand von 7 mm zu berücksichtigen. Der Konstrukteur von Ziehteilen muß um dieses Maß die Tiefe seiner Teile erhöhen. Die Größe des Abbrandmaßes hängt jedoch auch von den Querschnitten und der Maschinenstromstärke in hohem Maße ab, so daß es sich empfiehlt, das genaue Maß von der Betriebsleitung zu erfragen. Einige Beispiele für die Verbindung von Tiefziehteilen durch elektrisches Stumpf-

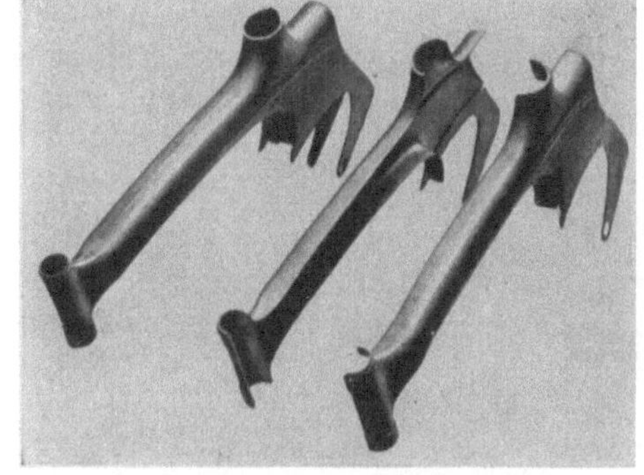

Abb. 195. Kraftradrahmen, rechts Einzelteile, links stumpfgeschweißt

schweißen mögen die vielseitige Anwendung dieses so praktischen Verfahrens erläutern. So zeigt Abb. 195 rechts zwei gepreßte Blechhälften für einen Motorradrahmen. Die in dieser Abbildung rechts dargestellten beiden Hälften sind links im zusammengeschweißten Zustand dargestellt. Nach dem gleichen Verfahren wird bei demselben

Kraftrad die Vordergabel stumpfgeschweißt unter Beifügung einer Einlage. Abb. 196
zeigt links die geschweißte Vordergabel von vorn und rechts von der Rückseite. Die
Zusammenschweißung von den beiden Hälften eines Kraftradtankes ist in Abb. 197

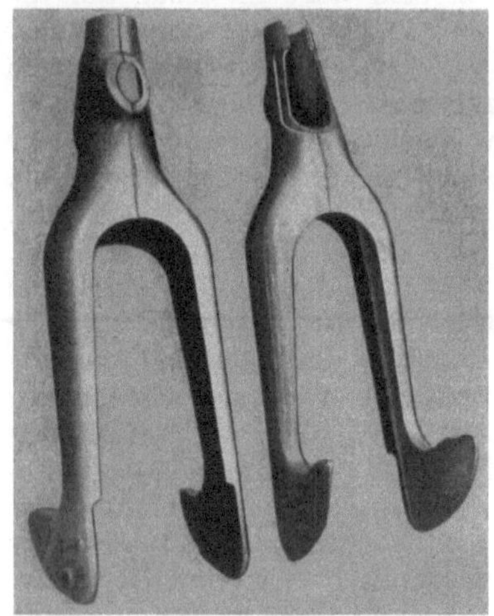

Abb. 196. Stumpfgeschweißte Kraftradgabel

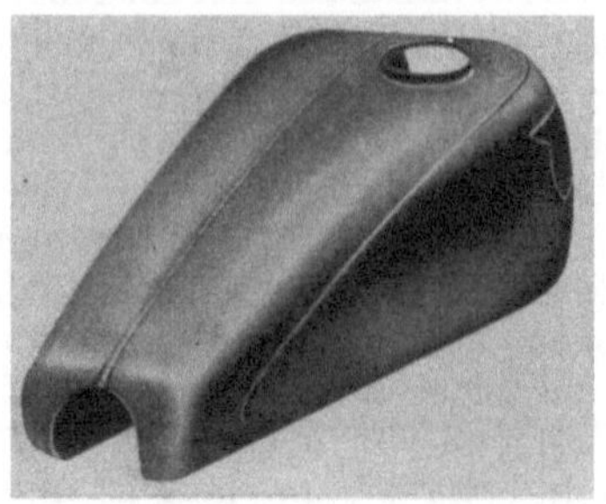

Abb. 197. Stumpfgeschweißter Kraftradtank

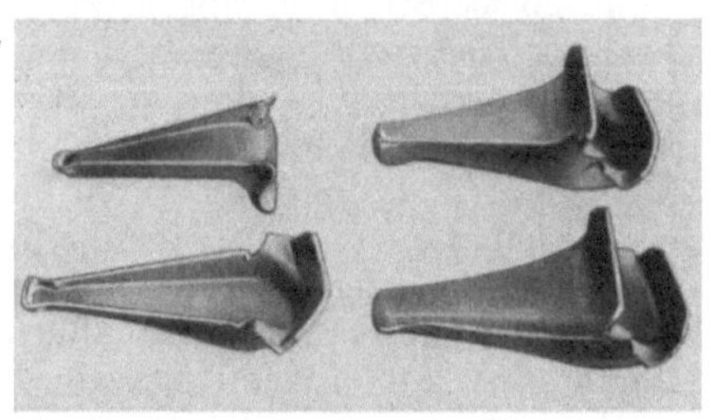

Abb. 198. Vorderachsanschlag, links Einzelteile, rechts stumpfgeschweißt

zu sehen. Die Herstellung von Tankteilen für Krafträder wurde bereits auf S. 74 in Verbindung mit Abb. 74 behandelt.

Der Vorderachsenanschlag zu Abb. 198 rechts besteht zunächst aus den zwei links dargestellten Blechziehteilen. Diese beiden nicht symmetrischen Teile werden aufeinander gesetzt, indem das linke obere auf das linke untere Teil zu liegen kommt, und miteinander stumpfgeschweißt. In gleicher Abbildung ist rechts unten das zusammengesetzte Teil nach dem Schweißen und rechts oben nach Verputzen der Schweißnaht zu sehen. Gerade dieses Beispiel zeigt, in welch einfacher Weise ein so kompliziertes Hohlteil durch Stumpfschweißung und geschickter

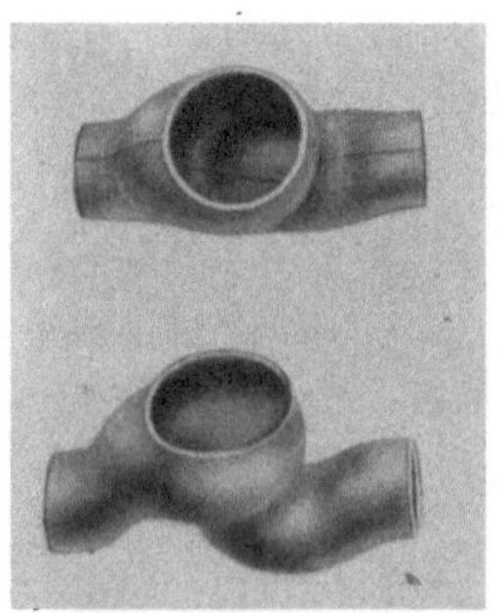

Abb. 199. Stumpfgeschweißtes
Ventilgehäuse

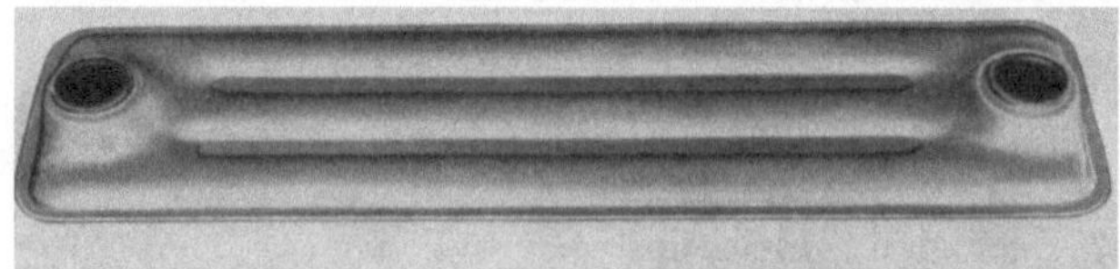

Abb. 200. Halbes Heizkörperglied

Anordnung der Ziehform hergestellt werden kann. Schließlich sei noch ein Ventilgehäuse in Abb. 199 dargestellt, das aus zwei symmetrischen Ziehteilen besteht, zusammengesetzt und verschweißt ist.

Infolge der guten Wärmeleitfähigkeit haben sich aus Stahlblech gepreßte Radiatoren für Heizkörper bestens bewährt. Abb. 200 zeigt ein solches flaches Ziehteil. An diesem Radiator sind sämtliche drei elektrische Widerstandsschweißverfahren, wie Punkt-, Naht- und Stumpfschweißung vorgesehen. Zwischen den beiden eingepreßten Rillen werden die Radiatoren zusammengepunktet und dann an den Rändern nahtgeschweißt, wobei die Naht wasserdicht sein und einen Druck von 8 atü aushalten muß. Die so geschweißten Glieder werden dann an den ausgezogenen Kragenstutzen der Löcher zu einem Radiatorblock stumpfgeschweißt.

5.6 Entdröhnte Ziehteile

Blechteile erzeugen infolge Schwingungen mitunter lästige Geräusche. Man kennt dies beispielsweise bei zuschlagenden Garagentoren, an Exhaustorgeräuschen und Windkanälen, wie überhaupt an Blechverschalungsteilen, die dem Staub- und Unfallschutz dienen, jedoch Schwingungen übertragen. Sehr oft besteht der Zweck solcher Verschalungen in einer hiervon erhofften Geräuschminderung. Bleche dröhnen bei Schwingungserregung durch Stoß, Erschütterungen u. dgl. und besonders stark im Falle stationärer Erregung bei ihren Resonanzfrequenzen. Zur Lärmbekämpfung haben sich schwingungsdämpfende Kunststoffe[1] bewährt, die auf das Blech meist einseitig oder seltener auch zweiseitig aufgespritzt werden[2]. Es handelt sich dabei um hochpolymere viskoelastische Stoffe. Sie können auch als Zwischenschicht zwischen zwei dünne Stahlbleche oder -bänder eingebracht werden[3]. Bleche dieser Art lassen sich nicht nur biegen, sondern sogar auch tiefziehen, wobei immerhin eine Ziehgüte erreicht wird, wie sie einfachen Ziehblechen der Güte WUSt oder USt 1203 bis 05 nach DIN 1623 (frühere Bezeichnung St V 23 und St VI 26) entspricht. Derartige Verbundbleche von über 1 mm Dicke weisen mitunter gleich dicke (0,5 mm + Schicht + 0,5 mm) oder verschieden dicke (0,7 mm + Schicht + 0,3 mm) Außenbleche auf. Letztere eignen sich besser zum Tiefziehen oder Biegen, wobei das dünnere Außenblech an der Zugseite, das dickere an der Stauch- bzw.

Abb. 201 u. 202. Ziehteile aus geräuschdämpfenden Verbundblechen

Druckseite zu liegen kommt. In Abb. 201 sind einige Ziehteile aus diesem Werkstoff in ihrer Außenansicht, in Abb. 202 die gleichen Ziehteile im Blick auf ihre Innenseite dargestellt. Bis auf eine geringfügige Faltenbildung am Blechflansch und an der Ziehkante, die im Falle eines Randbeschnittes entfällt, erfüllen diese

---

[1] OBERST, BOHN und LINHARDT: Schwingungsdämpfende Kunststoffe. Kunststoffe 51 (1961) H. 9, S. 495—502.
[2] Fa. Schallschluck, Dr.-Ing. Stankiewiez, Adelheidsdorf b. Celle.
[3] Farbwerke Hoechst AG, Frankfurt/M.-Hoechst. Friedrichshütte AG, Wehbach/Sieg.

Teile durchaus die an übliche Ziehteile normalen Schwierigkeitsgrades gestellten Anforderungen.

Die dämpfende Wirksamkeit der verschiedenen möglichen Anordnungen visko-elastischer Schichten auf oder zwischen den Blechen und ihre Abhängigkeit von den dynamisch-elastischen Eigenschaften und den Abmessungen der Konstruktionen wurden eingehend theoretisch und auch experimentell untersucht[1]. Damit sind auch grundsätzlich die Bedingungen bekannt, die die Dämpfungsmittel erfüllen müssen, wenn möglichst hohe Dämpfungen der Konstruktionen erreicht werden sollen.

5.7 Merkmale, Ursachen und Beseitigung von Tiefziehfehlern

Der Anteil von Fehlstücken beim Tiefziehen ist nicht zu unterschätzen. Es mag Unternehmen geben, deren Fertigung auf einen oder nur wenige Spezialartikel ausgerichtet ist, wo infolge langjähriger Erfahrungen der Betriebsleitung Fehl-stücke nur noch selten vorkommen. Dies gilt insbesondere für einfache Massen-artikel. Für die Entnahme von einschlußfreiem Stahl zur Bereitstellung von Tief-ziehstahlblechen kommt ein verhältnismäßig kleiner Blockanteil in Betracht, ihre Gestehungskosten sind sehr viel größer im Vergleich zu einfachen Handelsblechen. Oft ist es wirtschaftlicher, billige Bleche zu verarbeiten und dabei eine entsprechende Ausschußziffer in Kauf zu nehmen. Es wäre also durchaus falsch, wenn die Ferti-gungsindustrie ihre einzige Aufgabe darin sehen würde, von den Blecherzeugern hochwertige Werkstoffe zu verlangen. Daneben muß versucht werden, die Ferti-gungsverfahren so auszubilden, daß auch Werkstoffe mäßiger Güte, die in genü-gender Menge zu einem geringen Preis verfügbar sind, verarbeitet werden können. Durch Wahl richtiger Abrundungen, einer zweckmäßigen Zugabstufung, eines geeigneten Schnitt- oder Ziehspaltes, einer entsprechend bemessenen Gesenkbreite oder gar neuer Fertigungsverfahren ist es vielleicht möglich, geringwertige Werk-stoffe an Stelle bisher teurerer Bleche zu verarbeiten, ohne daß die Güte des Erzeugnisses hierdurch herabgesetzt und die Fertigungskosten erhöht werden.

Während in der Regel bei Mißerfolgen in der Werkstatt nur allzu häufig dem Blech als der alleinigen Ursache die Schuld zugeschoben wird, darf nicht übersehen werden, daß es daneben sehr viele andere Möglichkeiten gibt, die den Fehler er-klären. Der Fachmann im Betrieb wird am fertigen Teil, ähnlich wie der Arzt mit seiner Diagnose am Patienten, zunächst einmal einen Befund feststellen, auf den hin er sich ein Bild über die Ursache der Fehler macht, um Maßnahmen zu ihrer Verhütung zu treffen. Ebenso wie an einem Schnitteil der Stanzgrat, die Sauberkeit der Schnittfläche, die Aufwölbung des Teiles in der Mitte und die Kantenrundung des Teiles an der Ausschnittseite einen Anhalt über den Zustand des Schnittwerkzeuges geben, so lassen beim Tiefziehen in noch viel größerem Maße als dort die äußeren Fehlermerkmale die mutmaßlichen Ursachen erkennen. Eine größere Anzahl der verschiedenen Tiefziehfehler ist in Tab. 13 angeführt, wobei die äußeren Merkmale und Fehlererscheinungen zumeist bildlich erläutert sind. Diese Tabelle mag zwar keinen Anspruch auf Vollständigkeit erheben, dürfte aber so ziemlich erschöpfend die wesentlichsten vorkommenden Fehler zeigen.

Zunächst seien einige lokale Fehler in der Blechtafel selbst besprochen, worunter also nicht die allgemeine Tiefziehgüte des ganzen Bleches verstanden werden soll. Als solche lokalen Fehler gelten knötchenartige Verdickungen oder eingepreßte Fremdkörper, wie sie beispielsweise durch eingepreßte Späne hervorgerufen werden. Auch Schrammen oder Stöße gegen die Blechtafel bei unsachgemäßer Lagerung

---

[1] OBERST u. SCHOMMER: Schwingungsdämpfende Verbundblechsysteme, Kunststoffe 55 (1965) H. 8, S. 634–640.

Tabelle 13

Bild und Bild-Nr.	Äußere Merkmale und Fehlererscheinungen Befund	Fehlerursache	Maßnahmen zur Fehlerverhütung
A	Bild 1: Einseitiger tiefer Einriß in der Zarge. Rißform geschwungen Rißkante sauber Bild 2: Einseitiger Querriß, sonst Befund wie oben (in beiden Fällen keine Doppelung wie Bild 5)	Fehler im Blech infolge knötchenartiger Verdickungen oder eingepreßter Fremdkörper, wie beispielsweise Späne Ersteres sehr selten, letzteres häufiger	Durchsicht und Reinigen der Blechtafeln vor der Verarbeitung Größere Sauberkeit in der Umgebung der Presse
B	Bild 3: Kurze Querrisse in der Zarge mit darüber und darunter liegender dreieckiger meist blank verplätteter Faltung Bild 4: Schwarze Punkte mit darüber und darunter angrenzenden verplätteten Stellen Beides sehr seltene Erscheinungen	Feine Löcher im Werkstoff Bei Häufung dieser Erscheinung zu poröses Blech	Wahl eines dichteren Bleches
C	Bild 5: Rißbildung wie Bild 2, seltener wie Bild 1, nur mit dem Unterschied, daß die Rißkante scharfzackig und nicht glatt verläuft. Insbesondere ist die Rißkante abgestuft, als wenn zwei übereinander liegende Bleche gleichzeitig gezogen worden wären	Einschlüsse im Blech	Seitens des Walzwerkes ist auf Anlieferung sauberer und einschlußfreier Platinen zu achten. Kontrollverfahren mittels Ultraschall
D	Bild 6: Boden wird allseitig abgerissen, ohne daß es zu einer Zargenbildung kommt	Das Ziehwerkzeug wirkt als Schnitt, da 1. zu geringe und scharfkantige Ziehkantenrundung oder 2. zu enger Ziehspalt oder 3. zu großer Niederhalterdruck oder 4. zu hohe Ziehgeschwindigkeit	Vergrößerung des Ziehkantenradius, meist durch Nachschleifen des Stempels oder Ziehringes Nachlassen des Niederhalterdruckes Drehzahl der Presse herabsetzen
E	Bild 7: Nach Bildung eines nur kurzen Zargenansatzes, dessen Höhe etwa der Ziehkantenrundung entspricht, reißt der Boden ab, der nur noch an einem schmalen Steg mit dem Blechflansch zusammenhängt, ohne daß dabei eine bemerkenswerte Ziehtiefe erreicht wurde (sehr häufige Erscheinung)	Zu große Abstufung im Verhältnis zur Tiefziehgüte des Bleches	β-Wert (= höchstzulässiges D/d - Verhältnis) nach dem Napfprüfverfahren ermitteln. Evtl. geringer abstufen oder ein Blech höherer Tiefzieheignung wählen
F	Bild 8: Befund ähnlich wie Bild 7, nur Zargenansatz meist ein wenig höher, der innen gegenüber dem Steg dunkle, blanke Druckspuren bei p zeigt	Stempelführung außermittig zum Ziehring	Werkzeug richtig einstellen! Bei in Säulengestellen geführten Werkzeugen werden derartige Fehler vermieden

	Bild und Bild-Nr.	Äußere Merkmale und Fehlererscheinungen Befund	Fehlerursache	Maßnahmen zur Fehlerverhütung
G	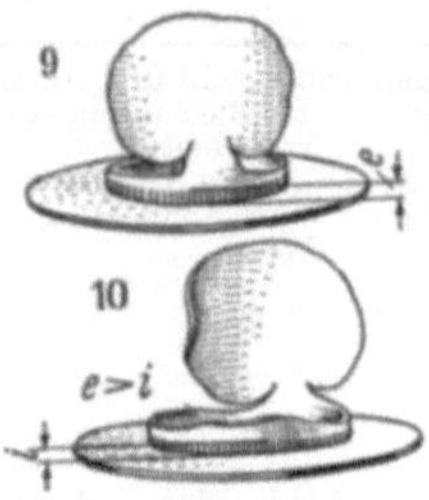	Bild 9 und 10: Fast bei allen Ziehteilen findet sich am Zargenhals dicht über dem Blechflansch eine feine Druckspur einer Höhe von nur wenigen mm. Diese Spur ist am Steg höher als gegenüber, so daß $e \gg i$ ist	Schräge Lage der Stempelführung in Richtung gegen die Abrißstelle	Werkzeug richtig einstellen! Bei in Säulengestellen geführten Werkzeugen werden derartige Fehler vermieden
H	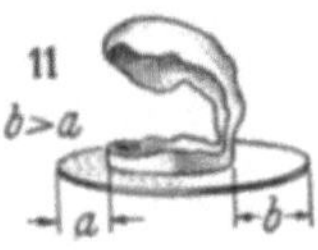	Bild 11: Blechflansch in Nähe des Steges einseitig breit, gegenüber schmal	Außermittige Einlage des Zuschnittes	Einlagebegrenzungsstifte anbringen!
J		Bild 12: Blechflansch an zwei gegenüberliegenden Stellen breiter. An einer Breitseite befindet sich meist auch der Steg für den anhängenden Boden	Ungleichmäßige Blechdicke	Dickentoleranzen nach DIN nachprüfen und die Bleche hierauf nach ihrer Anlieferung messen
K		Befund wie unter E (Bild 7), jedoch Faltenbildung auf dem Blechflansch	1. zumeist zu geringer Niederhalterdruck oder 2. zu großer Ziehkantenhalbmesser oder 3. zu große Spaltweite (selten)	Höheren Niederhalterdruck einstellen Oberfläche des Ziehringes abschleifen und Kantenradius verkleinern Werkzeugerneuerung zwecks Herabsetzung der Spaltweite
L	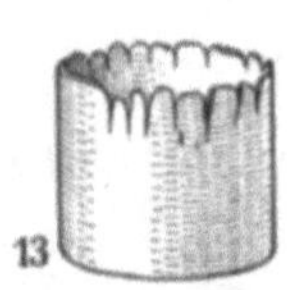	Bild 13: Bei sonst gelungenem Durchzug ausgefranster Zargenrand und verplättete Falten	1. zumeist Ziehspalt zu weit oder 2. Ziehkantenabrundung zu groß oder 3. Niederhalterdruck zu gering (selten)	Wie unter K 3! Wie unter K 2! Wie unter K 1!
M	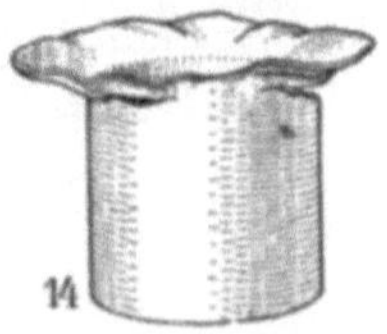	Bild 14: Bei fast gelungenem Zug stark gefalteter Restflansch mit waagerechten Einrissen darunter	1. zu geringer Niederhalterdruck oder 2. zu große Ziehkantenrundung oder 3. zu großer Ziehspalt (selten)	Wie unter K 1! Wie unter K 2! Wie unter K 2!
N	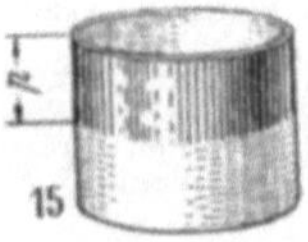	Bild 15: Blanke hohe Druckspur der Höhe p im oberen Teil der Zarge außen	zu enger Ziehspalt	Nachschleifen von Ziehring oder Stempel

Bild und Bild-Nr.	Äußere Merkmale und Fehlererscheinungen Befund	Fehlerursache	Maßnahmen zur Fehlerverhütung
O	 **Bild 16:** Zarge in der Mitte ausgebaucht und Lippenbildung am oberen Zargenrand. (Aus Gründen der Veranschaulichung ist die bildliche Darstellung stark übertrieben)	zu weiter Ziehspalt	Erneuerung des Ziehstempels oder Ziehringes bei engerer Bemessung des Ziehspaltes
P	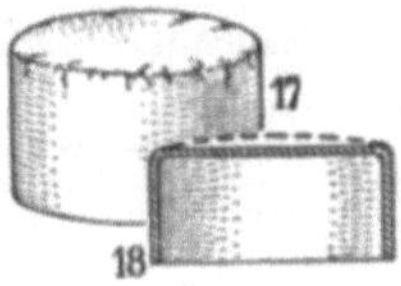 **Bild 17:** Blasenbildung am Bodenrand oder **Bild 18:** Auswölbung des Bodens entsprechend der gestrichelten Linie	1. schlechte Stempelentlüftung, 2. zuweilen auch stark abgenutzte Ziehkante	Entlüftungskanäle anbringen oder erweitern. Ziehkante polieren
Q	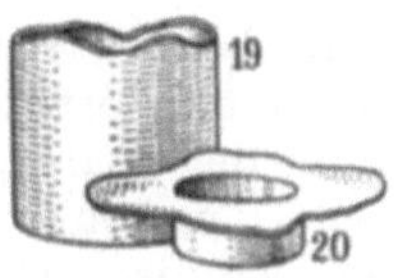 **Bild 19 und 20:** Zipfelbildung am Zargenrand (Bild 19) oder am Blechflansch (Bild 20). Die 4 Zipfel liegen ziemlich regelmäßig unter einem Winkel von 90° zueinander und unter 45° zur Walzrichtung des Bleches	Unvermeidliche Erscheinung bei anisotropen, im allgemeinen für das Tiefziehen ungeeigneten Blechen	Verwendung eines Bleches höherer Tiefzieheignung
R	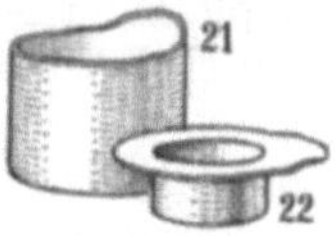 **Bild 21 und 22:** Einseitige Zipfelbildung am Zargenrand (Bild 21) oder am Blechflansch (Bild 22)	1. Außermittige Einlage des Zuschnittes 2. Ungleicher Niederhalterdruck 3. Außermittige Lage des Stempels zum Ziehring (selten) 4. Ungleiche Blechdicke	Anlagestifte einsetzen! } Werkzeug ausrichten } Dickentoleranzen nach DIN beachten und daraufhin den Anlieferungszustand der Bleche nachprüfen
S		Ganz unregelmäßige Zipfelbildung	Ungleichmäßige Blechdicke	
T	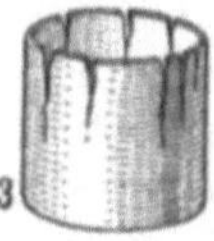 **Bild 23:** Unregelmäßige Rißbildung vom Zargenrand abwärts. Risse dieser Art bilden sich oft erst Tage und Wochen nach dem Ziehen	Ungeeignetes Blech Alterungserscheinungen, die insbesondere an Leichtmetallblechen häufig auftreten. Bei Stahlblechen oft ein zu hoher Gehalt an N oder P	Wahl eines Bleches höherer Tiefziehgüte
U		Befund wie unter T (Bild 23), jedoch liegen die Risse im Winkel von etwa 90° zueinander	Anisotropes Verhalten des Werkstoffes (siehe auch unter Q Bild 19/20)	
V	 **Bild 24:** Fließfiguren. Sie treten meistens nach geringen Umformungen bei hoher Spannung auf, also häufig auf den Böden, dagegen selten auf den Zargen der Ziehteile. Insbesondere bei der Herstellung flacher, unzylindrischer Ziehteile, wie Karosserieverkleidungen, die großflächig lackiert bzw. gespritzt werden, sind Fließfiguren unschön	Kristalltextur Die Vorgänge der Fließfigurenbildung sind zur Zeit noch nicht einwandfrei geklärt	Falls ein Kaltnachwalzen infolge der damit verbundenen Verfestigung nicht in Kauf genommen werden kann, sind die Bleche möglichst kühl zu lagern und zu transportieren (also nicht im Sommer im offenen Waggon) und baldigst zu verarbeiten

10*

Bild und Bild-Nr.	Äußere Merkmale und Fehlererscheinungen Befund	Fehlerursache	Maßnahmen zur Fehlerverhütung
W	Bild 25: Einrisse in den Ecken von Rechteck-zügen vom Rande senk-recht nach unten zur Bodenecke	1. Werkstoffverknap-pung in den Ecken infolge falschen Zu-schnittes 2. Zu enger Ziehspalt in den Ecken	Zuschnitt ändern Rechteckzüge erfordern in den Ecken einen et-was weiteren Ziehspalt als an den Seiten
X	Bild 26: In den Boden-ecken von Rechteck-zügen beginnender, dann schräg verlaufen-der Riß	1. Werkstoffhäufung in den Ecken 2. Zu starke Eckenab-stufung	Zuschnittsänderung Abstufung verringern oder hochwertigeres Tiefziehblech verwen-den

oder Transport erzeugen zuweilen derartige Verdickungen, die beim Tiefziehen den Werkstoff zwischen Ziehring und Stempel einklemmen, so daß bei Fortsetzung des Zuges die Zarge von jenen Klemmstellen ab infolge Zunahme der Spannungen aufreißt. Die Rißbilder können gemäß Bild 1 und 2 ganz verschieden sein, nur ist darauf zu achten, daß die Rißkanten keine Doppelung zeigen, wie dies später in Bild 5 angegeben ist.

Feine Löcher, die insbesondere durch eingepreßte Späne oder Sandkörnchen in weichen Aluminiumblechen entstehen, ergeben eine Faltenverplättung gemäß Bild 3 oder auch Bild 4. Diese an sich seltene Erscheinung tritt auch bei porösen Blechen zuweilen auf.

Während die vorstehenden Störungsursachen im allgemeinen nur vereinzelt vorkommen, erschweren Doppelungen von Blechen die ganze Fertigung. Wie bereits eingangs erwähnt, sind Einschlüsse, wie Blockseigerungen u. dgl. heute seltener als früher anzutreffen. Wenn auch in den Walzwerken diejenigen Bleche ausgeschieden werden, an denen äußerlich bereits eine Blasenbildung zu erkennen ist, so bestehen daneben zahlreiche Bleche mit kleineren, äußerlich nicht erkenn-baren Fehlern. Diese zeigen sich erst während der Verarbeitung. Liegen diese Stellen beispielsweise im Boden eines Ziehteiles oder in Schenkelmitte eines ge-bogenen Winkels, so bleiben sie unerkannt und unbedeutend, schaden also nichts. Wird hingegen an jenen Stellen das Blech auf Zug beansprucht, so macht sich diese Erscheinung schon häufiger unangenehm geltend. Beim Tiefziehen liegen die Verhältnisse nun noch so, daß die äußere Schicht der Zarge mehr auf Zug als die innere beansprucht wird. Bei einer Doppelung wird daher die Außenschicht nach oben über die Innenschicht gezogen. Die Rißkante sieht dann derart aus, als wenn zwei übereinander liegende Blechtafeln gleichzeitig gezogen worden wären. Man findet zuweilen sogar dreifache und vierfache Doppelungen an einer Rißstelle.

Neben den lokalen und allgemeinen Blechfehlern spielen die Bemessung des Ziehwerkzeuges und die Größe des Niederhalterdruckes eine wichtige Rolle. Ein allseitiger Abriß des Bodens gemäß Bild 6 im Anfang des Zuges kann verschiedene Ursachen haben. Eine zu geringe Bemessung von Ziehkantenrundung oder Ziehspalt sind häufig der Grund dafür. Erst in zweiter Linie wird man durch eine Herab-setzung des Niederhalterdruckes diesem Übel abhelfen. Zuweilen liegt es auch daran, daß die Ziehabstufung β im Verhältnis zur Güte des Werkstoffes zu groß ist, doch findet man dann eher Fehlerteile nach Bild 7 mit nicht allseitig, sondern nur ein-seitig abgerissenem Blechboden, der an einem schmalen Steg mit dem Blechflansch

in Zusammenhang steht. Für die Konstruktion von Ziehwerkzeugen ist die richtige
Abstufung wichtig. Sie richtet sich nach der Tiefziehgüte des jeweiligen Werkstoffes, worüber auf S. 46—54 dieses Buches berichtet wird.

Ziehfehlstücke nach Bild 7 sind aufmerksam zu prüfen, damit nicht unnötig
ein Werkstoff höherer Tiefziehgüte und somit höheren Preises verlangt wird. So
besteht gemäß Bild 8 die Möglichkeit, daß die Stempelführung außermittig zum
Ziehring läuft, oder gemäß Bild 9 und 10, daß die Stempelführung sogar schräg
gegen den Ziehring gerichtet ist. Hier hilft nur eine nochmalige Prüfung und Verbesserung der Werkzeugeinstellung. Bei Werkzeugen, die in Säulengestellen eingebaut sind, werden derartige Fehler vermieden. Leider lassen sich in Säulen-
gestelle nur Werkzeuge bis zu einer beschränkten Größe, etwa bis zu einem Zuschnittsdurchmesser von etwa 250 mm einbauen. Es kann aber auch eine außer-
mittige Einlage des Zuschnittes gemäß Bild 11 die Ursache sein, was ohne weiteres
an der unterschiedlichen Breite des Blechflansches zu erkennen ist. In Verbindung
hiermit ist eine Nachprüfung der Dickentoleranz des Bleches erforderlich, da eine
ungleiche Blechdicke nur allzu häufig Ursache eines ungleich breiten Blechflansches
ist. Denn das Blech wird zwischen Ziehring und Niederhalter nur an seinen dicken
Stellen festgehalten, während es an seinen schwächeren leicht über die Ziehkante
fließen kann. Dies zeigt Bild 12 als Draufsicht auf ein gerissenes Tiefziehteil ähnlich wie Bild 7—11. Schließlich kann eine Faltenbildung auf dem Blechflansch
die Erklärung für die Ursache des Ausschusses geben, wofür gemäß Pos. K der
Tab. 13 ein zu geringer Niederhalterdruck oder ein zu großer Ziehkantenhalbmesser
oder in seltenen Fällen eine zu große Spaltweite ursächlich sind.

Die Wahl des Ziehspaltes ist wesentlicher, als dies zumeist angenommen wird.
Bei zu weitem Ziehspalt neigt der Werkstoff sehr viel mehr zur Faltenbildung,
als dies durch den Niederhalterdruck geregelt werden kann. Gewiß nimmt bei
wachsender Ziehtiefe bzw. fortschreitender Formung der Zarge der spezifische
Niederhalterdruck zu. Es darf aber auch nicht verkannt werden, daß gleichzeitig
eine zunehmende Verfestigung des Werkstoffes an der Ziehkante eintritt, da die
Ringstauchung sehr viel größer wird, wenn die äußeren Teile des Zuschnittes
über die Ziehkante laufen. Gewiß ist der erste Augenblick der Zargenbildung der
kritischste, wie dies auch die verhältnismäßig große Zahl von Fehlstücken beweist,
die etwa nach Bild 7 ausfallen. Ist aber einmal der Ansatz einer Zargenbildung
gelungen und die größte Ziehkraft überwunden, so fällt im weiteren Verlauf des
Kraftwegdiagrammes die Ziehkraft ab, da ein Teil der Zugbeanspruchung durch
die Ringstauchung ihren Ausgleich findet und außerdem das Verhältnis vom
äußeren Blechflanschdurchmesser zum Ziehdurchmesser ständig abnimmt. Dies
darf aber nicht darüber hinwegtäuschen, daß eben im letzten Teil des Zuges nicht
nur die Zugbeanspruchungen, sondern auch die Ringstauchbeanspruchungen am
größten sind, und daß hierdurch der Werkstoff stark verfestigt und spröde wird.
Dies ist auch der Grund dafür, daß bei vertikalen Rißbildungen entsprechend
Bild 23 die Werkstücke meist nur im oberen Teil der Zarge aufspringen. Diese
Verhältnisse sind also bei Teilen, die nach Bild 13 oder Bild 14 anfallen, zu berücksichtigen. Ein weiterer Nachteil eines zu weiten Ziehspaltes ist der, daß die Zargen-
wände der Ziehteile nicht genau senkrecht ausfallen. Man spricht dann von einer
sogenannten Waschkrugform. Gewiß mag die Darstellung des Ziehteiles in Bild 16
stark übertrieben sein. Auch dürfte bei den weitaus meisten Fällen eine Lippenbildung am oberen Zargenrand nichts ausmachen, da diese Teile meistens nachträglich beschnitten werden. In Fällen, wo die Ränder nach außen umgerollt
werden, ist eine solche Lippenbildung sogar erwünscht. Es gibt aber doch eine Reihe
von Werkstücken, an deren genaue Durchmessermaßhaltigkeit hohe Anforderungen

gestellt werden. Dies gilt insbesondere für die Verwendung von Ziehteilen im Apparatebau, die oft eng toleriert oder die gar für Passungen bestimmt sind. Hier hilft dann nur der Abstreckzug unter Abnahme der Zargenwanddicke. Hingegen bewirkt ein zu enger Ziehspalt oft ein Pressen und Festsetzen des Ziehteiles zwischen Ziehstempel und Ziehring. Durch eine ausreichende Schmierung oder durch Bondern mag es in vielen Fällen möglich sein, auch trotzdem brauchbare Stücke zu erhalten. Druckspuren, wie sie in Bild 15 angedeutet sind, sind in den meisten Fällen bedeutungslos, da sie nur einen äußeren Schönheitsfehler bilden. Auswölbungen des Bodens gemäß der gestrichelten Linie in Bild 18 sind häufig auf eine schlechte Stempelentlüftung zurückzuführen. Dies gilt auch von unregelmäßigen Blasen an der Bodenfläche von Tiefziehteilen, die besonders am Rande entstehen (Bild 17). Hier ist jedoch auch dem Zustand der dem Verschleiß unterliegenden Ziehkante Beachtung zu schenken. Es ist hier nicht Raum genug, um noch die weiteren zahlreichen Merkmale aufzuzählen, die auf Fehler an Ziehwerkzeugen zurückzuführen sind.

Bei gezogenen Blechteilen, deren Tiefziehergebnis nicht befriedigt, ist die Zipfelung zu beachten. Sowohl an der durchgezogenen Zarge nach Bild 19 wie auch an dem Blechflansch nach Bild 20 bilden sich zuweilen Zipfel bzw. Ohren. Ist die Zipfelung derart, daß man deutlich vier Zipfel erkennt, die unter einem Winkel von 90° zueinander liegen, so ist das Vorhandensein eines anisotropen Bleches erwiesen. Die Anisotropie ist ebenso wie die später noch zu behandelnde Fließfigurenbildung auf Texturerscheinungen im Werkstoff zurückzuführen. Die Zipfel liegen meistens in einem Winkel von 45° zur Walzrichtung des Bleches. Bei Stahltiefziehblechen ist ein solches anisotropes Verhalten unerwünscht, da die hieraus gefertigten Teile häufig reißen. Die Verarbeitung von anisotropen Stahlblechen zu Ziehteilen ist also nach Möglichkeit zu vermeiden. Was hier von Stahlblechen gesagt wird, gilt auch von den meisten anderen Blechen. Eine Ausnahme hiervon bilden Kupferbleche oder solche aus Kupferlegierungen, bei denen ein anisotropes Verhalten unvermeidlich ist und die auch trotz dieser Erscheinung zum Tiefziehen gut geeignet sind. Sehr häufig zeigen sich Risse entsprechend Bild 23 nach dem Beschneiden der Zarge, die gemäß Pos. *U* der Tabelle ebenfalls unter einem Winkel von 90° zueinander liegen. Dabei braucht es sich nicht um vier einzelne Risse zu handeln, sondern auch um vier Rißgruppen derart, daß mehrere dicht beieinander liegende Risse eine Gruppe bilden. Liegen Rißbildung und Zipfelung nicht auf den Vierteln des Zargenumfanges regelmäßig verteilt, so ist das Blech auch nicht anisotrop.

Für sonst auftretende unregelmäßige Zipfelungen am Zargenrand (Bild 21) oder am Blechflansch (Bild 22) geben die Positionen zu *R* und *S* in der beigefügten Tabelle einige Erklärungen. Insbesondere ist dabei auf die Einhaltung der Dickentoleranzen nach den geltenden DIN-Vorschriften und auf einen über den ganzen Werkzeugumfang gleichmäßigen Niederhalterdruck zu achten. Das Aufsetzen der Werkzeuge auf hydraulische oder pneumatische Kissen sowie das Lagern der Niederhalter in Kugelflächen bringt zwar eine gewisse Anpassung der Anlagefläche von Ziehring und Niederhalter gegen die eingelegte Blechtafel. Es wird also eine einseitige Einspannung vermieden und damit bestenfalls eine gegenseitige Dreipunktauflage erreicht. Das gleiche Ziel erreicht man auch bei älteren Pressen, die mit den genannten Ausrüstungen nicht ausgestattet sind, durch Gummistreifenunterlagen unter den Ziehringen.

Weitere Fehler an Blechteilen, die sich insbesondere erst oft Tage und Wochen nach der Herstellung durch Tiefziehen zeigen, sind auf Versprödung des Werkstoffes und Alterungserscheinungen zurückzuführen. Dies gilt insbesondere von Blechen aus Leichtmetall-Legierungen, die umittelbar nach dem Lösungsglühen vor Eintreten einer Alterungsverfestigung umgeformt werden müssen. Sonst zeigen sich nach der Verarbeitung Risse in der Zarge gemäß Bild 23. Derartige Rißbildungen infolge Alterungserscheinungen sind an unzylindrischen Ziehteilen noch häufiger zu beobachten.

Im Gegensatz zu den Ausführungen zu Bild 15 mag es aber doch viele Fälle geben, wo das Aussehen der Außenhaut des Bleches wichtig ist. Dies gilt insbesondere von großflächigen Blechteilen, die nicht gespachtelt und mit Kunstharzlacken gespritzt oder in diese getaucht werden und auf denen mit der Zeit Ungleichmäßigkeiten auf der Blechoberfläche sichtbar werden (Bild 24). Sehr lästig sind in dieser Hinsicht Fließfiguren, die insbesondere bei der Karosserieherstellung störend wirken. Diese Erscheinungen sind auf Kristalltexturen zurückzuführen. Die Vorgänge der Fließfigurenbildung[1] sind zwar z. Zt. noch nicht im einzelnen geklärt. Angeblich sollen Fließfiguren sich dort bilden, wo der Fließvorgang des unter Spannung stehenden weichen Stahlbleches durch den Widerstand des spröden Zementitskelettes in ganzen Schichten einsetzt. Da bei den Tiefziehstahlblechen Fließfiguren durch einen zusätzlichen Kaltstich unterbunden werden, dürften wahrscheinlich auch andere Ursachen hier mitwirken. Leider nimmt durch ein zu starkes nachträgliches Kaltwalzen die Verfestigung erheblich zu. Geschieht dies auf Kosten der Umformfähigkeit, so wird man sich zur Abhilfe der Fließfigurenbildung nach anderen Lösungen umsehen müssen. Es sei nur im Zusammenhang hiermit darauf hingewiesen, daß eine möglichst kühle Lagerung der Bleche und eine sehr schnelle und kurzfristige Verarbeitung der Bleche nach ihrer Herstellung bzw. Anlieferung die Bildung von Fließfiguren einschränken. Karosserietiefziehbleche, die im Sommer im offenen Waggon versandt werden und somit der Sonnenbestrahlung und einer hierdurch bedingten hohen Erwärmung ausgesetzt sind, neigen besonders zur Alterung und zur Fließfigurenbildung. Außer Fließfiguren zeigen sich im Bereich der Fließgrenze bei beruhigten Stahlblechen häufig Tupfen von etwa 10 mm Durchmesser als verdickte Stellen, die erst bei zunehmender Streckbeanspruchung verschwinden, anderenfalls abgeschmirgelt werden müssen.

Es wurden der Einfachheit halber zunächst nur die Fehler an Tiefziehteilen der zylindrischen runden Grundform behandelt. Die dafür typischen Erscheinungen gelten in entsprechender Abwandlung auch für anders geformte zylindrische Tiefziehteile. Es würde zu weit führen, die Vielzahl der vorkommenden Formen auf ihre besonderen Fehlermöglichkeiten hin zu untersuchen. Nur über die rechteckige Napfform gemäß Bild 25—26 soll noch einiges gesagt werden, da sie sehr häufig verwendet wird. An rechteckigen Teilen ist durch Anisotropie eine bedingte Zipfelbildung sehr viel schwerer zu erkennen. Auch hier sind die Druckspuren innerhalb und außerhalb der Zarge ebenso wie beim runden Zug zu beachten, soweit man hieraus Schlüsse für einen richtigen Sitz und gegenseitige Einstellung der Werkzeugteile zieht. Sehr viel schwerer ist bei diesen Teilen das Abstufungsverhältnis zu ermitteln, da sich dasselbe weniger nach dem Verhältnis Länge zu Tiefe, sondern nach der Eckenrundung richtet. Gerade der richtige Entwurf des Zuschnittes ist für rechteckige Ziehteile wichtig, weshalb dort zuerst das Ziehwerkzeug herzustellen ist, und erst dann nach Ausproben der verschiedenen Zuschnitte mit dem Entwurf und Bau des Schnittwerkzeuges begonnen werden darf. Bild 25 zeigt ein typisches Ziehteil mit einer Werkstoffverknappung in den Ecken infolge Entwurf eines falschen Zuschnittes. Hier fallen die Ecken an den Zargenseiten abgerundet aus und verlaufen in der Ecke weiter in Form eines Einrisses nach der Bodenecke zu. Dieser Riß ist in Bild 25 sehr weitgehend dargestellt, meistens ist

---

[1] BEISSWÄNGER u. LÄMMLE: Auftreten von Fließfiguren an Stahl-Tiefziehblechen. Mitt. d. Forschungsges. Blechverarb. 2 (1950), Nr. 8 v. 15. 4. 1951.

er viel kürzer. Das umgekehrte Bild ist eine zu starke Werkstoffhäufung in den Ecken, was sich auch in einer entsprechenden Zipfelung in den Ecken gemäß Bild 26 auswirkt. Infolge dieser flächenmäßigen Vergrößerung der Zarge nimmt die Zugspannung in den Ecken zu, so daß an den Bodenecken die Zarge beiderseits einreißt. In solchen Fällen hilft im allgemeinen eine Änderung der Zuschnittsform. Weiterhin darf nicht übersehen werden, daß der Ziehspalt in den Ecken für Rechteckzüge etwas weiter zu halten ist als an den Seiten.

Der Leser wird wahrscheinlich unter den Abhilfemaßnahmen Hinweise auf die Bedeutung eines geeigneten Schmierstoffes vermissen. Es wird gewiß nicht bestritten werden, daß in sehr vielen Fällen durch Beigabe eines geeigneten Schmierstoffes abgeholfen wird und daß eine einwandfrei bzw. eine unzureichende Schmierung das Ziehergebnis weitestgehend beeinflussen. Dies gilt insbesondere für Fehler infolge falscher Ziehspaltweiten sowie ungleichmäßiger Blechdicke.

Die vorstehende Auswahl von Fehlern an Tiefziehteilen beweist, daß nur in etwa einem Viertel der vorkommenden Fälle einem für Tiefziehzwecke allgemein ungeeigneten Blech die Schuld beizumessen ist. In vielen Fällen haben es der Werkzeugkonstrukteur und vor allen Dingen der Konstrukteur von Ziehteilen durch Entwurf einfach herzustellender Teilformen selbst in der Hand, den Erfolg in der Werkstatt zu gewährleisten und Gefahren für eine störungsfreie Fertigung zu beseitigen. So bestehen Formen, die sich schon von vornherein schlecht tiefziehen lassen. Hierzu gehören insbesondere solche Teile, wo das Blech nicht am Ziehstempel fest anliegt und an seiner anderen Seite nicht dicht hinter dem anliegenden Stempel über eine Ziehkante hinweggezogen wird, sondern wo ein entsprechend weiterer freier Teil verbleibt. Als Beispiel dafür seien die in Abb. 203 und 204 dargestellten Ziehteile genannt. Beim ersteren Ziehteil mit ihrer schräg

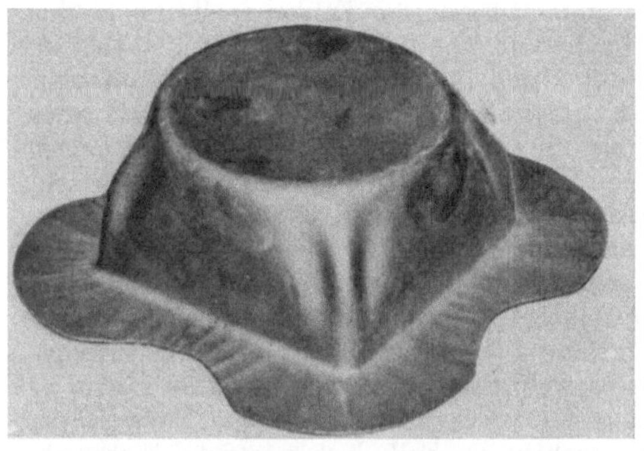

Abb. 203. Faltenanfällige Form infolge einseitig schräg verlaufender Zargenfläche

Abb. 204. Faltenanfällige Form infolge kleinerem rundem Boden gegenüber größerem quadratischen Rand

verlaufenden Fläche wird diese erst in der untersten Hubstellung vom Stempel gegen das Ziehgesenk gedrückt. Beim zweiten Teil besteht ebenfalls ein freier Raum zwischen den Ecken des Ziehkantenquadrates und dem runden Stempelboden, so daß sich hier unkontrollierbare Falten bilden müssen. Selbst wenn Stempel und Ziehgesenk das Teil formschlüssig umfassen, so wird in der tiefsten Stößelstellung bestenfalls die Falte platt gedrückt, jedoch nicht beseitigt. Alle derartigen Teile, wo Bereiche des Bleches beiderseits sich frei verformen können, sind faltenanfällig. Nach Möglichkeit soll der Konstrukteur derartiges vermeiden. Es mag hier die Frage auftauchen, inwieweit sich auch solche Teile faltenfrei herstellen lassen. Gewiß bestehen dafür Möglichkeiten, indem einmal mit geringer Kraft langsam das Teil bis kurz vor seiner Endform vorgezogen und dann durch mehrere Nachschläge aus möglichst geringer Höhe auf seine Endform kalibriert wird. Ein solches Verfahren ist beispielsweise unter der Schlagziehpresse möglich und wurde auf S. 98 beschrieben. Verhältnismäßig aussichtsreich erscheint außerdem die Herstellung derartiger Teile mittels des auf S. 99—102 beschriebenen hydromechanischen Tiefziehens.

5.8 Zusammenfassung
der für den Ziehteilkonstrukteur wichtigen Gesichtspunkte

Um die in diesem Buch enthaltenen Hinweise für den Konstrukteur nochmals zusammenzufassen, dient Tab. 14. Es ist nicht beabsichtigt, alle vorkommenden Möglichkeiten aufzuzählen. Es sollen nur unter Hinweis auf die bildliche Erläuterung jener Tafel die Regeln für den Konstrukteur aufgezählt werden.

1. Bei zylindrischen Ziehteilen ohne Flansch vermeide zu scharfkantige Abrundungen am Bodenrand und passe die Ziehtiefe der erreichbaren Stufung an! Sehr oft verbilligt eine Verkürzung der Höhe um nur wenige Millimeter die Fertigung des Teiles wesentlich, insofern als ein Zug dabei gespart wird.

2. Auch bei unzylindrischen Ziehteilen mit Flansch ist unter Beachtung der Ausführungen auf S. 57 dieses Buches die Rundung am Zargenansatz dem günstigsten Ziehkantenhalbmesser anzupassen. Zu große Rundungen sind für die Werkstatt infolge der Gefahr einer Faltenbildung ebenso unangenehm wie zu scharfkantige, die zum Reißen führen.

3. Vermeide Formen, die zwischen oberen Rand (= Ziehkante) und Boden (= Ziehstempeldruckfläche) im Grundriß gesehen zu große Abstände aufweisen, da diese gemäß Abb. 203 und 204 faltenanfällig sind. So ist ein ebener Boden mit guter Abrundung am Zargenübergang ziehtechnisch leichter herstellbar als ein halbkugelartiger Boden (Abb. 17, 18 und 76).

4. Beim Anschlag bzw. im ersten Zug ist für zylindrische Teile die Niederhalterfläche immer eben zu halten. Eine kegelförmige Ausbildung des Randes, selbst wenn diese flach ausgeführt wird, bedingt immer mehrere Züge, wofür die Abstufung der kegelförmigen Teile in Abb. 81 ein gutes Beispiel ist.

5. Umgekehrt ist bei tiefen Zügen, die in mehreren Stufen gefertigt werden und wo im letzten Zug der Werkstoff über eine unter 40—45° geneigte Kegelfläche gleitet, eine schräg kegelige Flanschfläche, günstiger Bei abgestuften Teilen, ist dies besonders zu beachten, wobei auch auf die Bemessungen der einzelnen Abstufungsdurchmesser zu achten ist. Ziehteile, bei denen diese Abstufung nicht berücksichtigt ist, wie z. B. in Abb. 28 sind sonst sehr viel schwerer und teurer herzustellen.

6. Rund oder kurvenförmig verlaufende Böden und Zargen sind teurer als zylindrisch abgestufte. Ihre Herstellung ist im allgemeinen sowieso nur durch zylindrisch abgestufte Teile möglich, die in Fertigschlägen ihre endgültige Form erhalten. Für den praktischen Gebrauch genügen im allgemeinen zylindrische oder zylindrisch abgestufte Formen. Es ist nicht nur eine Geschmacksache, sondern auch eine Kostenfrage, inwieweit man zu geschweiften und gerundeten Ausführungen greifen darf.

7. Das Gleiche gilt selbstverständlich auch für Gegenstände, die aus Ziehteilen zusammengesetzt sind. Flache Böden lassen sich viel leichter eben herstellen und ergeben beim Schweißen oder Hartlöten eine viel sicherere Auflage als gewölbte Flächen.

Tabelle 14. *Hinweise auf die*

	Fehlerhafte Ziehteilkonstruktion	Berichtigungsvorschlag	Texthinweis
1	a) Boden zu scharfkantig b) Ziehtiefe h zu groß unter Beachtung des zulässigen Ziehverhältnisses		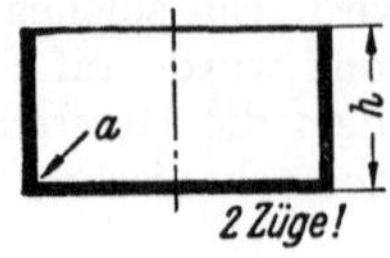 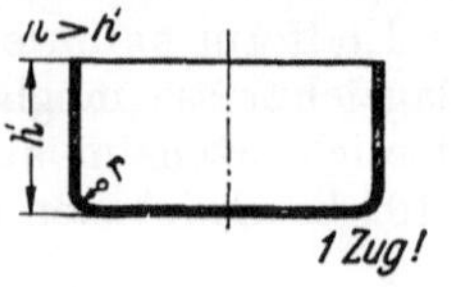 runde Teile S. 46—50 rechteckige S. 50—52 andere S. 53—54
2	a) Ziehkantenrundung r_a zu groß b) Bodenkantenrundung r_b zu klein		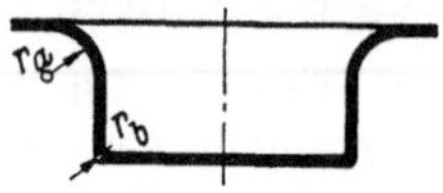 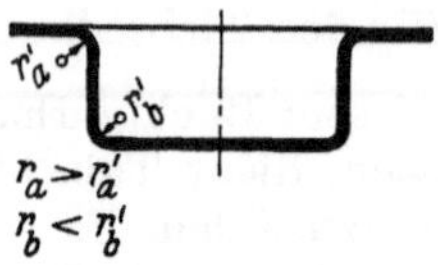 S. 57
3	Ebener Napfboden günstiger als Halbkugelform		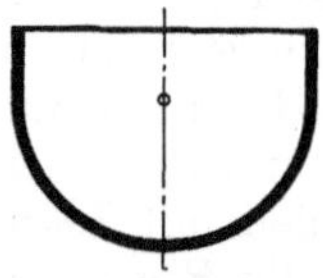 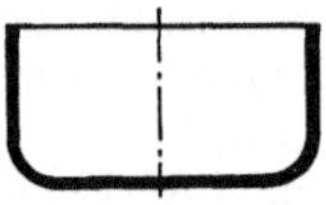 Halbkugel S. 15, Abb. 9 S. 19, Abb. 14 S. 74, Abb. 76 S. 95, Abb. 219
4	Niederhalterfläche ist beim Anschlag (= 1. Zug) eben auszubilden		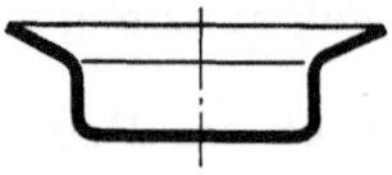 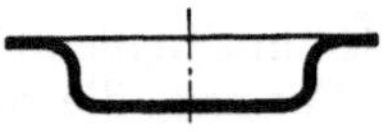 S. 76, Abb. 81
5	Niederhalterfläche ist beim Weiterschlag schräg zu gestalten		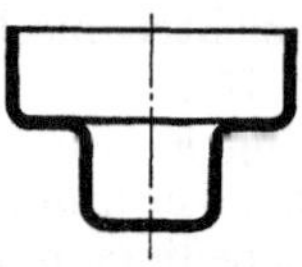 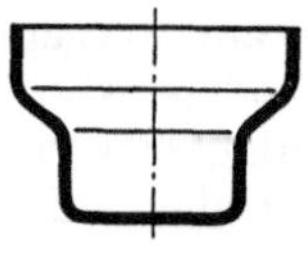 S. 48, Abb. 28 S. 73. Abb. 72
6	Rund oder kurvenförmig verlaufende Böden und Zargen bedingen eine teurere Fertigung als die einfache zylindrische Napfform Einzelteil		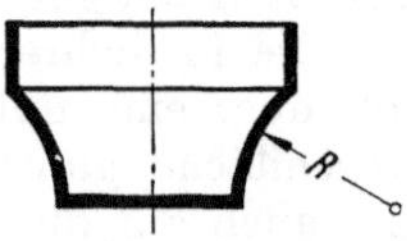 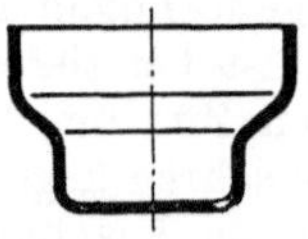 S. 72, Abb. 66
7	Zusammengesetztes Teil		 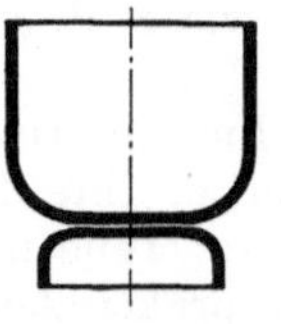 S. 72—76
8	a) Höhe h des angezogenen Stutzens zu hoch b) Starke Ausbauchung teurer als ein gefügtes Teil		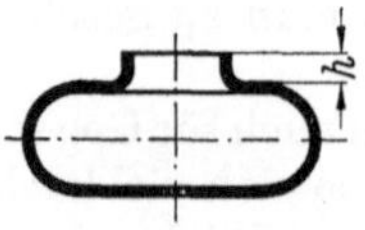 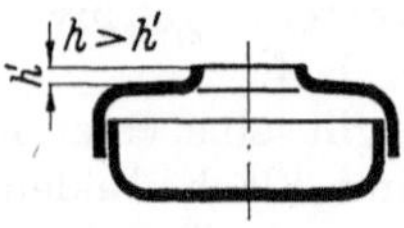 Ausbauchform S. 94—97

Konstruktion von Ziehteilen

	Fehlerhafte Ziehteilkonstruktion	Berichtigungsvorschlag	Texthinweis
9	Stülpzug infolge größeren Anteiles an Fehlstücken oft teurer als aus 2 Ziehteilen zusammengesetzter Behälter 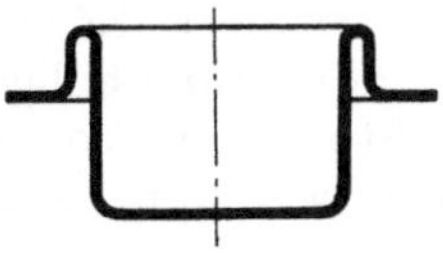	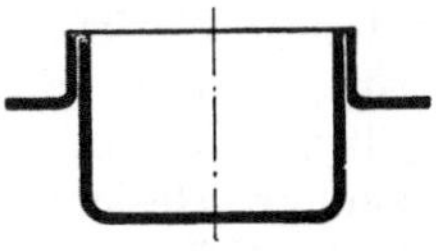	Stülpzug S. 63—66 Hartlöten S. 129
10	Warzen so flach als möglich bei schräg laufender Zarge 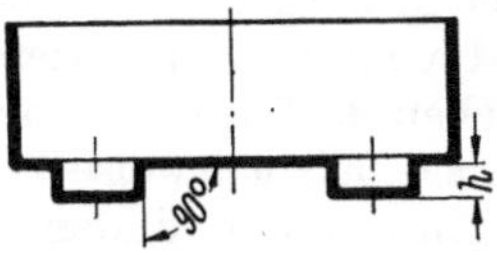	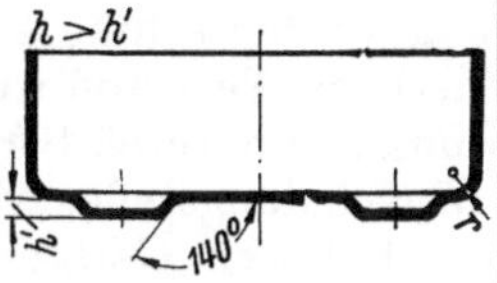 $h > h'$	S. 40, Abb. 24 c u. S. 41, Abb. 25
11	Ebene Verschalungsbleche mit Randbördel neigen mehr zum Umklappen in windschiefe Lage als leicht gewölbte 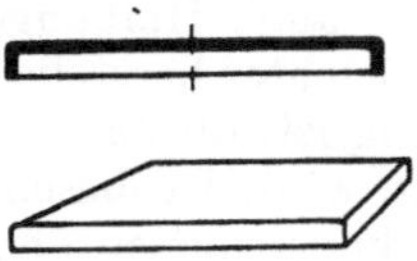	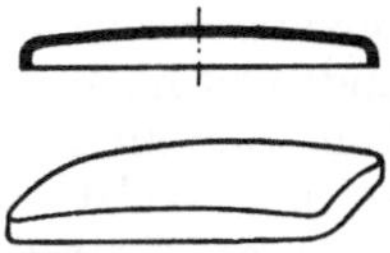	S. 105
12	Bei flachen, unzylindrischen Ziehteilen ist die Anordnung von Ziehwulsten zu berücksichtigen! 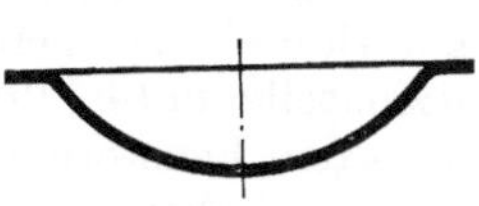	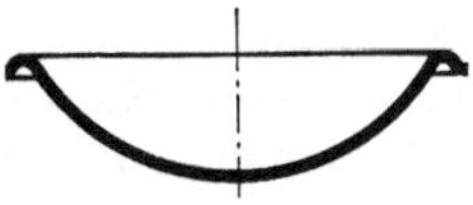	S. 19, Abb. 14 S. 74—75
13	Flache Formen gut abrunden, scharfe Einschnitte vermeiden und Rand etwas hochstellen 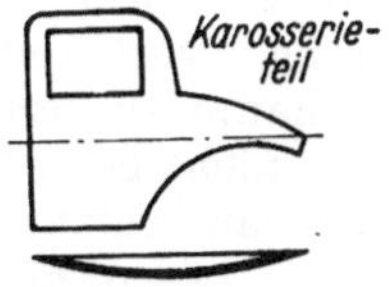	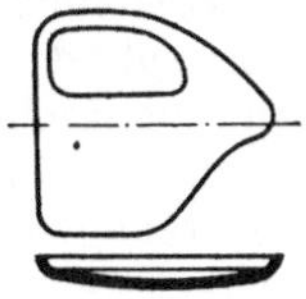	S. 77—79
14	a) Senkrechte Zarge ist billiger als Kegelfläche b) Außenrolle gelingt leichter als Innenrolle 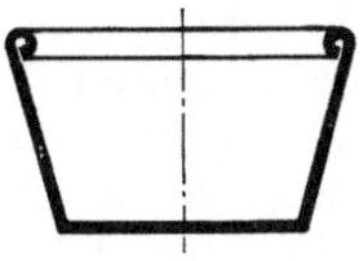	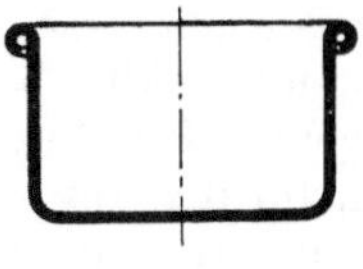	S. 104
15	Geradliniger Verlauf und große Rundung der Ausguß-Schnauze günstiger 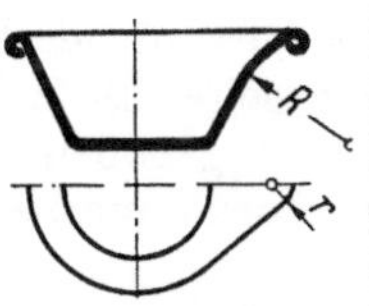	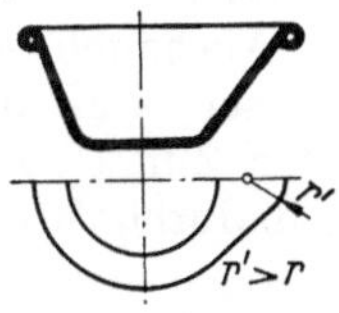	S. 104
16	Unterschnittene oder ausgebauchte Ziehteile bedingen hohe Werkzeugkosten 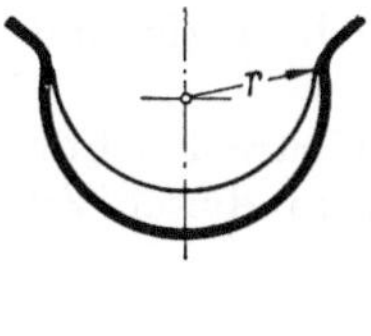	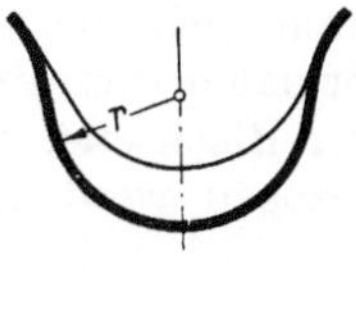	S. 77, Abb. 83

8. a) Angezogene Stutzen oder Kragen sollten im allgemeinen nicht höher als das 0,3fache des Durchmessers gezogen werden. Je geringer die Höhe ist, um so günstiger ist es für das Material, das dabei nicht zu sehr geschwächt wird.

8. b) Starke Ausbauchungen an Ziehteilen sind in der Herstellung umständlicher, bedürfen teurer Werkzeuge und mehrerer Züge. Ein aus mehreren Zügen gefertigtes Teil ist trotz Löt- oder Falzverbindung billiger.

9. Dasselbe gilt von komplizierten Stülpzügen, soweit nicht für eine einteilige Ausführung besondere Gesichtspunkte, wie z. B. hygienische für Kochkessel, berücksichtigt werden müssen.

10. Warzen, bzw. kurze zylindrische Ansätze, sind so flach als möglich unter guter Abrundung an den schräg kegelig ausgebildeten Zargen anzubringen, denn der dafür erforderliche Werkstoff wird nicht aus der weiteren Umgebung der Warze, sondern einzig und allein durch Strecken der Zarge gewonnen (Abb. 24c).

11. Ebene Verschalungsteile, wie sie beispielsweise zum Beblechen von Kühlschränken oder ähnlichen Geräten Anwendung finden, neigen zum Umklappen in windschiefe Lage. Dies läßt sich durch eine leichte Wölbung in den meisten Fällen beseitigen.

12. Flache, unzylindrische Ziehteile, auch Halbkugeln, lassen sich durch Anbringen einer Randwulst im Werkzeug leichter herstellen. Es gibt eine Reihe Fälle, wo es für den Konstrukteur gleichgültig ist, ob der stehende Flansch eben bleibt oder mit einer solchen Wulst versehen wird. In diesem Falle ist eine Anpassung der Teilkonstruktion an die Werkzeugkonstruktion günstiger und vermeidet eine zusätzliche Planierung.

13. Es ist günstiger, wenn flache Verschalungsteile an den Rändern mit einem, wenn auch noch so kurzen, stehenden Bördel versehen werden. Weiterhin sind solche Teile, insbesondere Karosserieziehteile unter Vermeidung einspringender Ecken so stark als möglich außen und an den Fenstern abzurunden.

14. a) Eine senkrechte Zarge an zylindrischen Teilen ist in der Herstellung sehr viel billiger als Kegelflächen, da diese ebenso wie geschweifte Zargenformen gemäß Ziff. 6 durch zylindrische Vorzüge vorbereitet werden müssen. Spitzkegelige Formen sind ziehtechnisch überhaupt zu vermeiden. Es ist dort zu überlegen, ob man an Stelle des Ziehvorgangs nicht besser diese Teile auf einer Kegelrollenmaschine zu Spitzkegeln formt und dann falzt oder durch ein anderes Fügeverfahren, wie beispielsweise Schweißen, Löten an den aufeinanderstoßenden Schutzkanten verbindet.

14. b) Die Außenrolle eines Bördels gelingt immer leichter als die Innenrolle und ist auch fertigungsmäßig besser vorzubereiten.

15. Einspringende Rundungen sind an Ziehteilen möglichst zu vermeiden. Das gilt nicht nur für die Ausgußschnauze, wie sie unter Ziff. 14 in Tab. 14 gezeigt wird, sondern ebenso für sämtliche zylindrischen Formen, wofür Abb. 36 ein ungünstiges Beispiel darstellt.

16. Sämtliche Ausbauchformen, sei es an geschlossenen Hohlkörpern, wie in Ziff. 8 dargestellt, sei es an offenen geschweißten Teilen, wie unter Hinweis auf Abb. 83 dies unter Ziff. 16 nochmals angegeben ist, bedingen hohe Werkzeugkosten, die zur dadurch bedingten Formenverbesserung nicht immer im Verhältnis stehen.

Die in der vorhergehenden Tab. 14 enthaltenen Erläuterungsbeispiele für die hier angegebenen Grundregeln beziehen sich einzig und allein auf die laufende Herstellung unter normalen Pressen.

Auf diejenigen Blechteile, die auf Streckziehpressen oder unter Hochdruckgummipressen gezogen werden, wird in dieser Zusammenstellung nicht Bezug

enommen, da nur ein geringer Teil von Betrieben mit solchen Maschinen aus-
erüstet ist. Insoweit wird auf die Abschnitte 4.4 bis 4.5 auf S. 80—104 dieses
Buches hingewiesen.

Das Zustandekommen dieses Buches wurde durch Anregung aus Freundeskreis,
wobei ich insbesondere Herrn Professor Dr.-Ing. Dr.-Ing. E. h. KIENZLE und Herrn
Professor Dr.-Ing. KOLLMANN als Herausgeber vorstehender Buchreihe zu Dank ver-
pflichtet bin, sowie durch die Überlassung reichen Bildmaterials aus der Praxis wei-
estgehend gefördert. Folgende Firmen haben Unterlagen zu den Abbildungen ge-
iefert, wofür ich ihnen an dieser Stelle besonders danke:

Industrie-Werke, Karlsruhe . . . . Abb. 71
Opelwerke Rüsselsheim . . . . Abb. 82, 152, 157
Robert Bosch AG, Stuttgart . . . . Abb. 154
Kortenbach & Rauh, Solingen . . . . Abb. 125
Progreßwerk Oberkirch . . . . Abb. 53, 79, 80
Dr.-Ing. Schneider KG Frankfurt . . . . Abb. 68, 69
Senkingwerke Hildesheim . . . . Abb. 57, 117, 124
Verein. Leichtmetallwerke Hannover . . . . Abb. 70, 175
Aluminiumberatungsstelle Düsseldorf . . . . . . Abb. 178, 179
Schuler AG Göppingen . . . . Abb. 43, 44, 45, 78, 85, 88, 89, 90,
                                                       92, 93, 96, 176
Maschinenfabrik Weingarten . . . . Abb. 32, 33, 34, 54, 55, 56, 72, 74,
                                                       83, 84, 86, 118, 119, 120, 122,
                                                       143
Hahn & Kolb, Stuttgart . . . . Abb 91, 94, 95
Langenstein & Schemann, Coburg . . . . Abb. 126, 127
Ottenser Maschinenfabrik, Altona . . . . Abb. 195, 196, 197, 198, 199
SMG, Wiesental b. Bruchsal . . . . Abb. 136
WMF, Geislingen . . . . Abb. 139, 140, 142
MAK, Kiel . . . . Abb. 141
Calottantechnik, Frankfurt . . . . Abb. 160, 161, 162, 163, 164, 165,
                                                       166, 167
Rhodes, Wakefield . . . . Abb. 28, 31, 35, 36, 39, 75, 183, 184
Bliss, New York . . . . Abb. 87
Tempa, Antwerpen . . . . Abb. 65
Chausson, Paris . . . . Abb. 177
Farbwerke Hoechst AG, Frankfurt . . . . Abb. 201, 202

Ferner sind entnommen:

Lichtbildarchiv Prof. Dr.-Ing. Dr.-Ing.
   E. h. Kienzle . . . . Abb. 181, 182
KLOTH, W.: Atlas der Spannungsfelder
   (Düsseldorf 1961) . . . . Abb. 168, 169, 170
OEHLER-KAISER: Schnitt-, Stanz- und Zieh-
   werkzeuge (Berlin/Heidelberg/New York
   1966) . . . . Abb. 26, 29, 30, 37, 40, 46, 47, 48,
                                                       49, 50, 66, 81, 102, 107, 108,
                                                       109, 110, 111, 123, 128, 129,
                                                       130, 131, 132, 133, 134, 135,
                                                       171

Literaturverzeichnis

BALDWIN, W. M.: Risidual stresses in metals. Philadelphia 1949.
BÖGE, A.: Blechkörper. Gießen 1956.
BRASCH, H.: Ziehen unregelmäßig geformter Hohlkörper. Berlin 1925.
BURKHARDT, A.: Beiträge zur spanlosen Formgebung von Metallen. Stuttgart 1949.
EISENKOLB, F.: Das Tiefziehblech. Leipzig 1951.
ENGELHARDT-WEISSWANGE: Zuschnittsermittelung. Leipzig 1951.
GELEJI, A.: Bildsame Formung der Metalle in Rechnung und Versuch. Berlin 1960.
GENTZSCH, G.: Schrifttumszusammenstellung Hochenergieumformung. Düsseldorf 1963.
GÜTTNER, R.: Das Feinblech und seine Verwendung im Karosseriebau. Berlin 1939.
HEESCH, H., u. O. KIENZLE: Flächenschluß. Berlin/Göttingen/Heidelberg 1963.
HILBERT, H.: Stanzereitechnik, Bd. I und II. München 1954 u. 1956.
JASCHKE, J.: Die Blechabwicklung, 20. Aufl., Berlin/Göttingen/Heidelberg 1962.
KIENZLE, O., u. K. HAVERBECK: Herstellen von Außenborden an Blechteilen. Köln/Opladen 1963.
KIENZLE, O., u. K. MIETZNER: Typologie umgeformter metallischer Oberflächen. Berlin/Heidelberg/New York 1965.
KLOTH, W.: Atlas der Spannungsfelder in technischen Bauteilen. Düsseldorf 1961.
LUCAS, C. W.: Press Work Pressures. New York 1935.
NADAI, A.: Theory and flow and fracture of solids. New York/Toronto/London 1950.
OEHLER, G.: Das Blech und seine Prüfung. Berlin/Göttingen/Heidelberg 1953.
OEHLER-KAISER: Schnitt-, Stanz- und Ziehwerkzeuge. 5. Aufl. Berlin/Heidelberg/New York 1966.
SACHS, G.: Sheet metal fabricating. New York 1951.
SELLIN, W.: Tiefziehtechnik. Berlin/Göttingen/Heidelberg 1955.
— Die Ziehtechnik in der Blechbearbeitung. Berlin 1943.
SIEBEL, E.: Die Formgebung im bildsamen Zustand. Düsseldorf 1932.
SIEBEL, E., u. W. BEISSWÄNGER: Tiefziehen. München 1955.

Sachverzeichnis